Armando Heilmann

PRINCÍPIOS FUNDAMENTAIS DA INSTRUMENTAÇÃO ELETRÔNICA: TEORIA E APLICAÇÕES

Rua Clara Vendramin, 58 . Mossunguê . CEP 81200-170 . Curitiba . PR . Brasil
Fone: (41) 2106-4170 . www.intersaberes.com . editora@intersaberes.com

Conselho editorial
Dr. Alexandre Coutinho Pagliarini
Drª Elena Godoy
Dr. Neri dos Santos
Mª Maria Lúcia Prado Sabatella
Editora-chefe

Lindsay Azambuja
Gerente editorial
Ariadne Nunes Wenger

Assistente editorial
Daniela Viroli Pereira Pinto

Preparação de originais
Palavra Arteira Edição e Revisão de Textos

Edição de texto
Caroline Rabelo Gomes
Letra & Língua Ltda. - ME
Novotexto

Capa
Débora Gipiela (*design*)
mihalec/Shutterstock (imagem)

Projeto gráfico
Débora Gipiela (*design*)
Maxim Gaigul/Shutterstock (imagens)

Diagramação
Muse Design

Iconografia
Regina Claudia Cruz Prestes
Sandra Lopis da Silveira

Dados Internacionais de Catalogação na Publicação (CIP)
(Câmara Brasileira do Livro, SP, Brasil)

Heilmann, Armando
    Princípios fundamentais da instrumentação eletrônica : teoria e aplicações / Armando Heilmann. -- Curitiba, PR : InterSaberes, 2024. -- (Série dinâmicas da física)

    Bibliografia.
    ISBN 978-85-227-1339-4

    1. Instrumentos de medição 2. Medidas eletrônicas 3. Medidores elétricos I. Título. II. Série.

24-204506
CDD-621.38154

Índices para catálogo sistemático:
1. Instrumentação eletrônica : Engenharia eletrônica   621.38154

Cibele Maria Dias - Bibliotecária - CRB-8/9427

1ª edição, 2024.
Foi feito o depósito legal.
Informamos que é de inteira responsabilidade do autor a emissão de conceitos.
Nenhuma parte desta publicação poderá ser reproduzida por qualquer meio ou forma sem a prévia autorização da Editora InterSaberes.
A violação dos direitos autorais é crime estabelecido na Lei n. 9.610/1998 e punido pelo art. 184 do Código Penal.

Sumário

Identificando as medições 9
Como aproveitar ao máximo este livro 15
Iniciando as medições 20

1 Sistema de medição 25
    1.1 Objetivos de um sistema de medição 27
    1.2 Classificação de um instrumento 52
    1.3 Entradas e saídas de um instrumento 64
    1.4 Configurações de entrada e saída de um instrumento 68
    1.5 Método para minimizar os efeitos de entradas espúrias 75

2 Incertezas nos sistemas de medição 95
    2.1 Efeitos sistemáticos e aleatórios 97
    2.2 Calibração estática de um instrumento 115
    2.3 Característica estática de um instrumento 119
    2.4 Sensibilidade e zona morta 122
    2.5 Carregamento 125

3 Sensores e transdutores para medição de grandezas físicas 146
    3.1 Sensores resistivos 149
    3.2 Sensores capacitivos 170

3.3 Sensores bimetálicos 174

3.4 Sensores piezoelétricos e piroelétricos 186

3.5 Sensor indutivo e sensor de efeito Hall 196

4 Amplificadores para instrumentação 220

4.1 Como utilizar um amplificador 222

4.2 Amplificador operacional (Amp-Op) 227

4.3 Amplificadores inversos e não inversos 230

4.4 Amplificador diferencial 235

4.5 Amplificador de instrumentação 242

4.6 Amplificador síncrono 245

4.7 Amplificadores bloqueadoresde sinal 247

5 Conversores D/A e A/D, sensores e atuadores inteligentes 258

5.1 O que são conversores D/A? 260

5.2 O que são conversores A/D? 273

5.3 O que são atuadores inteligentes? 282

5.4 Como operacionar atuadores inteligentes, conversores D/A e A/C e sensores? 288

6 Perturbações nos sistemas de medidas 311

6.1 Tipos de ruídos 313

6.2 Blindagem 331

6.3 Como tornar mais eficientea blindagem? 349

6.4 Filtragem analógica 367

6.5 Filtragem discreta 380

7 Sistemas de aquisição de dados 391

7.1 Princípios básicos 393

7.2 Interfaces de entradae saída digital 400

7.3 Contagem de eventos 401
7.4 Cabos de comunicação 403
7.5 Instrumentação *wireless* 422
7.6 Barramento e protocolos de comunicação 436

Além dos sistemas de medição 463
Glossário 465
Referências 478
Apêndices 482
Respostas 485
Sobre o autor 506

Epígrafe

O primeiro passo é medir o que pode ser medido. Isso é aceitável. O segundo passo é desconsiderar o que não pode ser medido ou, então, atribuir-lhe um valor quantitativo arbitrário. Isso é artificial e enganoso. O terceiro passo é imaginar que aquilo que não pode ser facilmente medido não é muito importante. Isso é cegueira. O quarto passo é dizer que aquilo que não pode ser facilmente medido, na realidade, não existe. Isso é suicídio.

(Daniel Yankelowvich, 1972, p. 59, tradução nossa)

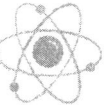

Dedicatória

Aos meus pais, Erico e Judite, que sempre estiveram lá com amor, dedicação e sabedoria. Mesmo que não estejam ao alcance dos meus braços, seus ensinamentos continuam vivos em meu coração. O que me ensinaram sobre a importância da família, amor incondicional e determinação para superar desafios é algo que levarei para toda a vida.

Aos meus irmãos, este livro é uma homenagem ao laço especial que compartilhamos. Nossa jornada até aqui, juntos, e as memórias que construímos são tesouros inestimáveis.

À minha amada filha Helena, você que me ensina a não desistir de sonhar com propósito, é a luz que ilumina meus dias e traz alegria à minha vida. Seu sorriso é contagiante e seu coração puro me ensina o verdadeiro significado do amor incondicional. Estarei sempre aqui para apoiá-la e amá-la em cada passo de sua jornada.

E à minha esposa, Karla Ingrid, você é a força que impulsiona meu caminho. Seu comprometimento e sua flexibilidade diante dos desafios me ensinam valiosas lições. Cada página de nossa vida compartilhada é uma fonte de inspiração e dedicação. Sua presença preenche nossos dias com alegria e amor, e cada momento ao seu lado é um tesouro inestimável.

Identificando as medições

É com grande satisfação que apresentamos a vocês esta obra, que representa um verdadeiro mergulho no intrigante mundo das medições e dos processos de medição. *Princípios fundamentais da instrumentação eletrônica: teoria e prática* é o resultado de uma ampla pesquisa bibliográfica que temos o privilégio de compartilhar com vocês em primeira mão.

O conteúdo deste livro é destinado a leitores interessados em aprimorar seus conhecimentos no campo da instrumentação eletrônica e dos sistemas de medição, especialmente aqueles envolvidos com automação industrial e sistemas de controle.

Ao iniciar pelo Capítulo 1, convidamos os leitores a explorarem os conceitos basilares que permeiam a classificação, a especificação e a análise de instrumentos de campo no contexto da automação industrial. Acreditamos firmemente que compreender os instrumentos de medição é um passo fundamental para entender o funcionamento dos sistemas de medição. Nesse sentido, exploramos os fundamentos conceituais desses sistemas, capacitando os leitores a enfrentarem os desafios práticos ao lidar com instrumentos de medição no ambiente industrial.

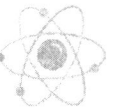

Uma das pedras angulares desta obra é a meticulosa exploração da classificação de instrumentos de medida. É fascinante observar como esses instrumentos são divididos em três categorias fundamentais: indicadores, registradores e controladores.

No Capítulo 2, tratamos das incertezas que permeiam os processos de medição, das características específicas dos instrumentos de medição e das condições que garantem precisão em medições. Um dos desafios mais prementes em medições é a minimização dos efeitos de entradas espúrias em sistemas de medição. Entende-se por *entradas espúrias* aquelas interferências ou sinais indesejados que podem afetar a precisão ou a confiabilidade das medições, sendo necessário adotar estratégias para minimizá-las e garantir a qualidade dos resultados obtidos. O livro abraça esse desafio, apresentando aos leitores uma série de técnicas e abordagens para enfrentar essa complexa questão. A abordagem prática é um ponto de destaque, em que exemplos concretos, como a espuma em processos contínuos e o pó em suspensão, ilustram como é crucial dominar essas técnicas para assegurar medições precisas e confiáveis. A incerteza de medição surge especialmente como uma temática importante da radiação em nossa exploração. Sua importância não pode ser subestimada, pois é por meio da incerteza que é possível expressar a qualidade dos resultados das medições. A obra não apenas enfatiza essa importância, mas também nos guia por meio de métodos e práticas

para lidar com essa dimensão crítica, permitindo a avaliação dos resultados com uma clareza inédita.

Contudo, é no Capítulo 3, sobre os sensores, que encontramos os olhos e ouvidos desses instrumentos, bem como dos sistemas de medição e de controle. Portanto, é com grande entusiasmo que destacamos que os sensores se tornam o epicentro da nossa jornada ao longo das páginas deste livro. Explorar os sensores é apenas uma parte da nossa caminhada. Também mergulhamos nos amplificadores e conversores, componentes-chave na transformação e no processamento dos sinais captados pelos sensores. Entender a interação entre esses elementos é crucial para garantir a precisão e a confiabilidade das medições.

No Capítulo 4, os amplificadores se tornam protagonistas e passam a figurar o procedimento de medida de maior utilização prática nos laboratórios de instrumentação eletrônica.

Por sua vez, no Capítulo 5, discutimos alguns elementos que diferenciam os tipos de conversores, além de explorar como operacionar conversores, atuadores e sensores.

No Capítulo 6, a obra nos conduz pelo complexo território das perturbações nos sistemas de medição. Veremos, assim, os efeitos dos ruídos nas medidas e as relações de interferência com os fenômenos de acoplamento em circuitos.

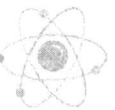

E no Capítulo 7, exploramos os princípios fundamentais e as aplicações dos sistemas de aquisição de dados. Abordamos as interfaces de entrada e saída digital, a contagem de eventos e o uso de cabos de comunicação. Também tratamos dos conversores A/D e D/A, além das diferentes modalidades de entradas e saídas digitais e analógicas. Aspectos como contadores, temporizadores e *triggers* são examinados detalhadamente, assim como a instrumentação *wireless* e suas vantagens. Encerramos o capítulo com uma análise dos principais barramentos e protocolos de comunicação, como HTTPs, DNS, TCP, DHCP, SMTP, UDP e o Protocolo IEEE 802.3 (*Ethernet*), oferecendo uma visão abrangente dessa área de estudo.

Embora nosso propósito aqui não seja o de esgotar o assunto sobre as várias técnicas, métodos, fenômenos e efeitos presentes em medições por instrumentação eletrônica, cabe expressar o intuito de oferecer um entendimento mais profundo e prático de todos os aspectos que envolvem a medição em contexto com a instrumentação eletrônica.

À medida que você prossegue na leitura, inevitavelmente encontrará conceitos mais complexos e avançados. Não se intimide! Reserve um tempo para estudar essas seções com paciência e dedicação. Ao final de cada capítulo, você encontrará uma síntese, algumas questões para revisão e outras para reflexão, além de exercícios resolvidos e indicações para aprofundamento do conteúdo. Todas as respostas você também encontrará

nas páginas finais do livro. Utilize também as ilustrações, os exemplos e os exercícios práticos que a obra oferece para consolidar seu entendimento. Caso se depare com alguma dificuldade, não hesite em revisitar os tópicos anteriores para reforçar sua compreensão antes de prosseguir.

É altamente recomendável proceder com resumos próprios, estilo mapa mental ou diagrama de blocos, de maneira a complementar sua leitura com procedimentos práticos de aprendizado. Lembre-se: o que você registra, não esquece! Ao aplicar os conceitos teóricos em situações reais, você solidificará seu conhecimento e obterá uma perspectiva mais abrangente da instrumentação eletrônica. A prática em laboratórios, sempre que possível, permitirá a exploração dos conceitos de maneira prática.

Por fim, lembre-se de que a interação é essencial para um aprendizado completo. Participe de discussões com colegas, professores e profissionais da área. Compartilhar conhecimento e experiências enriquecerá sua compreensão e abrirá novas perspectivas. Além disso, não hesite em buscar fontes adicionais de referência, artigos acadêmicos e recursos *on-line* que possam aprofundar ainda mais os tópicos abordados no livro.

Em suma, a obra apresenta-se como um guia abrangente e prático para a compreensão dos princípios e das aplicações da instrumentação eletrônica. Ao explorar desde os fundamentos conceituais até questões

avançadas sobre sistemas de medição e de controle, o texto proporciona aos leitores uma base sólida para enfrentar os desafios teóricos e práticos dessa área. Por meio de exemplos claros, exercícios e sínteses ao final de cada capítulo, o livro visa capacitar os estudantes e profissionais a fim de que aprofundem seus conhecimentos e apliquem os conceitos de modo eficaz em suas práticas laboratoriais e profissionais. Com um convite constante à reflexão e à interação, a obra busca estimular o aprendizado contínuo e colaborativo, enriquecendo assim a jornada de descoberta e crescimento no vasto campo da instrumentação eletrônica.

Como aproveitar ao máximo este livro

Empregamos nesta obra recursos que visam enriquecer seu aprendizado, facilitar a compreensão dos conteúdos e tornar a leitura mais dinâmica. Conheça a seguir cada uma dessas ferramentas e saiba como estão distribuídas no decorrer deste livro para bem aproveitá-las.

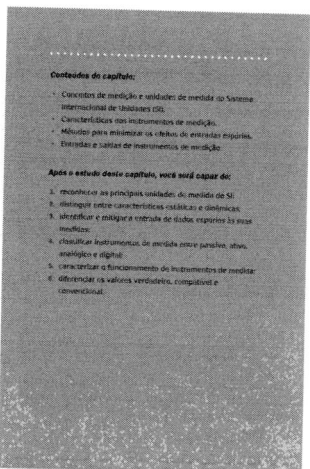

Conteúdos do capítulo:
Logo na abertura do capítulo, relacionamos os conteúdos que nele serão abordados.

Após o estudo deste capítulo, você será capaz de:
Antes de iniciarmos nossa abordagem, listamos as habilidades trabalhadas no capítulo e os conhecimentos que você assimilará no decorrer do texto.

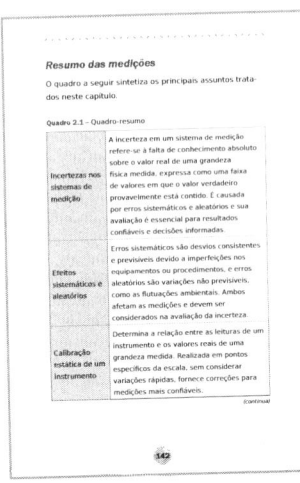

Resumo das medições
Ao final de cada capítulo, relacionamos as principais informações nele abordadas a fim de que você avalie as conclusões a que chegou, confirmando-as ou redefinindo-as.

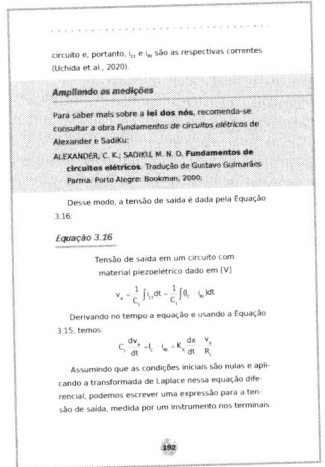

Ampliando as medições
Sugerimos a leitura de diferentes conteúdos digitais e impressos para que você aprofunde sua aprendizagem e siga buscando conhecimento.

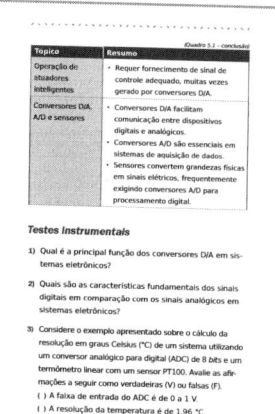

Testes instrumentais

Ao realizar estas atividades, você poderá rever os principais conceitos analisados. Ao final do livro, disponibilizamos as respostas às questões para a verificação de sua aprendizagem.

Ampliando o raciocínio

Ao propor estas questões, pretendemos estimular sua reflexão crítica sobre temas que ampliam a discussão dos conteúdos tratados no capítulo, contemplando ideias e experiências que podem ser compartilhadas com seus pares.

Análise indispensável!

Algumas das informações centrais para a compreensão da obra aparecem nesta seção. Aproveite para refletir sobre os conteúdos apresentados.

Atenção às medidas!

Apresentamos informações complementares a respeito do assunto que está sendo tratado.

Na medida

Nesta seção, destacamos definições e conceitos elementares para a compreensão dos tópicos do capítulo.

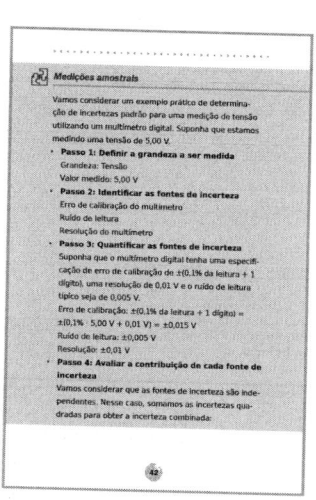

Medições amostrais

Disponibilizamos, nesta seção, exemplos para ilustrar conceitos e operações descritos ao longo do capítulo a fim de demonstrar como as noções de análise podem ser aplicadas.

Iniciando as medições

Com o passar dos anos, ocorreram avanços tecnológicos significativos que moldaram a evolução desse domínio no âmbito da instrumentação eletrônica. Entre eles, a invenção dos transistores, notadamente o transistor de junção bipolar (BJT), em 1947, que marcou um ponto de viragem na eletrônica, substituindo as válvulas termiônicas. O avanço na instrumentação eletrônica ao longo do tempo foi impulsionado por uma série de inovações significativas. A década de 1950 testemunhou o desenvolvimento dos circuitos integrados, que possibilitaram a integração de múltiplos componentes em um único *chip*, resultando na redução do tamanho dos sistemas eletrônicos. A introdução do microprocessador, em 1971, marcou o início da era dos computadores pessoais e dispositivos eletrônicos programáveis.

Adicionalmente, avanços em sensores, como sensores de imagem **CMOS** e **CCD**, de temperatura de alta precisão, de pressão e de posição, desempenharam um papel vital ao ampliar as capacidades de medição e controle na instrumentação eletrônica. Tecnologias de comunicação sem fio, como **bluetooth**, **Wi-Fi** (*Wireless Fidelity*, ou fidelidade sem fio) e 4G/5G, simplificaram a transmissão eficiente de dados e o controle remoto de dispositivos.

Na medida

CMOS: *Complementary Metal-Oxide-Semiconductor*. Trata-se de uma tecnologia de fabricação de sensores de imagem utilizada em câmeras digitais e outros dispositivos de captura de imagem. Os sensores CMOS são conhecidos por consumirem menos energia e por terem custo de produção mais baratos em comparação com os sensores CCD.

CCD: *Charge-Coupled Device*. É um tipo de sensor de imagem usado em câmeras digitais e em equipamentos de imagem científica e industrial. Os sensores CCD são capazes de fornecer imagens de alta qualidade com baixo ruído e boa sensibilidade à luz, sendo frequentemente utilizados em aplicações que exigem precisão e fidelidade na captura de imagens.

Bluetooth: É uma tecnologia de comunicação sem fio de curto alcance que permite a transferência de dados entre dispositivos eletrônicos, como *smartphones*, *tablets*, computadores e periféricos, como fones de ouvido e teclados, sem a necessidade de cabos físicos. O *bluetooth* opera na faixa de frequência de 2,4 GHz e é amplamente utilizado para conectar dispositivos pessoais e periféricos, facilitando a troca de arquivos, a reprodução de áudio e o controle remoto de dispositivos, entre outras aplicações.

Wi-Fi: *Wireless Fidelity*. Refere-se a uma tecnologia de rede sem fio que permite a conexão de dispositivos eletrônicos a uma rede local (LAN) ou à internet.

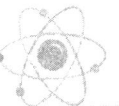

Utilizando radiofrequências na faixa de 2,4 GHz ou 5 GHz, o *Wi-Fi* permite a comunicação entre dispositivos dentro de determinada área de cobertura, geralmente em ambientes internos ou próximos a pontos de acesso sem fio (*hotspots*).

A computação em nuvem desempenhou um papel de destaque, fornecendo recursos de armazenamento e processamento remotos que possibilitaram a análise em tempo real de dados e o armazenamento de grandes volumes de informações. A inteligência artificial e o aprendizado de máquina aprimoraram a precisão das medições, identificando padrões em dados complexos e automatizando tarefas de diagnóstico e manutenção.

A nanotecnologia permitiu a criação de sensores e dispositivos eletrônicos em escalas moleculares e atômicas, promovendo a instrumentação de alta sensibilidade e a miniaturização. A integração de realidade aumentada e virtual em aplicações de instrumentação melhorou a visualização de dados e a operação de equipamentos complexos.

Por fim, o desenvolvimento de sistemas embarcados, que unem *hardware* e *software* especializados em funções específicas, desempenhou um papel fundamental em aplicações de controle e automação na instrumentação eletrônica.

Em síntese, os avanços tecnológicos destacados desde os primórdios da instrumentação eletrônica até

os dias atuais não apenas revolucionaram o campo, mas também expandiram suas fronteiras e possibilidades. Desde a substituição das válvulas termiônicas pelos transistores até a era dos microprocessadores e dos sensores de alta precisão, testemunhamos uma trajetória de inovação contínua e impacto significativo. Além disso, a integração de tecnologias de comunicação sem fio trouxe novas formas de transmissão de dados e controle remoto, ampliando ainda mais o alcance e a eficiência dos sistemas de medição e controle. Diante desse panorama de evolução e transformação, é inegável o papel crucial da instrumentação eletrônica no avanço da ciência, da tecnologia e das aplicações práticas em diversas áreas, reafirmando seu *status* como um campo de estudo e prática essencial para a sociedade contemporânea.

Nesta narrativa, oferecemos algumas diretrizes que o ajudarão a extrair o máximo proveito dessa rica fonte de conhecimento e aprofundar seu entendimento dos conceitos essenciais que permeiam a área da instrumentação eletrônica.

Ao adentrar esse universo de estudo, é relevante ter em mente que os fundamentos constituem a base sólida sobre a qual construímos nosso conhecimento. Portanto, comece lendo com atenção os primeiros capítulos que abordam os conceitos introdutórios da instrumentação eletrônica. Essas seções fornecerão as bases essenciais que o acompanharão durante a leitura do livro, permitindo que você assimile os pilares sobre os quais os instrumentos eletrônicos são construídos.

A compreensão dos princípios de operação dos instrumentos é crucial para aprofundar seus conhecimentos. Um aspecto fundamental da instrumentação eletrônica é a calibração e a precisão dos instrumentos. Portanto, dedique tempo para explorar os capítulos que abordam a calibração e os métodos para garantir a precisão das medições. Ao compreender como calibrar e verificar a precisão dos instrumentos, você adquirirá habilidades práticas que terão um impacto significativo na qualidade de suas medições e de seus resultados.

Sistema de medição

Conteúdos do capítulo:

- Conceitos de medição e unidades de medida do Sistema Internacional de Unidades (SI).
- Características dos instrumentos de medição.
- Métodos para minimizar os efeitos de entradas espúrias.
- Entradas e saídas de instrumentos de medição.

Após o estudo deste capítulo, você será capaz de:

1. reconhecer as principais unidades de medida do SI;
2. distinguir entre características estáticas e dinâmicas;
3. identificar e mitigar a entrada de dados espúrios às suas medidas;
4. classificar instrumentos de medida entre passivo, ativo, analógico e digital;
5. caracterizar o funcionamento de instrumentos de medida;
6. diferenciar os valores verdadeiro, compatível e convencional.

Neste capítulo, compreenderemos a importância das unidades de medida do Sistema Internacional de Unidades (SI) para a precisão das medições. Ao reconhecer as principais unidades do SI, estaremos aptos a selecionar os instrumentos de medição adequados, resultando em medidas mais precisas. Além disso, ao explorar a história das unidades de medida até o estabelecimento do SI, poderemos apreciar a evolução e a padronização necessárias para garantir a consistência das medições. Assim, compreendendo as origens e os fundamentos das unidades de medida, estaremos mais bem preparados para explorar os objetivos de um sistema de medição em diversas áreas da ciência e da vida cotidiana.

1.1 Objetivos de um sistema de medição

A medição é uma atividade fundamental na ciência e na vida cotidiana. Ela nos permite quantificar e comparar grandezas físicas, compreender o mundo ao nosso redor e estabelecer padrões de referência para o conhecimento científico. Portanto, os pesos e as medidas desempenham um papel crucial, garantindo a consistência e a precisão das informações obtidas (Holman, 2000).

Historicamente, desde o tempo dos egípcios já existia um sistema de pesos e medidas que lhes permitia a execução de projetos como as pirâmides. A própria história sugere que, no início das práticas relacionadas a pesos e medidas, havia cerca de 5 mil unidades e padrões de medidas, que, apesar de serem considerados rústicos e com pouca precisão, foram os padrões iniciais do atual sistema de medida (Albertazzi; Sousa, 2008).

Compreender a origem das unidades de medida e como dimensioná-las oferece capacidade para a melhor escolha do instrumento de medição, e isso pode resultar em medidas mais precisas e em menor tempo.

1.1.1 Unidades de medidas do Sistema Internacional

De acordo com Thompson e Taylor (2008), partes do corpo eram utilizadas como medidas, por exemplo, mãos, palmos ou passos, e esses padrões são utilizados até hoje pelo sistema inglês de medidas (pés, polegadas). A unidade de jarda (*yard*), por exemplo, foi definida no século X pelos reis saxões Edgar (959-975), da dinastia Wessex, e Henrique I (110-1135), da dinastia da Normandia, como a distância da ponta do nariz ao dedo polegar. Já na dinastia Plantageneta, o rei Eduardo I (1272-1307) redefiniu as medidas adotadas pelos reis saxões anteriores, fazendo valer que: 1 polegada seria igual a 3 grãos de cevada, 12 polegadas seria igual a 1 pé, 3 pés seria igual a 1 jarda (*yard* ou ulna), que

5 ½ jardas passaria a ser igual a 1 vara (que também seria igual ao comprimento do combinado dos 16 pés esquerdos dos primeiros 16 homens a saírem da igreja nos domingos) e, por fim, que 40 varas × 4 varas seria igual a 1 acre, que correspondia à área com que um homem poderia trabalhar durante 1 dia inteiro provido apenas de um machado (Bolton, 1997; Gooday, 2010; Holman, 2000).

O sistema métrico utilizado até hoje nasceu em 1799, na França; é o Sistema Internacional de Unidades, chamado de *SI*, e têm como padrão o metro [m], o segundo [s] e o grama [g]. O metro é a unidade de medida de comprimento no SI (Thompson; Taylor, 2008). Ele foi originalmente definido como a distância entre dois pontos no meridiano terrestre, passando pelos polos, e é representado pelo símbolo [m].

Atualmente, a definição oficial do metro está baseada no comprimento do trajeto que a luz percorre no vácuo em um intervalo de 1/299.792.458 segundos. O metro é utilizado para medir distâncias, comprimentos e alturas em diversas áreas, desde a construção civil até a ciência e a indústria (Albertazzi; Sousa, 2008).

A unidade de medida do tempo é o segundo, representado pelo símbolo [s]. Corresponde à duração de 9.192.631.770 oscilações da radiação, que se refere à transição entre o intervalo de dois níveis hiperfinos do átomo de césio-133. O segundo é amplamente utilizado para medir intervalos de tempo, desde o tempo cotidiano até aplicações científicas e tecnológicas, como a sincronização de sistemas de comunicação e a medição precisa de eventos físicos questão (Thompson; Taylor, 2008).

O grama é a unidade de medida de massa no SI. É representado pelo símbolo [g] e originalmente foi definido como a massa de um centímetro cúbico de água a determinada temperatura (Gooday, 2010). No entanto, a definição oficial do grama agora está baseada em uma constante da natureza: a **constante de Planck**. O grama é utilizado para medir massas de objetos, substâncias e materiais em diversos contextos, como na indústria, na alimentação e na química (Thompson; Taylor, 2008).

 Atenção às medidas!

A **constante de Planck** ($h = 6{,}62 \cdot 10^{-34}$ m² kg/s) surgiu pela primeira vez na natureza na explicação da radiação de um corpo aquecido, proposta por Planck. Desde então, ela se tornou uma quantidade fundamental na formulação da mecânica quântica (Damaceno et al., 2019).

A Tabela 1.1 apresenta as principais grandezas físicas do SI e os respectivos símbolos.

Tabela 1.1 – Unidades do SI

Grandezas fundamentais	Unidade de medida	Símbolo
comprimento	metro	m
massa	quilograma	kg
tempo	segundo	s
temperatura	kelvin	K
corrente elétrica	ampère	A
quantidade de matéria	mol	mol
intensidade luminosa	candela	cd
Grandezas derivadas	**Unidade de medida**	**Símbolo**
área	metro quadrado	m²
volume	metro cúbico	m³
ângulo plano	radiano	rad
frequência	Hertz	Hz
velocidade	metro por segundo	m/s
aceleração	metro por segundo ao quadrado	m/s²
massa específica	quilograma por metro cúbico	kg/m³
vazão	metro cúbico por segundo	m³/s
força	newton	N
pressão	pascal	Pa

(continua)

(Tabela 1.1 – conclusão)

Grandezas derivadas	Unidade de medida	Símbolo
trabalho, energia	joule	J
potência, fluxo de energia	watt	W
carga elétrica	coulomb	C
tensão elétrica	Volt	V
resistência elétrica	ohm	Ω
condutância	siemens	S
capacitância	farad	F
fluxo luminoso	lúmen	lm

Fonte: Elaborado com base em NPL, 2024.

No campo científico, os métodos científicos são utilizados para obter medidas confiáveis e repetíveis. Eles envolvem a observação cuidadosa, a formulação de hipóteses, a experimentação controlada e a análise dos resultados. Os métodos científicos garantem que as medições sejam realizadas de maneira objetiva e rigorosa, permitindo a validação das teorias e a obtenção de conhecimento confiável (Pallàs-Areny, 2001; Vuolo, 1992).

As grandezas físicas são as propriedades mensuráveis dos objetos e fenômenos do mundo físico. Elas podem ser quantificadas numericamente e expressas em termos de unidades de medida (Madsen, 2008). Existem várias grandezas físicas, como comprimento, massa, tempo, temperatura, corrente elétrica, entre outras. Cada grandeza física é associada a uma unidade de medida específica, que fornece um padrão de referência para sua quantificação (Albertazzi; Sousa, 2008).

Para realizar medições com precisão, uma variedade de instrumentos de medição é utilizada. Esses instrumentos são projetados para medir diferentes grandezas físicas de maneira adequada e confiável. Alguns exemplos de instrumentos comuns incluem régua, balança, termômetro, cronômetro, voltímetro, amperímetro, entre outros. Cada instrumento tem características e escalas específicas para facilitar a medição precisa da grandeza em questão (Thompson; Taylor, 2008; Albertazzi; Sousa, 2008).

1.1.2 Processos de medição

A obtenção de informações do meio ambiente é uma necessidade humana, pois essas informações permitem modelar os fenômenos observados. Na área da engenharia ou da física experimental, grande parte das informações é obtida por meio de experimentos e dados coletados (Teixeira, 2017).

Nesse contexto, a informação representa um conceito dotado de significado no âmbito da mente humana, exercendo a capacidade de modificar e enriquecer nosso entendimento. A terminologia *informação* engloba dois principais contextos de utilização. No domínio da linguagem cotidiana, faz referência a uma compilação de fatos, concepções, entidades, ideias e atributos que delineiam um sujeito ou objeto, tal como se observa em uma enciclopédia. Na esfera da teoria da informação, o termo alude à magnitude transmitida por uma mensagem ao atravessar um canal de comunicação (Bolton, 1997).

Na área da instrumentação, ambas as concepções desempenham um papel de aplicabilidade vital, pois nos sistemas de mensuração emerge a necessidade premente de cartografar a variável que está sendo avaliada e o subsequente envio dessa informação por intermédio de um canal de comunicação.

Nas disciplinas que abordam as leis naturais, a informação apresenta-se como um elemento suscetível de quantificação e com diversificada representação. Entretanto, essa informação mantém sempre uma vinculação intrínseca com uma classe distinta de portador de energia ou massa. Exemplificativamente, podemos mencionar portadores como radiação, energia elétrica, energia magnética, calor, energia química e energia mecânica, conforme ilustrado por Vuolo (1992).

A medição se configura como um procedimento empírico e imparcial, no qual valores numéricos são associados às características de objetos ou eventos no mundo real, almejando descrever com mais detalhes a natureza desses objetos ou eventos. Esse processo pode ser concretizado mediante a comparação da quantidade ou variável desconhecida com um padrão previamente estabelecido para o mesmo tipo de grandeza, o que resulta na construção de uma escala específica, conforme esclarece Aguirre (2013).

Diversos formatos de mensuração são reconhecidos, segundo a categorização proposta por Vuolo (1992):

- **Nominal** – Modalidade de medição empregada quando se busca estabelecer a igualdade ou diferença entre duas quantidades do mesmo gênero (a exemplo de duas colorações ou a acidez de dois líquidos).
- **Ordinal** – Quando o intuito reside em obter informações acerca de ordenações relativas, recorre-se à medição ordinal (ilustrada pela classificação da classe com base em pesos e alturas).
- **Intervalar** – No cenário em que se objetiva a obtenção de informações mais detalhadas, abrangendo uma escala sem a necessidade de um ponto de referência ou ponto zero, lança-se mão da medição intervalar (correspondente a escalas de medidas como metros e quilogramas).
- **Normalizada** – Nessa modalidade, um ponto de referência é definido e realiza-se a razão, dividindo cada medida pelo valor de referência, para determinar as

magnitudes relativas (por exemplo, o maior valor obtido será 1, quando o valor máximo medido for escolhido como referência).

- **Cardinal** – Nesse caso, o ponto de referência é comparado com um padrão definido, permitindo que qualquer parâmetro físico seja medido em relação a uma referência padrão, como o SI.

Ao projetar um experimento, um ensaio em laboratório, é necessário implementar e utilizar sistemas de medição para garantir resultados confiáveis e precisos. Você já deve ter ouvido a seguinte frase: "Toda medida possui incerteza". É justamente por isso que existem técnicas e métodos matemáticos que são utilizados concomitantemente com as medições feitas, ou seja, é desejável que as medidas tenham o maior grau de precisão possível (Pallàs-Areny, 2001; Vuolo, 1992).

Dessa forma, os sistemas de medição em instrumentação eletrônica têm vários objetivos essenciais. Aqui estão alguns dos principais:

- **Coleta de dados** – Um sistema de medição é projetado para coletar informações quantitativas sobre determinado fenômeno ou variável. Isso pode incluir medições de temperatura, pressão, velocidade, corrente elétrica, tensão, entre outros parâmetros físicos ou elétricos (Teixeira, 2017). O ideal é buscar por um

valor verdadeiro (de uma grandeza ou um parâmetro físico) e, não sendo possível chegar a esse valor, buscar por um **valor compatível**, que é aquele relacionado com o valor mais próximo do valor verdadeiro. Por vezes, a medida pode ter de assumir um **valor convencional**, que consiste num valor atribuído a uma grandeza especificamente para satisfazer uma finalidade de medição (Noltingk, 1985).

- **Precisão** – Um objetivo fundamental de um sistema de medição é obter resultados precisos e confiáveis. A precisão refere-se à capacidade do sistema de fornecer leituras próximas ao valor real da grandeza medida, minimizando erros sistemáticos e aleatórios (Teixeira, 2017).

- **Sensibilidade** – Os sistemas de medição devem ser capazes de detectar até mesmo pequenas variações nas grandezas medidas. A sensibilidade é a capacidade de um sistema de medição de responder a mudanças sutis na entrada e produzir uma saída correspondente proporcionalmente (Balbinot; Brusamarello, 2019).

- **Linearidade** – A linearidade é importante para garantir que a relação entre a entrada e a saída do sistema de medição seja linear e proporcional. Isso significa que a saída deve aumentar ou diminuir de maneira constante em resposta a uma mudança na entrada, sem distorções significativas (Balbinot; Brusamarello, 2019).

- **Estabilidade** – Um sistema de medição deve ser estável no decorrer do tempo, ou seja, a resposta do sistema não deve variar com o tempo ou com as condições ambientais. A estabilidade é importante para garantir a consistência e a confiabilidade das medições no tempo (Bazanella; Silva Jr., 2005).
- **Resolução** – A resolução refere-se à menor mudança detectável na grandeza medida. Um sistema de medição deve ser capaz de fornecer uma resolução adequada para a aplicação específica, a fim de obter informações detalhadas sobre as variações da grandeza medida (Sydenham, 1983).
- **Rapidez de resposta** – Em algumas aplicações, é essencial que o sistema de medição responda rapidamente a mudanças na entrada. A velocidade de resposta é especialmente importante em sistemas de controle em tempo real, em que ações corretivas precisam ser tomadas com base nas medições (Bazanella; Silva Jr., 2005).
- **Repetibilidade** – A repetibilidade se refere à capacidade de um sistema de medição de fornecer resultados consistentes quando a mesma grandeza é medida várias vezes em condições semelhantes. Um sistema de medição confiável deve ser capaz de produzir resultados repetíveis (Bazanella; Silva Jr., 2005).

1.1.3 Roteiro para estabelecer uma medição com maior precisão

O cálculo da incerteza em instrumentação eletrônica segue uma abordagem sistemática e requer consideração cuidadosa dos componentes de incerteza relevantes. Aqui está um procedimento passo a passo para calcular a incerteza em medições (Bolton, 1997):

- **Passo 1: Definir a grandeza a ser medida** – Identificar a grandeza física ou elétrica que deseja medir, como temperatura, pressão, corrente, tensão etc. Anotar sua unidade de medida.
- **Passo 2: Identificar as fontes de incerteza** – Identificar todas as fontes de incerteza que podem afetar a medição. Isso pode incluir erros de calibração, ruído, não linearidade, estabilidade, sensibilidade, resolução do instrumento, entre outros.
- **Passo 3: Quantificar as fontes de incerteza** – Para cada fonte de incerteza identificada, determina-se seu valor quantitativo. Isso pode envolver a consulta de especificações do instrumento, dados de calibração, estimativas baseadas em experiência ou dados técnicos.
- **Passo 4: Avaliar a contribuição de cada fonte de incerteza** – Determinar a contribuição relativa de cada fonte de incerteza para o resultado final. Isso

pode ser feito usando métodos estatísticos, como desvio-padrão, coeficiente de variação ou análise de dados históricos.

- **Passo 5: Calcular a incerteza padrão** – Usando as contribuições de incerteza identificadas, calcula-se a incerteza padrão combinada. Isso pode ser feito aplicando a fórmula de propagação de incerteza, que envolve somar as contribuições de incerteza quadradas e tirar a raiz quadrada do resultado.

- **Passo 6: Estimar a incerteza expandida** – Realizar o cálculo da incerteza expandida por meio da multiplicação da incerteza padrão pelo fator de expansão apropriado. O fator de expansão é estabelecido considerando o grau de confiabilidade desejado para a medição e é frequentemente apresentado como um multiplicador da incerteza padrão (exemplificando, o fator de expansão k = 2 é adotado para um intervalo de confiança aproximado de 95%).

- **Passo 7: Relatar os resultados** – Relatar a incerteza estimada juntamente ao valor medido. Geralmente, isso é expresso como o **valor medido ± incerteza** (por exemplo, 10,5 ± 0,2 V) para indicar o intervalo de confiança associado.

A Figura 1.1 corresponde à construção em blocos das etapas de medição em instrumentação eletrônica.

Figura 1.1 – Diagrama de blocos generalizado de um sistema de medição eletrônica

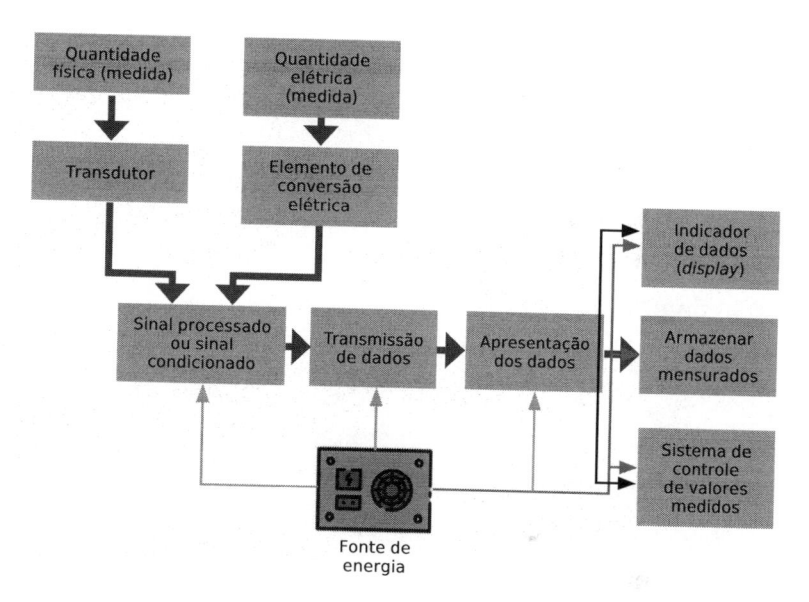

```
[Quantidade           [Quantidade
 física (medida)]      elétrica
                       (medida)]
       |                   |
       v                   v
  [Transdutor]     [Elemento de
       |            conversão
       |            elétrica]
       |                   |
       v                   v
  [Sinal processado] -> [Transmissão] -> [Apresentação] -> [Indicador de dados (display)]
   ou sinal              de dados         dos dados    -> [Armazenar dados mensurados]
   condicionado                                        -> [Sistema de controle de valores medidos]
                            ^
                       [Fonte de energia]
```

Observe que o procedimento da Figura 1.1 é um guia geral e a aplicação exata pode variar dependendo das especificidades da medição e das normas ou dos padrões relevantes.

Vamos considerar um exemplo contextualizado e seguir o passo a passo indicado para fixar o aprendizado.

Medições amostrais

Vamos considerar um exemplo prático de determinação de incertezas padrão para uma medição de tensão utilizando um multímetro digital. Suponha que estamos medindo uma tensão de 5,00 V.

- **Passo 1: Definir a grandeza a ser medida**
  Grandeza: Tensão
  Valor medido: 5,00 V
- **Passo 2: Identificar as fontes de incerteza**
  Erro de calibração do multímetro
  Ruído de leitura
  Resolução do multímetro
- **Passo 3: Quantificar as fontes de incerteza**
  Suponha que o multímetro digital tenha uma especificação de erro de calibração de ±(0,1% da leitura + 1 dígito), uma resolução de 0,01 V e o ruído de leitura típico seja de 0,005 V.
  Erro de calibração: ±(0,1% da leitura + 1 dígito) = ±(0,1% · 5,00 V + 0,01 V) = ±0,015 V
  Ruído de leitura: ±0,005 V
  Resolução: ±0,01 V
- **Passo 4: Avaliar a contribuição de cada fonte de incerteza**
  Vamos considerar que as fontes de incerteza são independentes. Nesse caso, somamos as incertezas quadradas para obter a incerteza combinada:

$$\text{Incerteza}_{combinada} =$$
$$= \sqrt{\left(\text{Incerteza}_{calibração}\right)^2 + \left(\text{Incerteza}_{ruído}\right)^2 + \left(\text{Incerteza}_{resolução}\right)^2}$$
$$\text{Incerteza}_{combinada} = \sqrt{(0,015\ V)^2 + (0,005\ V)^2 + (0,01\ V)^2}$$
$$\text{Incerteza}_{combinada} = \sqrt{0,000225\ V^2 + 0,000025\ V^2 + 0,0001\ V^2}$$
$$\text{Incerteza}_{combinada} = \sqrt{0,00035\ V^2}$$
$$\text{Incerteza}_{combinada} = 0,0187\ V$$

- **Passo 5: Calcular a incerteza padrão**

A incerteza padrão é igual à incerteza combinada dividida pela raiz quadrada do número de medições (assumindo que estamos fazendo uma única medição neste exemplo):

$$\text{Incerteza padrão} = \frac{\text{Incerteza}_{combinada}}{\sqrt{n}}$$

$$\text{Incerteza padrão} = \frac{0,0187\ V}{\sqrt{1}}$$

Incerteza padrão = 0,0187 V

- **Passo 6: Estimar a incerteza expandida**

Suponhamos que desejamos uma estimativa de incerteza com um intervalo de confiança de aproximadamente 95%. Usando um fator de abrangência k = 2 (para um intervalo de confiança de cerca de 95%), calculamos a incerteza expandida multiplicando a incerteza padrão pelo fator de abrangência:

Incerteza expandida = incerteza padrão · k =
= (0,0187 V) · (2) =
= 0,0374 V

- **Passo 7: Relatar os resultados**
  Relatamos o valor medido com a incerteza expandida:
  Valor medido: 5,00 V
  Incerteza expandida: ±0,0374 V
  Assim, o resultado final da medição seria relatado como (5,00 ± 0,0374) V.

1.1.4 Medidas de tendência central

A média de uma medida é um conceito estatístico que representa o valor médio de uma série de observações ou medições de determinada grandeza. É calculada somando-se todos os valores medidos e dividindo o resultado pelo número total de medições (Vuolo, 1992).

A média é uma medida de tendência central que busca representar o valor central ou típico das observações. É frequentemente utilizada para estimar o valor verdadeiro de uma grandeza, assumindo que as medições são precisas e representativas do fenômeno em questão (Bazanella; Silva Jr., 2005).

Ao calcular a média, cada valor medido contribui igualmente para o resultado. Isso significa que todos os pontos de dados têm o mesmo peso na determinação da média. A média é expressa na mesma unidade de medida das observações originais (Vuolo, 1992).

Por exemplo, se tivermos as seguintes medições de temperatura em graus Celsius: 25, 26, 24, 27, 25, a média seria calculada da seguinte maneira:

$$\text{Média} = \frac{26+26+24+27+25}{5} = \frac{127}{5} = 25,4 \text{ graus Celsius}$$

Nesse caso, a média das medições de temperatura seria de 25,4 graus Celsius.

A média é uma medida importante para resumir um conjunto de dados e fornecer uma estimativa central da grandeza em análise. No entanto, é importante lembrar que a média pode ser influenciada por valores extremos (*outliers*) e que outros parâmetros estatísticos, como a variância e o desvio-padrão, são necessários para avaliar a dispersão ou a variabilidade dos dados.

Variância e desvio-padrão

A variância é um conceito estatístico que mede a dispersão ou a variabilidade dos valores de uma série de observações ou medições em relação à sua média. Ela fornece uma medida numérica da dispersão dos dados em torno da média (Vuolo, 1992).

A variância é calculada por meio da diferença entre cada valor observado e a média, elevada ao quadrado. Essas diferenças são então somadas e divididas pelo número total de observações menos um. Essa divisão por "n – 1" é chamada de *correção de graus de liberdade* e é usada para fornecer uma estimativa não tendenciosa da variância da população com base em uma amostra limitada de dados (Albertazzi; Sousa, 2008).

A fórmula para o cálculo da variância é a seguinte:

$$\text{Variância} = \sum \frac{\left((x_i - \bar{x})^2\right)}{(n-1)}$$

Em que:

∑ representa a soma dos termos;

x_i é cada valor observado;

$\bar{x}$ é a média dos valores observados;

n é o número total de observações.

A variância é uma medida quadrática, expressa na unidade de medida original ao quadrado. Portanto, se as observações estiverem em metros, a variância será em metros ao quadrado (Bazanella; Silva Jr., 2005).

A variância é útil para entender a dispersão dos dados e fornecer informações sobre a consistência e a variabilidade das medições. Quanto maior a variância, maior é a dispersão dos dados em relação à média, indicando uma maior variabilidade. Por outro lado, uma variância menor indica menor dispersão e maior consistência entre as medições (Bolton, 1997).

A **raiz quadrada da variância** é conhecida como *desvio-padrão*, que é uma medida comumente usada para expressar a dispersão dos dados de modo mais intuitivo e na mesma unidade de medida das observações originais (Pallàs-Areny, 2001; Vuolo, 1992).

Mediana

A mediana de uma medida é um constructo estatístico que denota o valor central em um conjunto de observações ou medições, uma vez que as observações podem ser organizadas em sequência ascendente ou descendente. Em termos mais precisos, a mediana corresponde ao valor que separa a série de dados em duas partes equitativas: uma metade dos valores reside abaixo da mediana e a outra metade está situada acima dela, conforme descrito por Vuolo (1992).

A mediana é uma medida de tendência central robusta, o que significa que ela é menos sensível a valores extremos (*outliers*) em comparação com a média aritmética. Isso faz com que a mediana seja particularmente útil quando há presença de valores discrepantes que podem distorcer a média (Thompson; Taylor, 2008).

Para calcular a mediana, é necessário seguir os seguintes passos:

- organizar as observações ou medições em ordem crescente ou decrescente;
- se o número total de observações for ímpar, o valor do meio é a mediana;
- se o número total de observações for par, calcular a média dos dois valores do meio para obter a mediana.

Medições amostrais

Consideremos o seguinte conjunto de observações de idades: 20, 25, 18, 22, 30, 35. Vamos calcular a mediana:

Organizando as observações em ordem crescente, temos: 18, 20, 22, 25, 30, 35.

O número total de observações é 6 (par), então precisamos calcular a média dos valores do meio.

Os valores do meio são 22 e 25. Calculando a média, temos: $\frac{22+25}{2} = \frac{47}{2} = 23,5$.

Portanto, a mediana do conjunto de idades é 23,5.

A mediana é uma medida útil para resumir um conjunto de dados quando se deseja ter uma noção do valor central, especialmente em situações em que há presença de valores extremos ou assimetria nos dados. Além disso, a mediana é uma medida que pode ser aplicada a qualquer tipo de escala de medida (nominal, ordinal, intervalar ou de razão) (Bolton, 1997; Vuolo, 1992).

Observe a Figura 1.2 a seguir.

Figura 1.2 – Definição de moda, mediana e média numa distribuição em frequência

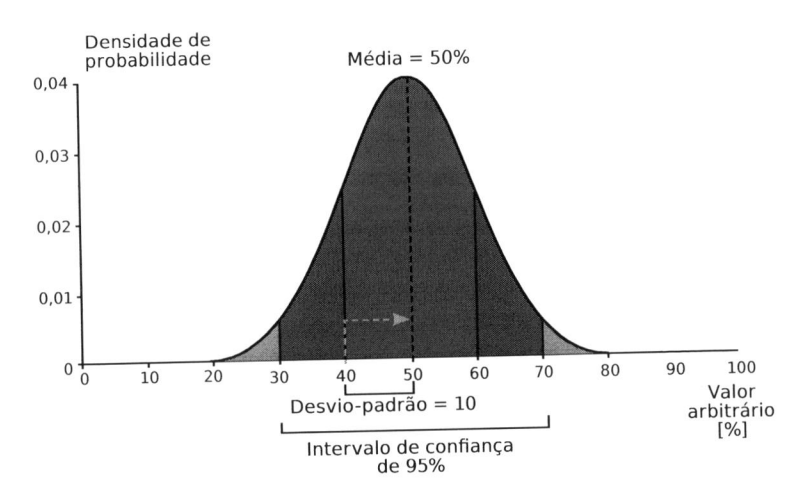

Moda

A moda de uma medida é um conceito estatístico que representa o valor ou os valores mais frequentes em um conjunto de observações ou medições. Em outras palavras, a moda é o valor que ocorre com maior frequência na série de dados. A moda é uma medida útil para resumir um conjunto de dados quando se deseja identificar os valores mais frequentes ou representativos. É frequentemente utilizada em áreas como estatística, ciências sociais, epidemiologia e análise de dados (Bolton, 1997).

Diferentemente da **média** e da **mediana, que são medidas de tendência central**, a **moda é uma medida de tendência não central** que destaca os valores mais recorrentes ou com maior ocorrência na distribuição dos dados (Vuolo, 1992).

Observe a Figura 1.3 a seguir.

Figura 1.3 – Definição de moda, mediana e média em uma distribuição em frequência

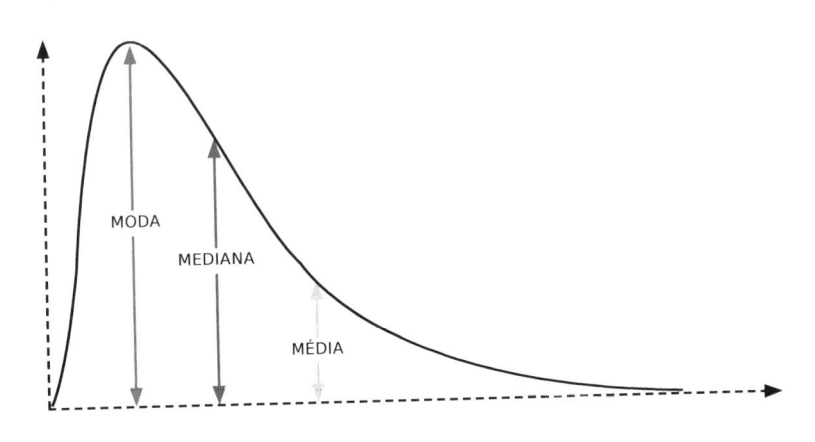

[Gráfico de distribuição assimétrica mostrando as posições de MODA, MEDIANA e MÉDIA, da esquerda para a direita]

Fonte: Elaborado com base em Vuolo, 1992.

Existem três tipos possíveis de modas:

1. **Moda unimodal** – Quando há um único valor que ocorre com maior frequência.
2. **Moda bimodal** – Quando há dois valores distintos que ocorrem com a mesma frequência máxima.
3. **Moda multimodal** – Quando há mais de dois valores distintos que ocorrem com a mesma frequência máxima.

Para determinar a moda, é necessário identificar o valor ou os valores que ocorrem com a maior frequência no conjunto de dados. É possível encontrar a moda simplesmente observando as observações ou medições e verificando quais valores são repetidos com mais frequência. Em algumas situações, pode ser necessário construir uma tabela de frequências para identificar a moda com clareza (Noltingk, 1985).

Medições amostrais

Considere o seguinte conjunto de observações de notas em um exame: 70, 75, 80, 75, 85, 75. A moda desse conjunto é 75, pois é o valor que ocorre com a maior frequência (3 vezes).

É importante observar que nem todos os conjuntos de dados têm uma moda claramente definida. Pode acontecer de não haver valores repetidos ou de todos os valores ocorrerem com a mesma frequência. Nesses casos, dizemos que o conjunto de dados não tem uma moda ou é chamado de *amodal* (Balbinot; Brusamarello, 2019).

Enfim, essas são as operações básicas para iniciar o estudo de medidas. Contudo, não sendo nosso objetivo esgotar o tema sobre técnicas e métodos de medida, convidamos, você a consultar a referência Balbinot e Brusamarello (2019), que traz explicações resumidas, mas com clareza, dos conceitos de medidas de dispersão, probabilidade e estatística, distribuições estatísticas, correlação, correlação cruzada, autocorrelação, autocovariância e covariância cruzada, inferência estatística, determinação do tamanho da amostra, regressão linear, ajuste de curvas pelo método dos mínimos quadrados.

1.2 Classificação de um instrumento

Os instrumentos de medição podem ser classificados de acordo com vários critérios, incluindo o tipo de grandeza aferida, o princípio de funcionamento, a precisão, a faixa de medição e a aplicação específica (Noltingk, 1985). Aqui estão algumas das classificações comuns de instrumentos de medição, conforme Balbinot e Brusamarello (2019):

Classificação de acordo com o tipo de grandeza medida:

- Instrumentos de medição de temperatura (termômetros, termopares, termorresistências).
- Instrumentos de medição de pressão (manômetros, transdutores de pressão).
- Instrumentos de medição de comprimento (régua, micrômetro, medidor de distância a *laser*).
- Instrumentos de medição de massa (balança, dinamômetro).
- Instrumentos de medição de tempo (relógio, cronômetro).

Classificação de acordo com a precisão:

- **Instrumentos de alta precisão** – Fornecem leituras com uma precisão elevada, geralmente expressa em termos de número de dígitos significativos ou porcentagem do valor lido.

- **Instrumentos de baixa precisão** – Com uma precisão menor, são adequados para medições menos críticas ou de menor precisão.

Classificação de acordo com a faixa de medição:

- **Instrumentos de faixa limitada** – Têm uma faixa de medição restrita a determinado intervalo (exemplo: termômetro com faixa de –50 °C a 150 °C).
- **Instrumentos de faixa ampla** – Têm uma faixa de medição mais abrangente (exemplo: multímetro com faixa de tensão de 0 a 1000 V).

Classificação de acordo com a aplicação específica:

- **Instrumentos de laboratório** – Projetados para uso em ambientes de laboratório, em que a precisão e a exatidão são essenciais.
- **Instrumentos industriais** – Adequados para uso em ambientes industriais, que podem enfrentar condições adversas, como vibração, umidade e poeira.
- **Instrumentos médicos** – Utilizados em aplicações médicas e de saúde, como monitoramento de sinais vitais, diagnóstico médico e medição de doses.

Classificação quanto à natureza da grandeza medida:

- **Instrumentos elétricos** – Medem grandezas elétricas, como corrente, tensão e resistência.
- **Instrumentos mecânicos** – Medem grandezas físicas mecânicas, como comprimento, massa e pressão.

- **Instrumentos ópticos** – Medem grandezas relacionadas à luz, como intensidade luminosa, comprimento de onda e radiação.
- **Instrumentos térmicos** – Medem grandezas relacionadas à temperatura, como termômetros e pirômetros.

Classificação quanto ao tipo de escala de medição:

- **Instrumentos de escala absoluta** – Fornecem a medição diretamente em uma unidade específica (por exemplo, um termômetro de mercúrio que indica a temperatura em graus Celsius).
- **Instrumentos de escala comparativa** – Fornecem uma comparação relativa entre diferentes valores (por exemplo, um voltímetro, que indica a diferença de potencial em relação a uma referência).

1.2.1 Especificações de instrumentos de medida

Medidores de grandezas elétricas, também conhecidos como *instrumentos de medição elétrica* ou *instrumentos de teste*, são dispositivos utilizados para medir e quantificar grandezas elétricas em um circuito ou sistema elétrico. Esses instrumentos são essenciais para análise, monitoramento, controle e manutenção de sistemas elétricos, permitindo a obtenção de dados precisos e confiáveis sobre as grandezas elétricas envolvidas (Vuolo, 1992).

Existem diversos tipos de medidores de grandezas elétricas disponíveis, cada um projetado para medir uma grandeza específica ou uma combinação delas. Alguns dos medidores de grandezas elétricas mais comuns são: multímetros; amperímetros; voltímetros; frequencímetros; osciloscópios; transdutores passivos e ativos.

Multímetros são instrumentos versáteis capazes de medir múltiplas grandezas elétricas, como tensão, corrente e resistência. Podem ser analógicos (com ponteiro e escala) ou digitais (com *display* numérico). Esse instrumento funciona convertendo a corrente elétrica em sinais digitais por meio de circuitos eletrônicos chamados *conversores analógico-digitais*. Esses circuitos comparam a corrente a ser medida com uma corrente interna até que os valores se igualem, permitindo assim a obtenção do resultado da medição (Haykin; Van Veen, 2001).

A Figura 1.4, a seguir, traz um exemplo de multímetro.

Figura 1.4 – Exemplo de um multímetro digital portátil profissional

Para visualizar os resultados das medições, o multímetro digital tem um visor digital, que pode ser encontrado em opções de **LED** ou **LCD**. Essa escolha pode afetar o trabalho do profissional, pois o *display* de LED oferece maior durabilidade e é adequado para ambientes com pouca iluminação, além de facilitar a leitura de dados à distância. Já o *display* de LCD consome menos energia e permite uma leitura mais clara dos dados quando exposto diretamente à luz solar (Aguirre, 2013).

> **Na medida**
>
> **LED**: Diodo emissor de luz (do inglês *Light-Emiting Diode*).
> **LCD**: Display de cristal líquido (do inglês *Liquid Crystal Display*).

Além das vantagens mencionadas, o multímetro digital apresenta outras vantagens importantes em comparação com a versão analógica. Com esse dispositivo, o profissional tem a possibilidade de obter uma maior precisão, que permite identificar com exatidão os erros nas medições. Além disso, conta com uma resolução melhor, o que garante uma leitura mais eficiente e precisa, reduzindo o tempo necessário para o processo de medição (Bolton, 1997).

Amperímetros são utilizados para medir corrente elétrica em um circuito. Podem ser do tipo analógico ou digital e têm uma baixa resistência interna para minimizar a queda de tensão no circuito. Para que um amperímetro realize a medição de corrente, é necessário que a corrente passe através dele. As polaridades devem ser correspondentes, ou seja, a polaridade positiva e negativa do amperímetro deve coincidir com a polaridade positiva e negativa do circuito (Haykin; Van Veen, 2001).

Observe um exemplo de amperímetro na figura a seguir.

Figura 1.5 – Exemplo de um amperímetro digital portátil profissional

Vladimir Zhupanenko/Shutterstock

Embora idealmente um amperímetro deva ter resistência zero, na prática ele tem uma resistência relativamente baixa em comparação com os voltímetros. Se a resistência for muito alta, pode ocorrer um bloqueio significativo de corrente, afetando as correntes no circuito e gerando leituras imprecisas. Conectar acidentalmente um amperímetro em paralelo com uma fonte de tensão pode causar um curto-circuito e resultar no rompimento de um fusível (Aguirre, 2013).

Voltímetros são usados para medir a tensão elétrica em um circuito. Também podem ser analógicos ou digitais e têm uma alta resistência interna para evitar que a corrente flua pelo medidor. O multímetro pode ser usado como um voltímetro. Os voltímetros são de fácil instalação e oferecem maior segurança, além de fornecerem leituras mais precisas em comparação com os amperímetros (Pallàs-Areny, 2001; Vuolo, 1992).

Wattímetros são instrumentos que medem a potência elétrica em um circuito, tanto em corrente contínua quanto em corrente alternada. Permitem a medição de potências ativa, reativa e aparente.

Observe um wattímetro na figura a seguir.

Figura 1.6 – Exemplo de um wattímetro digital portátil profissional com resolução de 1 W

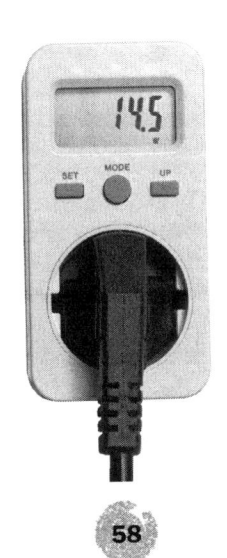

spline_x/Shutterstock

Frequencímetros são empregados para medir a frequência de um sinal elétrico ou eletrônico, sendo úteis em aplicações envolvendo sinais AC. Os dispositivos eletrônicos geralmente tratam com sinais que dispõem de uma ampla faixa de frequência, variando desde alguns Hertz até bilhões de Hertz. Em muitos casos, tanto para monitorar o funcionamento desses dispositivos quanto para fazer ajustes, é necessário medir a frequência de um sinal (Bolton, 1997).

Para medir a frequência de um sinal elétrico ou eletrônico, são utilizados instrumentos ou equipamentos chamados *frequencímetros*. Os frequencímetros digitais modernos oferecem alta precisão e resolução graças ao seu alto número de dígitos e ao uso de circuitos sofisticados. Frequencímetros capazes de medir acima de 1 GHz são comuns atualmente, com *display* de 7 dígitos ou mais (Pallàs-Areny, 2001).

? Na medida

Um **sinal AC**, abreviação de corrente alternada (em inglês, *Alternating Current*), refere-se a um tipo de corrente elétrica na qual a direção do fluxo de elétrons alterna periodicamente. Isso significa que a polaridade do sinal muda no decorrer do tempo, criando um padrão de oscilação. Os sinais AC são comumente encontrados em sistemas elétricos em razão de sua capacidade de ser transmitidos eficientemente por longas distâncias e facilmente transformados em níveis de tensão diferentes por meio de transformadores.

Na Figura 1.7, apresentamos um exemplo desse tipo de frequencímetro.

Figura 1.7 – Exemplo de um frequencímetro digital

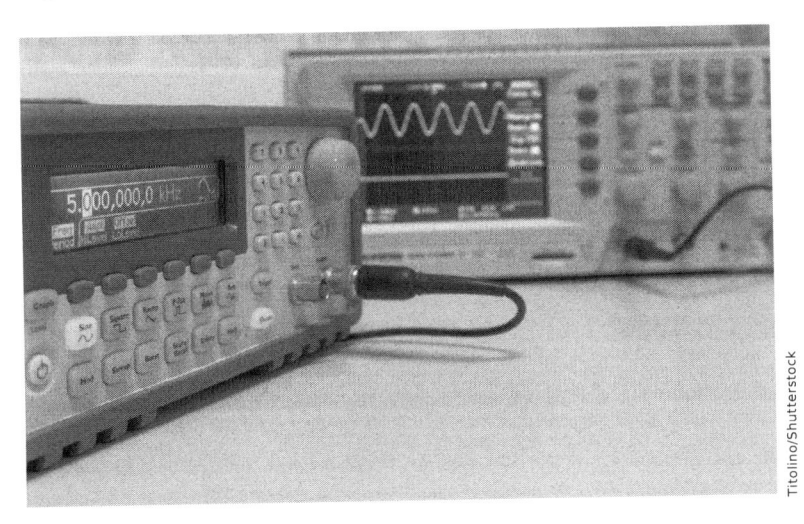

Embora sejam mais complexos do que os medidores anteriores, os **osciloscópios** são amplamente utilizados para medir e visualizar formas de onda elétricas, permitindo a análise detalhada do comportamento do sinal no decorrer do tempo e da fase. As variações de uma ou mais grandezas em relação ao tempo podem ser representadas em um gráfico.

Essas grandezas são convertidas em tensões elétricas e aplicadas aos amplificadores vertical (eixo Y) e horizontal (eixo X) do osciloscópio. Nas medições mais comuns, o eixo Y representa uma tensão (ou corrente, usando uma resistência de amostragem) e o eixo X representa o tempo. Além disso, pode haver uma variável adicional: a intensidade do feixe, que pode ser modulada por um sinal (eixo Z).

No modelo clássico do osciloscópio, o visor em que as formas de onda são observadas é um tubo de **raios catódicos**. Já nos modelos digitais, é comum usar um monitor de cristal líquido. Nos osciloscópios analógicos, a tensão, depois de ser amplificada ou atenuada, é aplicada às placas defletoras, que desviam o feixe. Nos modelos digitais, a tensão analógica é convertida em um conjunto de **bits**, que são processados em um computador (Pallàs-Areny, 2001).

Na medida

Raios catódicos – São feixes de elétrons emitidos a partir do cátodo de um tubo de vácuo quando uma diferença de potencial é aplicada entre o cátodo e o ânodo. Utilizados em dispositivos eletrônicos, como tubos de raios catódicos, são capazes de produzir imagens ao atingirem superfícies fosforescentes. Descobertos no século XIX, tiveram contribuições significativas para o avanço da eletrônica moderna.

Bits – São a unidade básica de informação em sistemas de computação e telecomunicações. O termo *bit* é uma abreviação de *binary digit* (dígito binário) e representa a menor unidade de dados em sistemas digitais. Um *bit* pode ter um de dois valores: 0 ou 1, representando estados de desligado (0) ou ligado (1). Os *bits* são usados para representar e armazenar informações digitais, como texto, imagens, áudio e vídeo, sendo a base para a codificação e o processamento de dados em computadores e dispositivos eletrônicos. A capacidade de armazenamento e processamento de um dispositivo é frequentemente medida em termos de número de *bits*, como em *megabits* ou *gigabits*.

Com relação aos **transdutores**, há duas categorias: os **passivos** e os **ativos**.

Na primeira categoria, temos os **transdutores passivos**, nos quais a energia do sinal de saída é totalmente fornecida pelo sinal de entrada ou pelo meio que gerou esse sinal. Alguns autores os chamam de *geradores*.

Um exemplo desse tipo de sensor é o termopar, que produz uma tensão elétrica como resultado da diferença de temperatura entre a junta ativa e a junta de referência. Essa diferença de temperatura ocorre em decorrência da troca de energia entre o termopar e o meio (Pallàs-Areny, 2001).

A segunda categoria, em contraste com a primeira, é composta pelos **transdutores ativos**. Nesse caso, a energia na saída do transdutor não é proveniente principalmente do sinal de entrada. O transdutor manipula a energia proveniente de uma fonte separada do sinal de entrada. Alguns autores chamam esses tipos de sensores de *moduladores* (Pallàs-Areny, 2001). Um exemplo é o potenciômetro resistivo, que é conectado a uma fonte de alimentação externa, conforme ilustrado na Figura 1.8.

Figura 1.8 – Exemplo de uma conexão elétrica de um potenciômetro para medição de posição

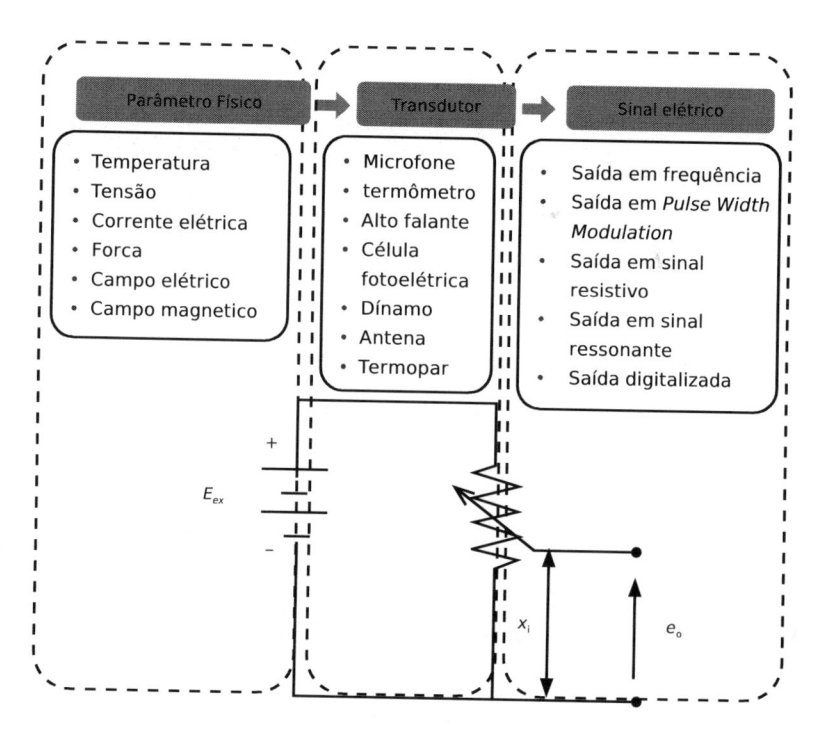

Parâmetro Físico	Transdutor	Sinal elétrico
• Temperatura • Tensão • Corrente elétrica • Forca • Campo elétrico • Campo magnetico	• Microfone • termômetro • Alto falante • Célula fotoelétrica • Dínamo • Antena • Termopar	• Saída em frequência • Saída em *Pulse Width Modulation* • Saída em sinal resistivo • Saída em sinal ressonante • Saída digitalizada

E_{ex}, x_i, e_o

Fonte: Elaborado com base em Pallàs-Areny, 2001.

A fonte de energia (E_{ex}) em [V] gera um sinal de saída (e_o), mensurada pela posição do cursor (x_i). Aqui, o potenciômetro é classificado como um transdutor ativo. Nesse caso, a tensão de saída do transdutor é o resultado da modulação da tensão proveniente da fonte pela posição do cursor do potenciômetro, que é o sinal de entrada (Haykin; Van Veen, 2001).

Portanto, esses medidores de grandezas elétricas são instrumentos básicos em um laboratório de instrumentação. Cabe lembrar que saber selecionar o medidor apropriado para a grandeza elétrica específica a ser medida e considerar as faixas de medição, a precisão, a exatidão e outras características técnicas relevantes para garantir resultados confiáveis e precisos são parte integrante da prática de instrumentação eletrônica e, dessa forma, deve ser escolhido o instrumento adequado para a grandeza específica que se deseja mensurar (Albertazzi; Sousa, 2008).

1.3 Entradas e saídas de um instrumento

As entradas e saídas de um instrumento de medida são elementos essenciais para garantir o funcionamento adequado e a utilidade do dispositivo. Essas entradas e saídas podem variar consideravelmente, dependendo do tipo de instrumento e da grandeza que está sendo medida (Noltingk, 1985; Vuolo, 1992). No entanto, existem várias entradas e saídas comuns que são encontradas em muitos instrumentos de medida. Vamos explorar essas entradas e saídas com mais detalhes.

1.3.1 Entradas

As entradas e respectivas características mais comuns em instrumentos de medidas são as seguintes:

- **Sinal de entrada** – O sinal de entrada é o parâmetro físico ou elétrico que está sendo medido pelo instrumento. Pode ser uma corrente elétrica, tensão, temperatura, pressão, fluxo, nível, entre outros. O instrumento é projetado para receber e processar esse sinal para fornecer uma leitura ou informação útil ao usuário (Haykin; Van Veen, 2001).
- **Alimentação de energia** – A maioria dos instrumentos de medida requer uma fonte de energia para funcionar corretamente. Isso pode ser fornecido por meio de baterias internas, fontes de alimentação externas ou até mesmo por conexões a uma rede elétrica. A alimentação de energia garante o correto funcionamento do instrumento e a disponibilidade de energia para as operações de medição (Teixeira, 2017).
- **Configurações de entrada** – Alguns instrumentos de medida têm configurações ajustáveis nas suas entradas. Isso permite ao usuário adaptar o instrumento para diferentes condições de medição, como selecionar a faixa de medição apropriada, ajustar a

sensibilidade do instrumento ou até mesmo escolher o tipo de sinal de entrada a ser medido. Essas configurações proporcionam flexibilidade e precisão na medição de diferentes grandezas (Pallàs-Areny, 2001).

1.3.2 Saídas

As saídas e respectivas características mais comuns em instrumentos de medidas são as seguintes:

- **Leitura numérica** – A maioria dos instrumentos de medida tem uma saída que exibe a leitura numérica do valor medido. Essa leitura pode ser apresentada em um *display* digital, mostrador analógico ou até mesmo por meio de uma interface de computador. A leitura numérica fornece ao usuário o valor exato ou aproximado da grandeza medida, permitindo análise e interpretação precisas dos resultados (Pallàs-Areny, 2001).
- **Saída analógica** – Alguns instrumentos de medida têm uma saída analógica que fornece um sinal proporcional ao valor medido. Essa saída analógica pode ser utilizada para conectar o instrumento a outros dispositivos ou sistemas que requerem um sinal analógico, como sistemas de controle, registradores ou outros instrumentos de medição. A saída analógica permite a transferência de informações de medição para outros dispositivos de modo contínuo (Albertazzi; Sousa, 2008).

- **Interface de comunicação** – Muitos instrumentos de medida estão equipados com interfaces de comunicação, como portas **USB**, **RS-232**, *Ethernet* ou *bluetooth*. Essas interfaces permitem a conexão do instrumento a computadores, dispositivos móveis ou outros dispositivos de controle. Por meio da interface de comunicação, é possível transferir dados de medição, controlar o instrumento remotamente, realizar aquisição de dados ou integração com sistemas de automação (Albertazzi; Sousa, 2008).

> ### Na medida
>
> **USB (*Universal Serial Bus*)** – É um padrão de conexão que facilita a comunicação entre dispositivos eletrônicos, permitindo a transferência de dados e energia. Lançado na década de 1990, substituiu diversas interfaces por um único conector, oferecendo velocidade, praticidade e compatibilidade entre dispositivos.
>
> **RS-232** – É um padrão de comunicação serial para transferência de dados entre dispositivos digitais, definindo interface elétrica e mecânica. Apesar de sua popularidade, tem sido substituído por tecnologias mais modernas.
>
> ***Ethernet*** – É uma tecnologia de rede de computadores amplamente utilizada para conectar dispositivos em uma LAN (*Local Area Network*). Ela define os padrões para cabos, conectores e protocolos de

comunicação, permitindo a transferência de dados em alta velocidade e de maneira confiável.

- **Alarmes ou indicadores** – Alguns instrumentos de medida dispõem recursos adicionais, como alarmes ou indicadores visuais ou sonoros. Esses recursos são projetados para alertar o usuário quando determinadas condições específicas são atingidas ou ultrapassadas. Por exemplo, um alarme pode ser acionado quando um limite predefinido é excedido, fornecendo um aviso importante para o usuário sobre uma situação crítica ou fora de especificação (Teixeira, 2017).

1.4 Configurações de entrada e saída de um instrumento

Os instrumentos podem ser analisados conforme suas entradas e saídas. Um instrumento ideal pode ser visto como um sistema com uma única entrada e uma única saída. A entrada é o valor da grandeza física a ser medida, também conhecida como *mensurando*, e a saída é a indicação fornecida pelo instrumento (Teixeira, 2017). No entanto, a indicação de um instrumento pode depender não apenas do mensurando, mas também de outras variáveis.

Quando há outras variáveis que afetam a indicação do instrumento, fica evidente que essas variáveis são consideradas as entradas do instrumento. Em um instrumento ideal, representa-se uma única entrada como x(t), que é o mensurando desejado, e uma única saída como $y_d(t) = f[x(t)]$, que é a saída desejada (Thompson; Taylor, 2008; Bolton, 1997).

Na prática, os instrumentos não são ideais e, portanto, a saída real y(t) pode ser diferente da saída desejada $y_d(t)$. A saída y(t) é o resultado de várias causas, chamadas de *entradas*, e é representada de modo mais geral matematicamente como:

Equação 1.1

$$y(t) = f\left[x(t), x_{e1}(t), x_{e2}(t), x_{e3}(t), \ldots\right]$$

Nessa equação, f[ ] é um operador matemático que descreve como o instrumento transforma o conjunto de entradas e saídas, x(t) é a entrada desejada e $x_{e1}(t)$, $x_{e2}(t)$,... são as entradas espúrias que afetam o instrumento, mas cujo efeito é indesejado.

Podemos classificar as **entradas espúrias** em duas categorias: entradas de interferência ($x_i(t)$) e entradas modificantes ($x_m(t)$). As entradas de interferência têm um impacto direto na saída do sistema, como o próprio nome sugere, e as entradas modificantes afetam a saída de maneira indireta, modificando o desempenho do instrumento (Doebelin, 2003).

> **Na medida**
>
> **Entradas espúrias** – Interferências ou sinais indesejados que podem afetar a precisão ou a confiabilidade das medições, sendo necessário adotar estratégias para minimizá-las e garantir a qualidade dos resultados obtidos.

De modo geral, consideramos que a função ideal que descreve um instrumento, $f_0[\ ]$, é escalar e tem apenas um argumento, $x(t)$. Por outro lado, a função real $f[\ ]$ tem como argumentos $x(t)$, $x_i(t)$ e $x_m(t)$. Na prática, pode haver mais de uma entrada de interferência e mais de uma entrada modificante. Portanto, podemos expressar matematicamente a saída de um instrumento hipotético com a equação a seguir, que modela o valor de saída $y(t)$ como função dos valores de entrada:

Equação 1.2

$$y(t) = f_o \left[x(t), x_m(t), x_i(t) \right]$$

$$y(t) = y_d(t) + \left[\delta x \right]$$

Nessa equação, $y_d(t)$ é a saída da função nominal do instrumento, f_o corresponde ao valor para a entrada $x(t)$, e o termo $[\Delta x]$ representa o valor das variáveis de entrada espúrias (ou seja, que têm derivadas parciais). Portanto, a saída de um instrumento de medição não é representada tão somente pelo valor desejado $y_d(t)$, mas inclui também o efeito dos elementos espúrios da entrada (Teixeira, 2017).

É crucial compreender que um instrumento conta com múltiplas entradas, e isso tem diversas implicações práticas. Em termos de operação, é fundamental tomar precauções para minimizar o efeito das entradas espúrias.

Durante o processo de projeto de um instrumento, é necessário garantir que ele seja o menos sensível possível às entradas indesejadas, ao mesmo tempo que permanece sensível ao sinal a ser medido. Isso requer cuidados especiais para assegurar que o instrumento seja projetado de modo a atender esses requisitos contraditórios de sensibilidade e imunidade a interferências (Doebelin, 2003).

1.4.1 Impedância de entrada

A impedância de entrada em um instrumento de medição refere-se à resistência elétrica apresentada pelo instrumento quando está sendo conectado a uma fonte de sinal. É a medida da oposição que o instrumento oferece ao fluxo de corrente quando está realizando a medição (Teixeira, 2017).

A impedância de entrada é uma consideração importante ao selecionar ou utilizar um instrumento de medição, especialmente quando se trata de sinais elétricos de baixa amplitude. Uma impedância de entrada inadequada pode afetar a precisão da medição, causar distorções ou mesmo modificar o sinal original (Haykin; Van Veen, 2001).

Em geral, um instrumento de medição ideal teria uma impedância de entrada infinita, o que significaria que ele não teria efeito na fonte de sinal e não introduziria nenhuma carga adicional. No entanto, na prática, todos os instrumentos têm uma impedância de entrada finita (Noltingk, 1985).

Em instrumentos de medição, como multímetros, osciloscópios e amplificadores, é comum encontrar uma impedância de entrada especificada. Essa especificação indica a resistência elétrica que o instrumento apresenta ao circuito sob teste quando está realizando a medição.

A escolha da impedância de entrada adequada depende da natureza do sinal e da fonte que está sendo medida.

Em alguns casos, é desejável uma impedância de entrada alta para minimizar o carregamento do circuito e evitar distorções. Em outros casos, pode ser necessária uma impedância de entrada baixa para garantir uma correspondência adequada de impedância e uma transferência de sinal eficiente (Doebelin, 2003).

É importante verificar as especificações do instrumento de medição e considerar a impedância de entrada ao conectar o instrumento a uma fonte de sinal, visando, assim, garantir medições precisas e evitar interferências indesejadas no circuito em teste (Noltingk, 1985; Vuolo, 1992).

Vamos definir a impedância de entrada da seguinte maneira. Considere que você mediu com um amperímetro a corrente elétrica de entrada i_e [A] e com um voltímetro a tensão de entrada V_e [V]. A razão entre essas duas grandezas físicas resulta na impedância de entrada de um circuito, conforme a Equação 1.3, que demonstra a impedância de entrada Z_e [Ω] de um circuito:

Equação 1.3

Impedância de entrada Z_e [Ω] de um circuito

$$Z_e = \frac{V_e}{i_e}$$

1.4.2 Ganho de tensão

O ganho de tensão em instrumentos de medição refere-se à amplificação do sinal de entrada pelo instrumento antes que seja exibido ou registrado. O ganho de tensão é uma característica importante, especialmente em instrumentos como amplificadores, osciloscópios e registradores, em que é necessário amplificar o sinal para melhorar a visualização ou análise (Vuolo, 1992).

O ganho de tensão é expresso como uma relação entre a tensão de saída V_s [V] e a tensão de entrada V_e [V]. Por exemplo, um ganho de tensão de 2 significa que o sinal de saída será duas vezes maior do que o sinal de entrada. O ganho de tensão pode ser expresso em termos de ganho de tensão linear (V_e/V_s) ou em decibéis (dB), conforme a Equação 1.4:

Equação 1.4

Ganho de tensão em dB

$$G(dB) = 20 \cdot \log\left(\frac{V_s}{V_e}\right)$$

É importante considerar o ganho de tensão ao selecionar ou utilizar um instrumento de medição, pois ele pode afetar a precisão e a faixa dinâmica da medição. Um ganho muito baixo pode resultar em uma exibição ou um registro de sinal fraco, dificultando a interpretação dos resultados. Por outro lado, um ganho muito alto pode causar saturação do sinal, distorção ou amplificação de ruídos indesejados (Pallàs-Areny, 2001; Vuolo, 1992).

A relação de entrada e saída e o ganho relativo em dB podem ser correlacionados como:

$$\frac{V_s}{V_e} = 1 \rightarrow G(dB) = 0 \, dB$$

$$\frac{V_s}{V_e} = 10 \rightarrow G(dB) = 20 \, dB$$

$$\frac{V_s}{V_e} = 100 \rightarrow G(dB) = 40 \, dB$$

$$\frac{V_s}{V_e} = 10^5 \rightarrow G(dB) = 100 \, dB$$

O ganho de tensão pode ser ajustável em alguns instrumentos, permitindo ao usuário adaptar a amplificação de acordo com a faixa de sinal e a aplicação específica. Além disso, alguns instrumentos podem ter múltiplos canais de entrada com diferentes ganhos de tensão para acomodar diferentes sinais de entrada (Noltingk, 1985).

É importante verificar as especificações do instrumento de medição e considerar o ganho de tensão necessário para a medição desejada. Além disso, é essencial calibrar e verificar periodicamente o ganho de tensão do instrumento para garantir medições precisas e confiáveis (Noltingk, 1985).

1.5 Método para minimizar os efeitos de entradas espúrias

A obtenção de medições elétricas precisas e confiáveis é crucial em diversas áreas, como eletrônica, engenharia, ciência e muitas outras. No entanto, essas medições podem ser afetadas por interferências indesejadas, conhecidas como *entradas espúrias*, que podem comprometer a qualidade dos resultados obtidos (Holman, 2000). Felizmente, existem métodos eficazes para minimizar esses efeitos indesejados e obter medições mais precisas e confiáveis. A seguir, são apresentados seis métodos mais utilizados para tentar eliminar o efeito das entradas espúrias quando são realizadas medidas por instrumentos.

1.5.1 Método das correções calculadas

O método das correções calculadas é uma abordagem utilizada para minimizar os efeitos de entradas espúrias em medições. Esse método consiste em identificar as fontes de interferência e calcular as correções necessárias para compensar esses efeitos indesejados (Doebelin, 2003). Primeiramente, é realizado um estudo cuidadoso das possíveis fontes de interferência presentes no sistema de medição. Isso pode incluir componentes eletrônicos adjacentes, campos magnéticos, influência térmica, entre outros fatores. Uma vez identificadas as fontes de interferência, são realizadas medições e análises para quantificar os efeitos indesejados gerados por essas fontes (Holman, 2000).

Genericamente, o método das correções calculadas pode ser expresso pela Equação 1.5:

Equação 1.5

$$V_C = V_{med} + C$$

Nessa equação, V_C é o valor corrigido, V_{med} é o valor medido, e C corresponde à correção feita. A correção é determinada com base no modelo desenvolvido para representar as interferências e pode envolver parâmetros específicos relacionados às características do sistema de medição e às fontes de interferência.

Com base nas informações obtidas, são desenvolvidos modelos matemáticos ou algoritmos que relacionam as entradas espúrias identificadas com as medidas obtidas. Esses modelos podem ser lineares ou não lineares, dependendo da complexidade do sistema de medição. Mediante esses modelos são determinadas as correções necessárias para eliminar ou reduzir os efeitos das entradas espúrias (Doebelin, 2003).

Uma vez calculadas as correções, elas são aplicadas ao resultado da medição, compensando assim os efeitos indesejados e fornecendo um valor mais preciso e confiável. Essas correções podem ser realizadas diretamente no **hardware** do sistema de medição, por meio de circuitos de correção, ou por **software**, por meio de algoritmos de processamento de sinais (Thompson; Taylor, 2008; Bolton, 1997).

Na medida

Hardware – Refere-se aos componentes físicos de um sistema de computador, como processador, memória, placa-mãe, disco rígido e periféricos. É a parte tangível e palpável do computador, responsável pela execução de tarefas e pelo processamento de informações.

Software – É o conjunto de programas, instruções e dados que controlam o funcionamento do *hardware* de um computador. Ele abrange desde sistemas operacionais e aplicativos até jogos e utilitários, sendo essencial para a realização de tarefas específicas e a execução de programas.

É importante ressaltar que o método das correções calculadas requer um conhecimento aprofundado do sistema de medição e das fontes de interferência envolvidas. Além disso, é necessário realizar medições e análises cuidadosas para estabelecer os modelos matemáticos adequados e determinar os ajustes corretos. Esse método pode ser especialmente útil em situações em que não é viável eliminar completamente as fontes de interferência, permitindo, assim, obter medições mais precisas e confiáveis (Doebelin, 2003; Noltingk, 1985).

Medições amostrais

Vamos considerar um experimento em que estamos medindo a resistência elétrica de um material utilizando um ohmímetro. Suponha que, durante a medição, existam interferências indesejadas causadas por conexões imperfeitas ou resistências de contato adicionais no circuito. Essas interferências podem afetar a precisão das medições e introduzir erros nos resultados.

Nesse caso, podemos aplicar o método das correções calculadas para minimizar os efeitos dessas interferências e obter medições mais precisas. Para isso, é necessário identificar e caracterizar as interferências presentes no sistema.

Por exemplo, podemos medir a resistência do material em diferentes configurações de conexão e obter valores de resistência ligeiramente diferentes em razão das interferências. Em seguida, podemos desenvolver um modelo matemático que relacione as interferências observadas com os valores de resistência medidos.

Com base nesse modelo, podemos calcular as correções necessárias para compensar as interferências em cada medição. Essas correções podem ser aplicadas diretamente aos valores medidos, resultando em valores corrigidos mais precisos.

Por exemplo, se observamos uma resistência ligeiramente maior nas medições em virtude de uma resistência de contato adicional, podemos calcular uma correção negativa correspondente e subtrair essa correção do valor medido para obter a resistência corrigida.

Dessa forma, ao aplicar as correções calculadas, podemos reduzir os efeitos das interferências indesejadas e obter resultados mais precisos na medição da resistência do material.

1.5.2 Método da insensibilidade inerente

O método da insensibilidade inerente consiste em projetar o instrumento de modo a torná-lo intrinsecamente pouco sensível às interferências indesejadas, reduzindo assim sua influência nos resultados obtidos.

Ao aplicar o método, são tomadas várias medidas durante o projeto do instrumento. Uma dessas medidas é a seleção de materiais com propriedades que minimizam a sensibilidade às entradas espúrias, ou seja, a ideia é garantir que as derivadas parciais das variáveis de entrada sejam nulas [$\Delta x = 0$] (conforme a Equação 1.2).

Por exemplo, ao escolher um material com um coeficiente de dilatação térmica baixo, é possível reduzir os efeitos da variação de temperatura nas medições (Doebelin, 2003).

O projeto do instrumento também pode envolver a utilização de configurações que diminuam a sensibilidade às interferências. Por exemplo, a implementação de sistemas de compensação ou mecanismos de isolamento pode ajudar a reduzir os efeitos das entradas espúrias.

Uma vantagem do método da insensibilidade inerente é que ele aborda o problema diretamente no projeto do instrumento, tornando-o mais robusto e confiável em relação às interferências indesejadas. Isso significa que, mesmo em condições adversas ou com presença de entradas espúrias, o instrumento continuará fornecendo resultados mais precisos e confiáveis (Doebelin, 2003).

Medições amostrais

Vamos considerar dois experimentos em que ocorre a presença de entradas espúrias.

No primeiro exemplo, estamos medindo a temperatura de um líquido usando um termômetro. Suponha que o termômetro utilizado tem uma escala marcada em um material que se expande ou contrai com a variação da temperatura. Nesse caso, uma entrada espúria pode ocorrer em razão de uma variação de temperatura externa que não está relacionada à temperatura real do líquido.

Por exemplo, se houver uma corrente de ar frio passando próximo ao termômetro, isso pode causar uma queda na temperatura do material da escala, fazendo com que este se contraia e indique erroneamente uma temperatura mais baixa do que a temperatura real do líquido. Essa variação de temperatura externa é considerada uma entrada espúria, pois não está diretamente relacionada à temperatura que desejamos medir.

Outro exemplo pode ser uma fonte de calor próxima ao termômetro que aquece o material da escala, fazendo com que ele se expanda e indique uma temperatura mais alta do que a temperatura real do líquido. Nesse caso, a variação de temperatura causada pela fonte de calor é uma entrada espúria que afeta a medição da temperatura desejada.

Esses são apenas dois exemplos de situações experimentais em que entradas espúrias podem ser observadas. Em ambos os casos, é importante considerar o método da insensibilidade inerente durante o projeto do termômetro, escolhendo materiais com coeficientes de dilatação térmica baixos e aplicando configurações que minimizem a sensibilidade às interferências externas, o que garante medições mais precisas e confiáveis da temperatura real do líquido.

1.5.3 Método das entradas em oposição

O método das entradas em oposição, também conhecido como *método de cancelamento de interferências*, é uma abordagem utilizada para minimizar os efeitos de entradas espúrias em sistemas de medição. Esse método consiste em introduzir uma entrada adicional, chamada de *entrada em oposição*, que é projetada para ter magnitude e polaridade opostas à entrada espúria, de modo que as duas se anulem (Pallàs-Areny, 2001; Vuolo, 1992).

A ideia por trás do método das entradas em oposição é que a entrada espúria afeta tanto a entrada principal quanto a entrada em oposição, mas de maneira oposta. Ao somar as duas entradas, as componentes de interferência se cancelam, resultando em uma saída líquida que contém apenas o sinal desejado (Doebelin, 2003).

Medições amostrais

Um exemplo prático desse método é a utilização de um sensor de pressão diferencial para medição precisa de uma pressão absoluta. Suponha que o sensor de pressão seja suscetível a variações de temperatura que introduzem uma interferência indesejada no sinal medido. Para aplicar o método das entradas em oposição, um segundo sensor de pressão, devidamente protegido contra variações de temperatura, é colocado em um ambiente de referência com temperatura controlada.

O sinal do sensor de pressão principal e o sinal do sensor de pressão de referência são então somados, mas com a polaridade invertida para o sinal de referência. Dessa forma, as variações de temperatura que afetam ambos os sensores são compensados, uma vez que elas aparecem como entradas opostas. O sinal resultante contém apenas a pressão absoluta desejada, e as variações de temperatura indesejadas são canceladas (Holman, 2000).

Esse método é particularmente eficaz quando as interferências são conhecidas e podem ser adequadamente medidas ou estimadas, permitindo a introdução de uma entrada em oposição precisa. Ele é amplamente utilizado em sistemas de medição sensíveis, nos quais as interferências são significativas e podem comprometer a precisão dos resultados obtidos. Ao aplicar o método das entradas em oposição, é possível obter medições mais precisas e confiáveis, minimizando os efeitos das entradas espúrias (Teixeira, 2017).

1.5.4 Método da realimentação negativa com alto ganho

Esse método envolve a introdução de um sinal de realimentação que é uma versão do sinal de saída, mas com polaridade invertida e amplificado por um fator de ganho elevado.

A ideia por trás do método da realimentação negativa com alto ganho é que o sinal de realimentação, ao ser somado ao sinal de entrada, cria uma retroalimentação que tende a reduzir a diferença entre o sinal desejado e o sinal real (Bazanella; Silva Jr., 2005). Isso ocorre porque o sinal de realimentação, ao ser invertido em polaridade, atua para compensar e reduzir as variações indesejadas presentes no sistema (Teixeira, 2017).

Medições amostrais

Um exemplo prático desse método é encontrado em amplificadores operacionais (op-amps). Os op-amps são componentes eletrônicos amplamente utilizados em sistemas de controle e processamento de sinais. Eles têm uma entrada inversora, uma entrada não inversora, uma saída e um terminal de realimentação.

No caso de um amplificador operacional em configuração de realimentação negativa com alto ganho, o sinal de saída é mostrado e enviado de volta à entrada inversora por meio do terminal de realimentação. O sinal de realimentação, invertido e amplificado pelo ganho do amplificador, é então somado ao sinal de entrada original.

Essa realimentação negativa com alto ganho ajuda a controlar o comportamento do amplificador, reduzindo a distorção, aumentando a linearidade e minimizando os efeitos de variações indesejadas, como ruídos ou interferências. O sinal de saída do amplificador operacional se aproxima do sinal de entrada desejado, corrigindo as imperfeições introduzidas pelo próprio amplificador e por outros componentes do sistema (Bazanella; Silva Jr., 2005).

Dessa forma, o método da realimentação negativa com alto ganho é uma técnica poderosa para reduzir os efeitos de entradas espúrias em sistemas de controle. A introdução de um sinal de realimentação, que é uma versão invertida e amplificada do sinal de saída, ajuda a minimizar as variações indesejadas e a melhorar a estabilidade e a precisão do sistema. O exemplo dos amplificadores operacionais demonstra a aplicação prática desse método em eletrônica e sistemas de controle (Doebelin, 2003; Noltingk, 1985).

1.5.5 Método utilizando filtros

Ao discutir sobre filtros, não estamos limitados apenas aos filtros de sinais elétricos, embora estes sejam bastante comuns. O uso de filtros pode ser vantajoso em várias situações. É possível filtrar o efeito de entradas espúrias antes que elas afetem o desempenho do instrumento, assim como filtrar o efeito dessas entradas depois de terem afetado o sistema. A decisão sobre qual abordagem adotar faz parte integrante do projeto do equipamento de medição (Doebelin, 2003).

Por exemplo, isolar termicamente a junta fria de um termopar é uma forma de filtrar, utilizando um filtro térmico, o efeito indesejado da temperatura da junta fria na indicação do termopar. Outro exemplo é a blindagem de uma ponte de Wheatstone para evitar a interferência eletromagnética. Nos dois casos mencionados, os efeitos das entradas espúrias são filtrados antes de atingirem o sistema.

Em alguns casos, há uma alternativa viável de filtrar o efeito das entradas espúrias após terem afetado o sistema. Por exemplo, se um sinal de 60 Hz for induzido em uma **ponte de Wheatstone** usada para medir a deformação de um corpo de prova sob a ação de uma carga de frequência muito mais baixa (frequência << 60 Hz), é possível praticamente eliminar as oscilações causadas pela interferência eletromagnética utilizando um **filtro passa-baixas** (Thompson; Taylor, 2008; Bolton, 1997).

Na medida

Ponte de Wheatstone – É um circuito elétrico utilizado para medir resistências elétricas desconhecidas, com base no princípio da comparação de tensões. É composta por quatro resistores, sendo um deles variável, e fornece uma medida precisa da resistência desconhecida quando a ponte está equilibrada. Essa técnica é amplamente empregada em aplicações de medição de grande precisão, como em dispositivos médicos e industriais.

Filtro passa-baixas – É um circuito eletrônico ou um sistema que permite a passagem de frequências mais baixas enquanto atenua ou bloqueia as frequências mais altas. É amplamente utilizado em eletrônica de áudio, telecomunicações e processamento de sinais para eliminar ruídos de alta frequência e permitir a passagem de sinais de interesse que estão dentro de uma faixa específica de frequência.

Esses filtros podem ser passivos, como filtros RC (resistor-capacitor), ou filtros LC (indutor-capacitor), ou ativos, envolvendo o uso de amplificadores operacionais e circuitos eletrônicos específicos (Bazanella; Silva Jr., 2005).

O uso de filtros, portanto, é uma estratégia eficaz para lidar com entradas espúrias em sistemas de medição. Tanto filtrar essas entradas antes de afetarem o sistema quanto depois de já terem afetado são abordagens válidas, dependendo das necessidades e do projeto do equipamento. A aplicação adequada de filtros contribui para a obtenção de medições mais precisas e confiáveis (Doebelin, 2003).

1.5.6 Método de blindagem e aterramento

Um dos principais métodos para minimizar os efeitos de entradas espúrias é a implementação de técnicas de blindagem e aterramento adequados. A blindagem consiste no uso de materiais condutores, como cobre ou alumínio, para envolver os cabos e equipamentos, criando uma barreira que reduz a interferência eletromagnética externa. Além disso, um bom sistema de aterramento é fundamental para dissipar correntes indesejadas e criar um ponto de referência comum, reduzindo assim os efeitos de ruídos e interferências (Doebelin, 2003).

Outros métodos incluem o isolamento galvânico, que utiliza componentes como transformadores de isolamento ou acopladores ópticos para evitar a transferência de corrente indesejada entre os circuitos, e a calibração e a compensação periódicas dos equipamentos de medição, garantindo que estes estejam operando corretamente e corrigindo possíveis erros de medição (Thompson; Taylor, 2008; Bolton, 1997).

A escolha dos métodos a serem aplicados dependerá das características específicas do sistema de medição e das fontes de interferência presentes. É importante avaliar cuidadosamente as condições e os requisitos do ambiente de medição e selecionar as técnicas mais adequadas para minimizar os efeitos de entradas espúrias, assegurando assim resultados mais precisos e confiáveis em diversas aplicações (Doebelin, 2003).

Exercícios resolvidos

1. Considerando um conversor analógico-digital de 9 *bits* com faixa de entrada de 0 a 12 V e um termômetro linear, cuja saída varia linearmente de 0 a 3 V para uma variação de temperatura de 0 a 120 °C, calcule a resolução em °C imposta pelo sistema.

Solução:

Para calcular a resolução em °C, precisamos determinar a variação de temperatura correspondente a cada incremento no *bit* menos significativo do conversor analógico-digital.

Dado que a faixa de entrada do conversor é de 0 a 12 V e tem 9 *bits*, a resolução em tensão (R) é calculada dividindo a faixa de entrada (12 V) pela quantidade de possíveis valores do conversor, ou seja, $2^9 = 512$. Portanto, a resolução em tensão é de 12 V / 512 = 0,0234 V (ou 23,4 mV).

$$R = \frac{V_{faixa\,entrada}}{2^{N^o bits}-1} = \frac{12V}{2^9-1} \, 0,023 \text{ V/bit}$$

Sabendo que a saída do termômetro linear varia linearmente de 0 a 3 V para uma variação de temperatura de 0 a 120 °C, podemos calcular a resolução em °C dividindo essa variação de temperatura pelo incremento correspondente em tensão:

Variação em tensão = 3 V – 0 V = 3 V
Variação em temperatura = 120 °C – 0 °C = 120 °C

$$\text{Resolução em } °C = \frac{\text{Variação em temperatura}}{\text{Variação em tensão}} =$$

$$= \frac{120}{3} = 40 \text{ °C/V}$$

Portanto, a resolução em °C imposta pelo sistema é de 40 °C/V ou 40 °C por unidade de tensão.

2. Dado que um sensor de pressão tem como saída uma corrente (i) que variou em 320 mA para uma variação de pressão de 20 bar, calcule a sensibilidade desse sensor.

Solução:

A sensibilidade do sensor (S_{sensor}) é definida como a variação da saída do sensor em relação à variação da entrada. Nesse caso, a sensibilidade é calculada dividindo a variação da corrente (Δi) pela variação da pressão (Δp):

$$S_{sensor} = \frac{\Delta i}{\Delta p}$$

Para obter o resultado em unidades adequadas, é necessário converter a corrente para [A] e a pressão para [Pa]:

1 A = 1000 mA

1 bar = 100000 Pa, logo, 20 bar =

$$S_{sensor} = \frac{320 \cdot 10^{-3}}{20 \cdot 10^{5}} = 16 \cdot 10^{-6} [A/Pa] = 16\mu [A/Pa]$$

Expandindo as medições

Para informações técnicas e tutoriais e materiais educacionais gratuitos de instrumentos de medição, recomendamos o *site* da Keysight Technologies:

KEYSIGHT TECHNOLOGIES. Disponível em: <https://www.keysight.com/us/en/home.html>. Acesso em: 5 jul. 2024.

Para uma lição sobre teoria dos erros, com o objetivo de analisar a exatidão e a calibração de instrumentos, consulte o vídeo indicado a seguir:

PROFESSOR RONIMACK. **Lição 2** – Teoria dos Erros - Parte 3 – Classe de exatidão e calibração de instrumentos. 2021. Disponível em: <https://youtu.be/lV0OEFgTCwM>. Acesso em: 5 jul. 2024.

Resumo das medições

O quadro a seguir sintetiza os principais assuntos tratados neste capítulo.

Quadro 1.1 – Quadro-resumo

Objetivos de um sistema de medição	Os sistemas visam obter informações precisas e confiáveis sobre uma grandeza física específica. Instrumentos convertem a grandeza em um sinal mensurável, fornecendo uma saída proporcional à entrada.

Classificação de um instrumento	Pode-se classificar por princípio de funcionamento, quantidade medida, faixa de medição e precisão. Exemplos incluem sensores, transdutores, medidores e analisadores.
Entrada e saída de um instrumento	Onde a grandeza física é aplicada (entrada), e o resultado da medição (saída), geralmente é um sinal elétrico.
Configurações de entrada e saída	Podem ser simples ou complexas, com diferentes tipos de saída, como analógicas, digitais ou interfaces de comunicação.
Métodos para minimizar efeitos de entradas espúrias	Usando filtros, técnicas de blindagem, compensações e calibrações regulares, além de um projeto cuidadoso do sistema.

Testes instrumentais

1) Considerando que instrumentos de medida têm mais de uma única entrada, apresente, de maneira resumida, quais são os sinais de entrada e saída de qualquer tipo de instrumento e dê um exemplo.

2) Indique quais são os processos de medição e cite três objetivos principais dos instrumentos de medição.

3) Analise as seguintes afirmações a seguir, considerando aquela que melhor descreve um instrumento ideal:

I) Um instrumento ideal tem múltiplas entradas e uma única saída.

II) A saída de um instrumento ideal é sempre idêntica à saída desejada.

III) As entradas de um instrumento ideal são exclusivamente as variáveis que afetam a indicação do instrumento.

Agora, assinale a alternativa que apresenta a resposta correta:

a) Apenas a afirmação I é verdadeira.
b) Apenas a afirmação II é verdadeira.
c) Apenas a afirmação III é verdadeira.
d) As afirmações I, II e III são verdadeiras.

4) As entradas espúrias são aquelas que afetam o instrumento, mas seu efeito é indesejado. Um conceito relacionado à entrada espúria é o da grandeza de influência, que é uma grandeza que não é o mensurando, mas que afeta o resultado da medição.

Com base no conhecimento sobre entradas espúrias, assinale a alternativa em que a grandeza em questão seja uma entrada do instrumento associado, e não uma entrada espúria:

a) Temperatura de um manômetro.
b) Temperatura de um potenciômetro resistivo.
c) Temperatura de um termopar.
d) Temperatura de um extensômetro.

5) Nos transdutores passivos, a energia do sinal é totalmente fornecida pelo sinal de entrada ou pelo meio que gerou esse sinal. Já nos transdutores ativos, a energia na saída do transdutor não é proveniente do sinal de entrada. Com base no conhecimento em classificação de instrumentos segundo a utilização de fontes de energia, assinale a alternativa que contém apenas instrumentos passivos:

a) Termômetro de mercúrio; régua milimetrada; válvulas pneumáticas.
b) Termopar; bombas centrífugas; válvulas pneumáticas.
c) Termômetro de mercúrio; termopar; manômetro de tubo em U.
d) Termômetro de mercúrio; régua milimetrada; potenciômetro resistivo.

Ampliando o raciocínio

1) Qual é o valor do dígito menos significativo na escala medida de determinado voltímetro digital com resolução de 3 mV?

2) O que significa afirmar que a sensibilidade de um termômetro pode ser 20 mV/°C?

Incertezas nos sistemas de medição

2

Conteúdos do capítulo:

- Métodos de medição.
- Precisão da medição.
- Habilidade do operador.
- Fatores influenciadores da precisão.
- Abordagem holística.

Após o estudo deste capítulo, você será capaz de:

1. calcular a incerteza de um instrumento de medida;
2. diferenciar erro sistemático de erro aleatório;
3. reconhecer modelos de calibração para instrumentos;
4. calcular erros em medidas.

No âmbito da ciência e da engenharia, a medição é uma atividade fundamental que visa determinar com precisão as propriedades e características de fenômenos físicos e sistemas. No entanto, toda medição está sujeita a incertezas, que refletem a falta de conhecimento absoluto sobre o valor real da grandeza em análise. Essas incertezas, por sua vez, são compostas por diferentes fontes, incluindo os erros sistemáticos e aleatórios.

2.1 Efeitos sistemáticos e aleatórios

No âmbito dos sistemas de mensuração, a incerteza é uma noção que alude à ausência de um conhecimento integral e definitivo em relação ao valor real de determinada grandeza física que está sob escrutínio. Essa incerteza traduz-se como a amplitude de valores na qual é provável que o valor autêntico da grandeza esteja situado, levando em consideração as inerentes restrições associadas ao procedimento de medição, conforme delineado por Aguirre (2013).

A incerteza de medição é uma estimativa quantitativa dessa falta de conhecimento e é expressa por meio de um intervalo de confiança, geralmente associado a determinada probabilidade de cobertura, como 95% ou 99%. Em outras palavras, a incerteza indica o grau de confiança que se pode ter de que o valor verdadeiro está dentro do intervalo estimado (Balbinot; Brusamarello, 2019).

Existem diversas fontes de incerteza em sistemas de medição, incluindo erros sistemáticos e erros aleatórios. Os erros sistemáticos são desvios consistentes e previsíveis que ocorrem em decorrência de imperfeições no equipamento de medição ou nos procedimentos utilizados. Por sua vez, os erros aleatórios são variações não previsíveis que surgem em razão de fatores como flutuações ambientais, ruído eletrônico ou limitações na precisão do instrumento (Alexander; Sadiku, 2000).

A avaliação da incerteza de medição requer uma análise cuidadosa de todas as fontes relevantes de incerteza, bem como a quantificação de cada uma delas. Isso envolve a utilização de métodos estatísticos, calibração adequada dos instrumentos de medição, análise de repetibilidade e reprodutibilidade, além da consideração dos efeitos das condições ambientais (Bolton, 1997).

A correta expressão da incerteza de medição é essencial para garantir a confiabilidade e a validade dos resultados obtidos por meio de medições. Ela permite que os usuários compreendam a confiabilidade dos dados obtidos e tomem decisões informadas com base nos resultados (Alexander; Sadiku, 2000).

Quando realizamos experimentos ou medições de quantidades, é essencial estabelecer um intervalo que englobe possíveis dispersões em torno da melhor estimativa, acompanhado das respectivas probabilidades (que devem ser especificadas). Esse parâmetro é influenciado por diversos fatores, como as condições ambientais, a habilidade do operador, as características do instrumento, entre outros (Thompson; Taylor, 2008). Geralmente, esse parâmetro mensurado considera uma incerteza a ele associado, conforme a seguinte representação:

Equação 2.1

$$VALOR_{Mensurado} = M \pm \Delta M$$

Nessa expressão, M corresponde à melhor quantidade estimada da medida, e ΔM é a incerteza padrão, que é calculada conforme os procedimentos normalizados vistos no Capítulo 1.

2.1.1 Erros associados a efeitos sistemáticos e aleatórios

Erro sistemático em medidas é um desvio previsível e consistente que ocorre de maneira sistemática durante o processo de medição. Esse tipo de erro afeta todas as medições de modo uniforme, introduzindo um viés sistemático nos resultados.

Ao contrário do erro aleatório, que é imprevisível e não consistente, o erro sistemático é causado por fatores que constantemente influenciam o resultado da medição, geralmente em uma direção específica. Esses fatores podem envolver imperfeições no equipamento de medição, erros de calibração, influências ambientais e problemas relacionados à técnica de medição, entre outros (Teixeira, 2017).

O erro sistemático pode levar a uma subestimação ou superestimação sistemática do valor verdadeiro da grandeza em estudo. Por exemplo, se um instrumento de medição apresenta um desvio constante que acrescenta 2 unidades ao resultado real, todas as medições realizadas com esse instrumento terão um viés de 2 unidades a mais em relação ao valor verdadeiro (Sydenham, 1983).

É importante ressaltar que o erro sistemático não pode ser eliminado simplesmente repetindo as medições várias vezes. Ele precisa ser identificado e corrigido por meio de técnicas apropriadas, como calibração, ajuste de compensações, aplicação de correções por meio de equações ou utilização de fatores de correção (Thompson; Taylor, 2008)

Observe a Figura 2.1 a seguir.

Figura 2.1 – Contextualização dos tipos de erros em relação a determinado valor medido (valor verdadeiro)

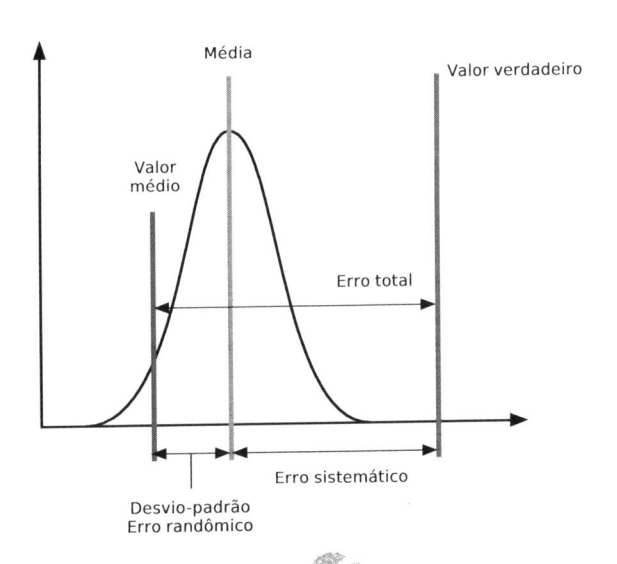

Uma vez que o erro sistemático é identificado e corrigido, é possível obter resultados de medição mais precisos e confiáveis, reduzindo a influência do viés sistemático (Teixeira, 2017).

Medições amostrais

Exemplo de erro sistemático

Considere um multímetro que é utilizado para medir a tensão elétrica em um circuito. Se esse multímetro não estiver devidamente calibrado e for calibrado para uma escala incorreta, ele pode exibir uma leitura constante que é, por exemplo, 2% maior do que o valor verdadeiro. Isso significa que todas as medições feitas com esse multímetro terão um erro sistemático de 2% para cima, independentemente da tensão real presente no circuito.

Erro de calibração

O erro de calibração ocorre quando o instrumento de medição utilizado apresenta desvios consistentes em relação a um padrão de referência conhecido. Isso pode ocorrer em decorrência de falhas no processo de calibração do instrumento.

Medições amostrais

Exemplo de erro de calibração

Admita um termômetro digital utilizado para medir a temperatura ambiente. Se, durante o processo de fabricação, o sensor de temperatura do termômetro for calibrado incorretamente, ele pode exibir leituras imprecisas. Agora, suponha que o valor real da temperatura ambiente seja de 25 °C, mas, em razão de um erro de calibração, o termômetro digital lê 28 °C, quando a temperatura ambiente é, na verdade, 25 °C. Esse desvio sistemático de 3 °C é um exemplo de erro de calibração. Independentemente da temperatura real, o termômetro sempre indicará uma leitura 3 graus acima do valor correto.

A correção de um erro de calibração em instrumentos de medida geralmente envolve os seguintes passos, de acordo com Teixeira (2017):

1. **Identificação do erro** – Primeiramente, é necessário identificar o tipo de erro de calibração presente no instrumento de medida. Isso pode ser feito comparando as leituras obtidas pelo instrumento com um padrão de referência confiável e conhecido.
2. **Ajuste de compensações** – Dependendo do tipo de erro de calibração identificado, é possível realizar ajustes de compensação no instrumento para corrigir o desvio. Por exemplo, se o instrumento apresentar

um desvio constante, pode ser necessário aplicar uma correção linear ao resultado das medições.

3. **Calibração do instrumento** – Caso seja necessário um ajuste mais preciso e abrangente, recomenda-se a calibração completa do instrumento. Isso envolve o uso de padrões de referência certificados e reconhecidos para comparar as leituras do instrumento em diferentes pontos da escala de medição. Com base nessas comparações, os ajustes necessários podem ser realizados para corrigir o erro de calibração.

4. **Certificação e verificação** – Após o ajuste ou calibração, é importante certificar-se de que o instrumento esteja operando corretamente. Isso pode envolver a verificação das medições em pontos conhecidos e a comparação com padrões de referência independentes.

5. **Manutenção e acompanhamento** – Uma vez corrigido o erro de calibração, é essencial realizar manutenção periódica do instrumento e monitorar regularmente sua precisão e seu desempenho. Isso pode incluir calibrações regulares em intervalos determinados para garantir que o instrumento continue a fornecer resultados confiáveis.

Em geral, a correção de erros de calibração em instrumentos de medida requer conhecimento técnico especializado e, em muitos casos, pode ser necessário recorrer a serviços de laboratórios de calibração certificados para realizar ajustes mais precisos. É importante seguir as diretrizes e recomendações do fabricante do instrumento e garantir que o processo de correção seja documentado adequadamente para fins de rastreabilidade e conformidade (Noltingk, 1985).

Erro de zero

Refere-se a um desvio sistemático que ocorre quando o valor medido não é zero mesmo quando a quantidade a ser medida é nula. Pode ser causado por problemas de ajuste ou compensação inadequada do instrumento.

Medições amostrais

Exemplo de erro de zero

Supondo um sensor de pressão utilizado em um sistema de monitoramento, o sensor deveria indicar uma pressão zero quando não houver pressão aplicada a ele. No entanto, em razão de um erro de zero, o sensor indica uma pressão mínima de 5 PSI, mesmo quando não há pressão real no sistema. Nesse caso, o erro de zero é a leitura constante de 5 **PSI** quando a pressão deveria ser zero.

Na medida

PSI – É uma abreviação para *pound-force per square inch*, em inglês, que, traduzido para o português, significa "libra-força por polegada quadrada". Essa unidade é utilizada para medir pressão, representando a força exercida por uma libra distribuída uniformemente sobre uma área de uma polegada quadrada. É essencial em sistemas de medição de pressão em aplicações industriais e tecnológicas, como em pneus e sistemas hidráulicos, permitindo uma quantificação precisa dos efeitos da pressão.

Quando esse tipo de erro surge, geralmente é notado nos instantes iniciais do procedimento experimental de medição (Doebelin, 2003). Nesse caso, os seguintes passos são recomendados:

1. **Verificação do erro** – Primeiramente, é necessário confirmar a existência do erro de zero. Isso pode ser feito ao se realizar medições com o instrumento em condições em que a quantidade a ser medida é nula. Caso o instrumento não indique zero corretamente, é provável que haja um erro de zero.
2. **Ajuste de compensação** – Uma abordagem comum para corrigir um erro de zero é realizar um ajuste de compensação. Isso envolve modificar as configurações ou os ajustes do instrumento de modo a garantir que a leitura seja corretamente igual a zero quando não houver quantidade a ser medida.
3. **Procedimento de ajuste** – Cada instrumento pode ter seu próprio procedimento específico para ajuste de zero. Geralmente, isso envolve o acesso a menus, botões ou controles que permitem modificar o valor de referência para zero.

4. **Verificação pós-ajuste** – Depois de realizar o ajuste de zero, é importante verificar se o instrumento agora indica zero corretamente em condições em que a quantidade a ser medida é nula. Isso pode ser feito repetindo a verificação inicial do erro de zero e certificando-se de que o instrumento está calibrado corretamente.

5. **Manutenção e monitoramento** – Assim como em qualquer correção de erro em instrumentos de medida, é essencial realizar manutenção periódica e monitoramento para garantir que o ajuste de zero permaneça preciso e confiável no decorrer do tempo. Isso pode incluir a realização de verificações regulares de calibração ou ajuste, de acordo com as recomendações do fabricante, e a aplicação de práticas adequadas de controle de qualidade.

Erro de linearidade

O erro de linearidade é observado quando o instrumento de medição não responde linearmente em toda a faixa de valores, resultando em desvios sistemáticos em relação à entrada e à saída do instrumento.

Medições amostrais

Exemplo de erro de linearidade

Considere um sensor de luminosidade utilizado em um sistema de automação residencial para ajustar a intensidade da iluminação com base na quantidade de luz ambiente. Idealmente, esse sensor deve fornecer leituras proporcionais à quantidade de luz incidente. No entanto, em virtude de um erro de linearidade, o sensor não segue uma resposta linear. Suponha que, à medida que a intensidade da luz ambiente aumenta, o sensor forneça leituras que são consistentemente maiores do que o esperado em uma taxa crescente. Em outras palavras, o sensor superestima a intensidade da luz. Isso significa que o erro de linearidade está fazendo com que as leituras do sensor se afastem progressivamente da resposta linear ideal à medida que a intensidade da luz aumenta.

A quantificação da **não linearidade** é feita por meio de uma porcentagem do fundo de escala.

Equação 2.2

Erro de linearidade, expresso em percentual

$$\%NL = \left(\frac{\Delta x_{max}}{x_{max}}\right) \cdot 100$$

Nessa expressão, o valor Δx_{max} corresponde à máxima diferença entre as medidas ideal e atual, ou seja, geralmente localizado quase no centro entre as duas curvas de média, e x_{max} é o maior valor medido na entrada.

A Figura 2.2 mostra um erro zero e um erro de linearidade, assumindo o exemplo contextualizado a seguir.

Medições amostrais

Considerando um dispositivo transmissor de pressão eletrônico com uma faixa de entrada de 0 a 100 PSI e uma faixa de saída de 4 a 20 mA, é possível traçar um gráfico para visualizar as funções de erro desse dispositivo.

Figura 2.2 – Exemplo da medida de saída em miliampères [mA] e o parâmetro de entrada sendo a pressão em [PSI] para os dois tipos de erros, zero e não linearidade

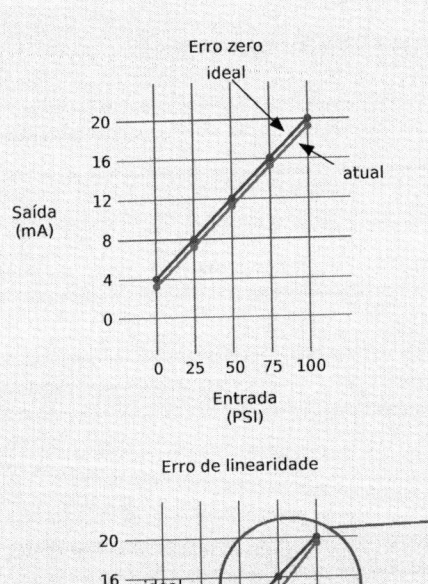

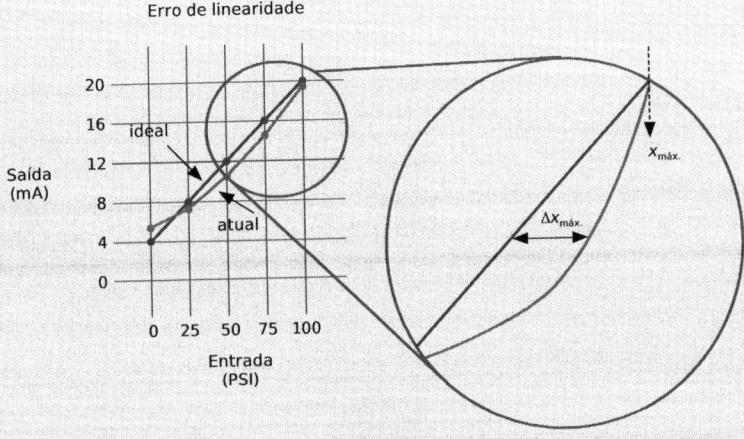

Erro de histerese

O erro de histerese surge quando há uma dependência do resultado da medição em relação à direção da variação da grandeza medida. Ou seja, o valor medido é diferente quando a grandeza está aumentando em comparação a quando está diminuindo (MacDonald, 2006).

Medições amostrais

Exemplo de erro de histerese

Considere um sensor de pressão utilizado em um sistema de controle industrial. O sensor é projetado para medir a pressão de um fluido em um tanque e ajustar um atuador de acordo com a pressão medida. Quando a pressão no tanque aumenta, o sensor deveria indicar um aumento linear na pressão, e quando a pressão diminui, deveria indicar uma redução linear. No entanto, em razão de um erro de histerese, o sensor responde de modo diferente quando a pressão aumenta em comparação a quando ela diminui. Por exemplo, quando a pressão no tanque sobe de 0 PSI para 10 PSI, o sensor pode indicar a pressão corretamente. Contudo, quando a pressão é reduzida de 10 PSI para 0 PSI, o sensor pode indicar uma pressão residual de 2 PSI, em vez de retornar imediatamente a 0 PSI.

Esse tipo de erro pode ocorrer nas seguintes situações:

1. **Medição de deslocamento em um sensor de posição** – Um sensor de deslocamento pode exibir erro de histerese quando a posição do objeto que está sendo medido é alterada, resultando em leituras diferentes ao se mover na mesma trajetória para cima e para baixo.
2. **Medição de pressão em um transdutor** – Transdutores de pressão podem apresentar erro de histerese ao se aplicar uma pressão crescente e, posteriormente, diminuí-la. O valor medido será diferente dependendo se a pressão está aumentando ou diminuindo, mesmo quando a pressão total aplicada for a mesma.
3. **Medição de torque em um dispositivo de rotação** – Dispositivos de medição de torque, como dinamômetros, podem exibir erro de histerese quando a força de torção é aplicada em direções opostas. O valor medido será diferente, dependendo da direção da força aplicada, mesmo que o torque total seja o mesmo.
4. **Medição de temperatura em termômetros de vidro** – Alguns termômetros de vidro podem apresentar erro de histerese ao serem submetidos a ciclos de aquecimento e resfriamento. As leituras podem variar dependendo do histórico térmico do termômetro, resultando em valores diferentes para uma mesma temperatura.

A histerese pode ser medida em relação à máxima histerese de saída, que indica o maior erro causado pela histerese. Essa medida pode ser expressa como uma porcentagem da leitura ou do alcance, conforme a Equação 2.3:

Equação 2.3

Cálculo do erro de histerese em referência ao fundo de escala e em percentagem

$$\%_{Eh} = \left[\frac{Eh}{(y_{max} - y_{min})}\right] \cdot 100$$

Nessa expressão, $y_{max} - y_{min}$ é o alcance entre o início da medida e o ponto de inversão, conforme demonstra a Figura 2.3.

A Figura 2.3 é um exemplo contextualizado de uma medida experimental e que representa um atraso da densidade de fluxo magnético (**B**) em relação à intensidade de campo magnético (**H**). Todos os materiais ferromagnéticos exibem o fenômeno da histerese.

Figura 2.3 – Exemplo de um resultado experimental, obtendo a curva de histerese e magnetização

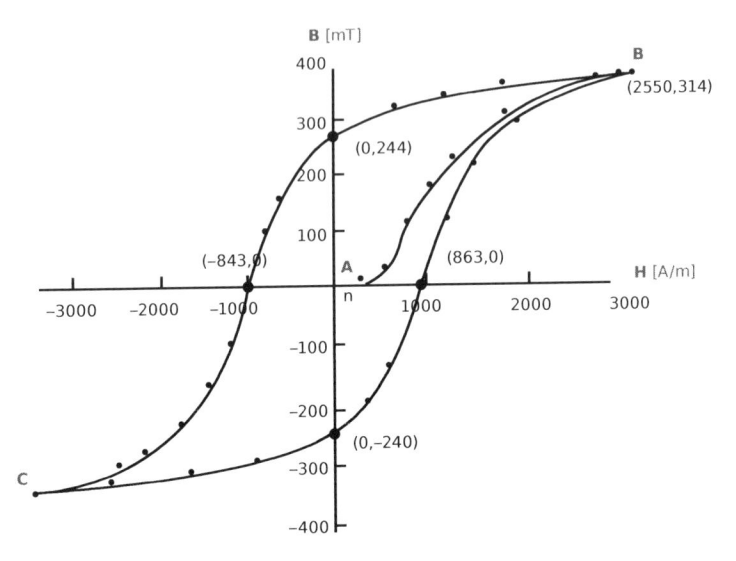

Fonte: Lambda Scientific, 2024.

A medida inicia-se no ponta A da Figura 2.3 e sobe até a medida no ponto B, que corresponde à saturação do material ferromagnético, então é invertida a direção da corrente, e a curva de medidas passa a apresentar um comportamento decrescente, seguindo em direção ao ponto C, que corresponde ao ponto de saturação na direção oposta.

Se novamente invertermos a direção da corrente, a curva de medidas começa a apresentar o aspecto da letra "S", mas ainda no quadrante negativo de ambos os parâmetros físicos mensurados, seguindo novamente em direção ao ponto A, em que as medidas ficam saturadas como da primeira vez, e este é o fim do experimento (Teixeira, 2017).

Nesse exemplo contextualizado, o valor de y_{max} da Equação 2.3 corresponde ao valor de 400 mT, o valor de y_{min} da Equação 2.3 corresponde ao valor de 350 mT, para o fluxo magnético (**B**), respectivamente. O valor de $E_h = 244$ mT $- (-240$ mT$) = 484$ mT.

A curva de histerese também pode representar vantagens na análise das medidas, uma vez que permite uma representação visual do comportamento não linear e assimétrico da relação entre a entrada e a saída do sistema. Isso ajuda a compreender a dependência da resposta do sistema em relação às variações da entrada (Gooday, 2010). Ela também fornece uma descrição abrangente do sistema, incluindo a magnitude e a direção dos desvios durante o ciclo de histerese completo. Permite também a análise de parâmetros, como o valor máximo, o valor mínimo, a largura e a forma da curva de histerese (Noltingk, 1985).

A curva de histerese ainda permite identificar e quantificar não linearidades presentes no sistema. Isso é útil para entender como o sistema responde a diferentes estímulos e pode ser usado para aprimorar o projeto ou o controle do sistema.

Erro de temperatura

Alguns instrumentos de medição são sensíveis à temperatura e podem apresentar desvios sistemáticos quando operam em condições térmicas diferentes das especificadas. Isso pode ocorrer, por exemplo, em termômetros ou sensores de temperatura (Gooday, 2010).

Erro de paralaxe

O erro de paralaxe ocorre quando o operador realiza a leitura de um instrumento de medição a partir de um ângulo inadequado, resultando em erros decorrentes do deslocamento aparente do valor observado (Haykin; Van Veen, 2001).

Exemplos de erros aleatórios, de acordo com Haykin e Van Veen (2001):

1. **Ruído eletrônico** – Em medições elétricas, o ruído gerado por componentes eletrônicos pode introduzir variações aleatórias nos valores medidos.

2. **Flutuações ambientais** – Variações nas condições ambientais, como temperatura, umidade e pressão, podem afetar as medições de maneira aleatória.

3. **Erros de leitura** – A leitura incorreta de um instrumento de medição em razão de imprecisões visuais ou interpretação subjetiva pode introduzir erros aleatórios.

4. **Instabilidade do sistema de medição** – Em alguns casos, o próprio sistema de medição pode exibir comportamentos instáveis ou não lineares que resultam em erros aleatórios.
5. **Variações devido a interferências externas** – Influências externas, como campos magnéticos, vibrações ou radiação eletromagnética, podem causar flutuações aleatórias nas medições.
6. **Limitações de precisão do instrumento** – Todos os instrumentos de medição têm limitações em sua precisão e resolução, o que pode levar a erros aleatórios nos resultados das medições.

É importante observar que os erros aleatórios não são previsíveis e tendem a se distribuir de acordo com uma distribuição estatística, como a distribuição normal.

2.2 Calibração estática de um instrumento

A calibração estática de instrumentos é um procedimento utilizado na determinação da relação entre as leituras do instrumento e os valores reais de uma grandeza, sem a aplicação de estímulos dinâmicos ou em movimento. Durante essa calibração, são realizadas medições em pontos específicos da escala de medição, desconsiderando a resposta do instrumento a variações rápidas ou transitórias (Bolton, 1997).

A calibração estática envolve a realização de medições em diferentes níveis de entrada ou estímulo, tipicamente em valores fixos, para avaliar a precisão e a exatidão do instrumento. Esses pontos de calibração são selecionados de modo a abranger toda a faixa de medição do instrumento e podem incluir pontos de referência conhecidos, padrões de calibração ou valores conhecidos da grandeza em questão (Haykin; Van Veen, 2001).

O objetivo principal da calibração estática é determinar a curva de resposta do instrumento, identificando possíveis desvios ou erros sistemáticos em relação aos valores reais. Com base nos resultados obtidos nessa calibração, torna-se possível estabelecer correções ou ajustes que permitam uma medição mais precisa e confiável, levando em consideração erros relacionados a escala, **offset**, linearidade, entre outros (Noltingk, 1985).

> **Análise indispensável!**
>
> O **offset**, também conhecido como *erro de deslocamento*, ocorre quando um instrumento de medição não mostra zero mesmo quando a entrada é nula. Esse desvio constante pode prejudicar a precisão das medições e geralmente requer ajuste para garantir leituras precisas. Corrigir esse tipo de erro envolve calibração adequada para garantir que o instrumento indique zero corretamente.

É relevante destacar que a calibração estática pode ser complementada por outros tipos de calibração, como a calibração dinâmica, na qual são aplicados estímulos dinâmicos ou variações rápidas com o objetivo de avaliar o desempenho do instrumento em situações mais próximas das reais (Bolton, 1997; Doebelin, 2003; Noltingk, 1985).

2.2.1 Modelos matemáticos para calibração estática de instrumentos

As equações matemáticas para a calibração estática de um instrumento dependem do tipo de relação entre a entrada e a saída do instrumento. A escolha da equação apropriada varia de acordo com a natureza do instrumento e a forma da curva de resposta (Sydenham, 1983).

Aqui estão algumas equações matemáticas comuns utilizadas na calibração estática de instrumentos:

Equação 2.4

Equação linear

$$Y = a \cdot X + b$$

Nessa equação, Y é a saída do instrumento, X é a entrada, e *a* e *b* são os coeficientes que descrevem a inclinação (*slope*) e o deslocamento (*offset*) da reta, respectivamente.

Equação 2.5

Equação polinomial

$$Y = a_0 + a_1 \cdot X + a_2 \cdot X^2 + \ldots + a_n \cdot X^n$$

Essa equação descreve a relação entre a entrada X e a saída Y por meio de um polinômio de grau **n**, em que a_0, $a_1, a_2, \ldots, a_n$ são os coeficientes do polinômio.

Equação 2.6

Equação exponencial

$$y = a \cdot e^{(b \cdot X)}$$

Essa equação é utilizada quando a relação entre a entrada e a saída segue uma função exponencial. Os coeficientes *a* e *b* descrevem a amplitude e a taxa de crescimento da curva exponencial, respectivamente.

Equação 2.7

Equação logarítmica

$$y = a + b \cdot \ln(X)$$

Essa equação é usada quando a relação entre a entrada e a saída é logarítmica. Os coeficientes *a* e *b* determinam a posição vertical e a inclinação da curva logarítmica, respectivamente.

Equação 2.8

Equação de potência

$$y = a \cdot X^b$$

Essa equação descreve uma relação de potência entre a entrada X e a saída Y. Os coeficientes *a* e *b* representam a constante de escala e o expoente da potência, respectivamente.

É importante lembrar que a escolha da equação matemática adequada depende do comportamento do instrumento e das características específicas da curva de resposta. Em muitos casos, a análise estatística e o ajuste de curvas são aplicados para determinar os coeficientes das equações com base nos dados de calibração obtidos (Albertazzi; Sousa, 2008; Daintith, 2009).

2.3 Característica estática de um instrumento

A característica estática de um instrumento de medição se refere à relação entre as entradas e as saídas do instrumento em condições de equilíbrio, ou seja, quando não há mudanças ou variações nas grandezas medidas. É uma medida das propriedades do instrumento em repouso, sem considerar a resposta a estímulos dinâmicos ou transientes (Sydenham, 1983).

Essa característica estática é geralmente representada por uma curva ou uma função matemática que descreve a relação entre a entrada e a saída do instrumento em dado momento. Essa curva pode ser linear, não linear, exponencial, logarítmica, entre outras formas, dependendo do comportamento do instrumento (Sydenham, 1983; Teixeira, 2017).

A característica estática é importante para compreender o desempenho do instrumento de medição em condições estáveis. Ela permite determinar exatidão, precisão, linearidade, sensibilidade e outros parâmetros que afetam a confiabilidade e a qualidade das medições realizadas com o instrumento (Pallàs-Areny, 2001).

Ao conhecer a característica estática do instrumento, é possível realizar a calibração adequada, estabelecer correções e compensações para erros sistemáticos, bem como interpretar corretamente os resultados das medições. Além disso, a característica estática pode auxiliar no dimensionamento e na seleção adequada do instrumento para uma aplicação específica (Alexander; Sadiku, 2000; Balbinot; Brusamarello, 2019).

2.3.1 Características específicas dos instrumentos

Os instrumentos de medição têm uma série de características específicas que são importantes para avaliar seu desempenho e sua adequação para diferentes aplicações. Algumas das principais características dos instrumentos de medição incluem: faixa de medição; resolução; precisão; exatidão; tempo de resposta; linearidade.

A **faixa de medição** é a faixa de valores da grandeza física que o instrumento é capaz de medir de maneira precisa. Por exemplo, um termômetro pode ter uma faixa de medição de –50 °C a 150 °C.

A **resolução** é a menor variação detectável pelo instrumento. Refere-se à menor diferença entre dois valores medidos que o instrumento pode discernir. Por exemplo, um voltímetro com uma resolução de 0,1 V pode mostrar valores como 2,3 V ou 2,4 V.

A **precisão** refere-se à proximidade dos valores medidos em relação ao valor verdadeiro da grandeza. É a capacidade do instrumento de fornecer resultados consistentes e próximos do valor real. A precisão é geralmente expressa como uma porcentagem do valor medido ou como uma tolerância especificada.

Exatidão é a medida de quão próximo o valor medido está do valor verdadeiro. Leva em consideração tanto a precisão quanto o erro sistemático do instrumento (Pallàs-Areny, 2001). A exatidão é expressa como um valor absoluto ou como uma porcentagem do valor medido.

Tempo de resposta é o tempo necessário para o instrumento fornecer uma resposta estável após uma mudança na entrada. É importante em medições dinâmicas ou quando a grandeza medida está sujeita a variações rápidas.

A **linearidade** se refere à capacidade do instrumento de fornecer uma resposta linear em relação à entrada. É a medida de quão bem a curva de calibração do instrumento se aproxima de uma reta ideal (Daintith, 2009; Doebelin, 2003; Noltingk, 1985).

2.4 Sensibilidade e zona morta

A **sensibilidade** é a medida da resposta do instrumento a variações na grandeza medida. Refere-se à capacidade do instrumento de detectar pequenas mudanças na entrada e fornecer uma resposta correspondente na saída. A sensibilidade é geralmente expressa como uma relação entre a mudança na saída e a mudança correspondente na entrada (MacDonald, 2006).

A maioria dos voltímetros, amperímetros e ohmímetros tem um seletor de fundo de escala. Isso significa que, ao medir uma corrente de 50 mA, é mais apropriado selecionar o fundo de escala de 300 mA em vez do de 6 A. Ao alterar o fundo de escala do instrumento, o usuário está ajustando sua resposta de detecção eletrônica para um valor mais adequado (Thompson; Taylor, 2008).

Portanto, quando uma corrente de 1 mA percorre o amperímetro configurado na escala de 6 A, é esperado que o ponteiro do instrumento mal se mova. Isso ocorre em razão da baixa sensibilidade do instrumento nessa escala.

Medições amostrais

Vamos considerar um exemplo contextualizado da variação de sensibilidade em um instrumento de medida. Suponha que um sensor de pressão tem uma sensibilidade de 0,1 mV/kPa.

Se o sensor estiver medindo a pressão de um objeto e registrar uma mudança de pressão de 10 kPa, podemos calcular a variação de saída correspondente usando a sensibilidade do instrumento conforme a seguinte expressão:

$$\text{Variação}_{\text{saída}} = (\text{Sensibiloidade}) \cdot (\text{Variação de entrada})$$

$$\text{Variação}_{\text{saída}} = \left(0,1 \frac{mV}{kPa}\right) \cdot (10\,kPa)$$

Portanto, a variação de saída seria de 1 mV. Essa é a mudança no sinal de saída do instrumento em resposta à mudança de pressão de 10 kPa.

Agora, se a mudança de pressão for menor, por exemplo, 1 kPa, podemos calcular novamente a variação de saída:

$$\text{Variação}_{\text{saída}} = \left(0,1 \frac{mV}{kPa}\right) \cdot (1\,kPa)$$

Nesse caso, a variação de saída seria de 0,1 mV. Podemos ver que a variação de saída é proporcional à mudança de pressão e que a sensibilidade determina o valor da variação em relação à unidade de medida.

Dessa forma, percebemos como a sensibilidade de um instrumento de medida afeta a variação da saída em resposta a diferentes variações na entrada. Quanto maior a sensibilidade, menor será a mudança necessária na entrada para produzir uma variação mensurável na saída.

Já a **zona morta** em um sistema, também conhecida como *banda morta*, é a faixa de valores de entrada que resulta no mesmo valor de saída. Quando a entrada de um instrumento varia dentro dos limites da zona morta, pode não haver mudança correspondente no sinal de saída, dependendo da direção da variação.

É importante observar que a faixa de valores de entrada correspondente à zona morta não está necessariamente localizada em um ponto específico da escala (Pallàs-Areny, 2001). Frequentemente, a zona morta é percebida quando há uma mudança de direção na variável de entrada, independentemente do ponto em que o instrumento esteja operando, conforme demonstra a Figura 2.4 a seguir.

Figura 2.4 – Representação gráfica de uma medida no qual o sensor não consegue responder, correspondendo à característica de medida zona morta

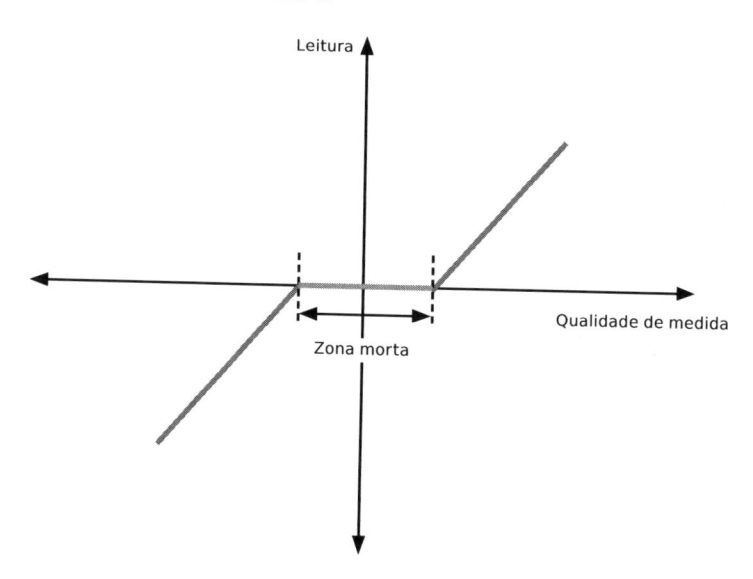

[Gráfico: eixo vertical "Leitura", eixo horizontal "Qualidade de medida", com região central marcada como "Zona morta" onde a reta de resposta é interrompida]

Fonte: Elaborado com base em Sydenham, 1983.

2.5 Carregamento

Carregamento, em instrumentação, refere-se ao efeito da conexão de um instrumento de medição em um sistema ou circuito sendo medido.

Quando um instrumento é conectado ao circuito para realizar uma medição, sua presença pode alterar o comportamento do sistema, interferindo nas grandezas físicas que estão sendo medidas (Madsen, 2008).

Esse efeito ocorre em razão da interação entre o instrumento de medição e o circuito em que está inserido. O instrumento de medição tem características elétricas, como resistência ou impedância interna, que podem introduzir uma carga adicional no circuito (Bolton, 1997).

O carregamento pode afetar as medições de diferentes formas. Por exemplo, pode causar uma queda na tensão do circuito, uma mudança na corrente elétrica ou uma alteração na resposta temporal do sistema. Isso pode resultar em erros de medição ou distorções nos resultados obtidos.

Para minimizar o efeito de carregamento, é importante escolher o instrumento de medição adequado, levando em consideração as características elétricas do circuito. Isso envolve a seleção de instrumentos com **impedância de entrada** apropriada, de modo a reduzir a interferência no circuito (Madsen, 2008).

> **(?) Na medida**
>
> **Impedância de entrada** – Resumidamente, é uma medida da resistência elétrica oferecida por um dispositivo ou circuito em relação à corrente elétrica que flui em sua entrada; é representada por um valor de resistência complexa, que inclui a resistência real (parte resistiva) e a reatância (parte reativa) do dispositivo ou circuito (Alexander; Sadiku, 2000).

Além disso, técnicas como amplificadores de instrumentação, **buffers de sinal** e técnicas de isolamento podem ser utilizados para reduzir o impacto do carregamento e garantir medições mais precisas e confiáveis, preservando as características originais do circuito durante a medição (Sydenham, 1983).

> **(?) Na medida**
>
> **Buffer de sinal** – Em eletrônica, refere-se a um dispositivo ou circuito utilizado para isolar e proteger um sinal elétrico ou eletrônico de cargas externas. Ele atua como um amplificador de impedância, fornecendo uma impedância de entrada muito alta e uma impedância de saída muito baixa, o que permite que o sinal seja transmitido sem ser significativamente afetado por cargas externas.

2.5.1 Carregamento elétrico

O teorema de Thevenin é uma ferramenta útil para entender e analisar o carregamento elétrico em instrumentação, permitindo modelar o circuito que está sendo medido como uma fonte de tensão em série com uma resistência equivalente. Isso ajuda a avaliar o impacto do instrumento de medição no circuito e garantir medições mais precisas, considerando o efeito do carregamento elétrico (Doebelin, 2003).

Carregamento elétrico em instrumentação é o efeito que a conexão de um instrumento de medição tem sobre o circuito que está sendo medido, resultante da diferença de impedância entre o instrumento e o circuito. Quando um instrumento é conectado a um circuito para realizar medições, sua própria impedância de entrada pode afetar o comportamento do circuito, introduzindo uma carga adicional (Soloman, 2012).

O teorema de Thevenin, que é uma ferramenta importante em eletrônica, descreve a equivalência de um circuito linear complexo em uma fonte de tensão ideal e uma resistência equivalente. Esse teorema afirma que qualquer circuito linear complexo pode ser representado por uma fonte de tensão ideal em série com uma resistência equivalente. Essa representação é conhecida como *circuito equivalente de Thevenin* (Noltingk, 1985).

No contexto do carregamento elétrico em instrumentação, o teorema de Thevenin é relevante porque permite modelar o circuito sendo medido como uma fonte de tensão em série com uma resistência interna. Isso simplifica a análise do efeito de carregamento, pois o circuito pode ser reduzido a uma fonte de tensão equivalente e uma resistência equivalente, conforme indicado na Figura 2.5.

Qualquer circuito elétrico com dois terminais, A e B, nos quais uma carga elétrica pode ser conectada, pode ser equivalente a uma fonte de tensão ($V_{Thevenin}$) em [V] em série com uma impedância ($Z_{Thevenin}$) em [Ω]. A fonte de tensão ($V_{Thevenin}$) representa a diferença de potencial entre os pontos A e B quando a carga (Z_{carga}) em [Ω] está desconectada, enquanto a impedância ($Z_{Thevenin}$) é a impedância do circuito entre os pontos A e B quando todas as fontes são substituídas por suas impedâncias internas. Essa representação simplificada permite analisar o comportamento do circuito considerando apenas uma fonte de tensão e uma impedância equivalente.

No Apêndice 1 deste livro você encontra um exercício em linguagem numérica que poderá implementar para diferentes valores para os parâmetros apresentados.

Figura 2.5 – Circuito equivalente de Thevenin de um circuito elétrico

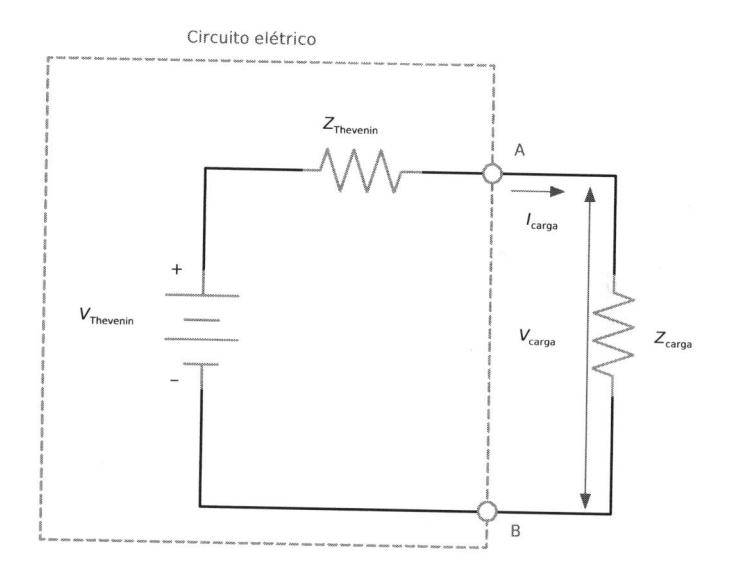

Circuito elétrico

$Z_{Thevenin}$
$V_{Thevenin}$
I_{carga}
V_{carga}
Z_{carga}
A
B

Ao conectar um instrumento de medição ao circuito, o instrumento atua como uma carga para o circuito, afetando as grandezas elétricas, como tensão ou corrente. O carregamento elétrico ocorre quando a impedância de entrada do instrumento é significativamente diferente da resistência equivalente do circuito, resultando em alterações nas grandezas elétricas e possíveis distorções nas medições (Doebelin, 2003).

Uma corrente flui pelo circuito quando a carga (Z_{carga}) é conectada ao terminal A-B, podendo ser expressa pela seguinte equação:

Equação 2.9

Corrente em [A] num circuito equivalente de Thevenin

$$I_{carga} = \frac{V_{Thevenin}}{Z_{Thevenin} + Z_{carga}}$$

Sobre a carga, a diferença de potencial pode ser dada pela equação a seguir:

Equação 2.10

Diferença de potencial na carga, dada em [V]

$$V_{carga} = I_{carga} \cdot Z_{carga} = \frac{V_{Thevenin} \cdot Z_{carga}}{Z_{Thevenin} + Z_{carga}}$$

Pela equação, podemos observar que o efeito causado no circuito pela conexão de carga depende diretamente da relação entre Z_{carga} e $Z_{Thevenin}$.

Quando Z_{carga} é muito maior do que $Z_{Thevenin}$, surge a condição de transferência máxima de tensão, ao passo que a condição de máxima transferência de potência ocorre quando Z_{carga} é igual a $Z_{Thevenin}$. No entanto, a conexão da carga ao circuito resulta em um erro de carregamento elétrico, que pode ser dada pela equação a seguir (Soloman, 2012):

Equação 2.11

Cálculo do erro de carregamento elétrico ($Erro_{car}$)

$$Erro_{car} = V_{Thevenin} - V_{carga} = V_{Thevenin} \cdot \left(1 - \frac{Z_{carga}}{Z_{Thevenin} + Z_{carga}}\right)$$

Nessa expressão, $Erro_{car}$ tem unidade correspondente aos parâmetros utilizados no equacionamento, nesse caso, o erro de carregamento tem unidade de Volts [V].

2.5.2 Precisão de voltímetros

A precisão de um voltímetro é uma medida fundamental para avaliar sua confiabilidade e garantir resultados de medição precisos na aplicação desejada.

Essa precisão é influenciada por vários fatores, incluindo qualidade e calibração do instrumento, ruído elétrico, temperatura ambiente, entre outros. É importante considerar a precisão ao escolher um voltímetro para uma aplicação específica, especialmente em medições que exigem alta precisão (Holman, 2000).

A precisão de um voltímetro é geralmente expressa como uma porcentagem da leitura ou como uma porcentagem do valor de escala completa. Por exemplo, um voltímetro com precisão de ±1% indica que a leitura obtida pode estar até 1% acima ou abaixo do valor real da tensão medida.

Os voltímetros de maior precisão geralmente são mais caros em virtude da necessidade de componentes e processos de fabricação de alta qualidade. Além disso, a calibração regular é importante para garantir que o voltímetro mantenha sua precisão no decorrer do tempo (Aguirre, 2013; Alexander; Sadiku, 2000). Vejamos como calcular a precisão de um voltímetro considerando o circuito equivalente de Thevenin.

Considere um voltímetro com uma resistência R_m sendo conectado a um circuito que apresenta resistência e tensão equivalente de Thevenin, respectivamente $R_{Thevenin}$ [Ω] e $V_{Thevenin}$ [V]. O voltímetro realizará uma medida de tensão que é dada pela equação indicada a seguir:

Equação 2.12

Tensão medida em um voltímetro quando ligado a um circuito equivalente de Thevenin

$$V_m = \frac{(V_{Thevenin} - R_m)}{(R_{Thevenin} - R_m)}$$

Dessa forma, a precisão desse voltímetro será dada pela equação a seguir:

Equação 2.13

Cálculo da precisão de voltímetro

$$P_m = \frac{V_m}{V_{Thevenin}} \cdot 100\% = \frac{R_m}{R_{Thevenin} + R_m} \cdot 100\%$$

Nessa expressão, P_m é a precisão do voltímetro em percentual.

Medições amostrais

Para medir a diferença de potencial em um resistor, é comum utilizar um voltímetro conectado em paralelo com o resistor. Dessa forma, a queda de potencial medida pelo voltímetro é a mesma que ocorre no próprio resistor.

No entanto, é importante que o voltímetro tenha uma resistência muito alta para minimizar seu efeito na corrente do circuito.

Ao conectar o voltímetro em paralelo (Figura 2.6), ele cria uma derivação entre os pontos A e B, permitindo uma passagem de corrente adicional. Isso resulta em um aumento na corrente total do circuito e pode afetar a queda de potencial medida no resistor.

Para evitar esse efeito, é necessário que o voltímetro tenha uma resistência extremamente elevada, de modo que a corrente que flui por ele seja desprezível em relação à corrente total do circuito.

Essa alta resistência do voltímetro garante que a corrente que passa por ele seja negligenciável, de modo que seu efeito na corrente do circuito seja mínimo. Assim, a queda de potencial medida pelo voltímetro reflete precisamente a diferença de potencial presente no resistor.

Cuidado: Ao ligar o voltímetro, é necessário tomar cuidado para que a escala de medição de tensão não seja menor do que a grandeza a ser medida, pois isso causará danos ao voltímetro. Inicie a medição com a escolha de uma escala de leitura maior e vá diminuindo gradativamente à medida que o valor a ser mensurado permita.

Figura 2.6 – Configuração básica de um voltímetro colocado em paralelo com o resistor

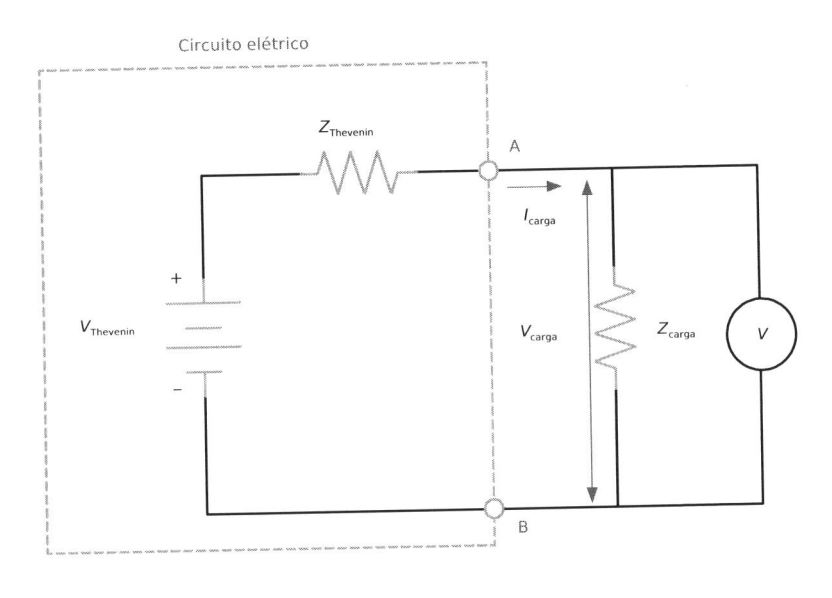

2.5.3 Precisão de potenciômetros

O carregamento de potenciômetros ocorre quando a conexão de um circuito externo afeta o comportamento e a resposta do potenciômetro. Um potenciômetro é um dispositivo eletrônico com um elemento resistivo variável que pode ser ajustado para controlar a corrente elétrica ou a tensão em um circuito (Figura 2.7) (Holman, 2000).

Quando um potenciômetro é utilizado em um circuito, a resistência interna do potenciômetro cria uma carga adicional para o circuito. Isso ocorre porque o potenciômetro tem um contato móvel que ajusta a resistência, e essa movimentação pode introduzir uma alteração nas características elétricas do circuito, afetando a distribuição de tensão ou a corrente no circuito (Noltingk, 1985).

O carregamento de potenciômetros é especialmente relevante em situações em que a carga do circuito é sensível a variações de resistência ou a flutuações na tensão. Se o circuito externo tiver uma impedância significativamente diferente da impedância interna do potenciômetro, isso pode resultar em uma variação indesejada nos valores de tensão ou corrente (Noltingk, 1985).

Além disso, o uso de amplificadores de impedância, *buffers* ou circuitos de compensação pode ser uma solução para reduzir o carregamento. Esses dispositivos podem isolar o potenciômetro do circuito externo, minimizando a influência da carga adicional e garantindo a precisão e a estabilidade das medições ou dos ajustes realizados com o potenciômetro (Balbinot; Brusamarello, 2019; Bolton, 1997).

Na Figura 2.7, uma distância x de um total de comprimento L foi percorrida por um cursor de um potenciômetro, e R_p é a resistência total do potenciômetro, que está ligado a uma tensão de entrada $V_{entrada}$, em [V].

Figura 2.7 – Representação de um potenciômetro

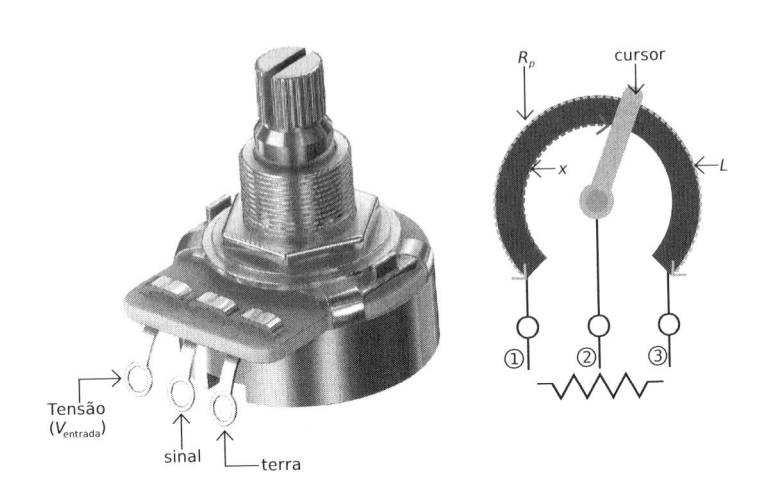

Com essa configuração, a tensão equivalente de Thevenin em [V], medido entre os terminais 1 e 2 é dada por:

Equação 2.14

Cálculo da tensão equivalente de Thevenin em um circuito aberto

$$V_{Thevenin} = V_{entrada} \cdot \left(\frac{x}{L}\right)$$

Nessa expressão, os parâmetros x por L, no Sistema Internacional de Unidades (SI), está em [m], e as tensões de entrada e de Thevenin estão em [V].

Já a resistência equivalente de Thevenin do potenciômetro pode ser calculada atribuindo valor nulo na tensão de entrada, ou seja, $V_{entrada} = 0$, e fazendo o cálculo da impedância entre os terminais 1 e 2, conforme mostra a equação a seguir:

Equação 2.15

Cálculo da impedância (resistência) equivalente de Thevenin entre os terminais 1 e 2

$$R_{Thevenin\ a} = R_p \cdot \left(\frac{x}{L}\right) \cdot \left(1 - \left(\frac{x}{L}\right)\right)$$

Quando o circuito é carregado com uma tensão de entrada, entre os terminais 1 e 2 também aparece uma tensão de carga (V_{carga}) em [V] e uma resistência de carga (R_{carga}) em [Ω], que pode ser calculada da seguinte maneira:

Equação 2.16

Cálculo da tensão de carga entre os terminais 1 e 2

$$V_{carga} = \frac{V_{entrada} \cdot \left(\frac{x}{L}\right)}{\left(\frac{R_p}{R_{carga}}\right) \cdot \left(\frac{x}{L}\right) \cdot \left(1 - \frac{x}{L}\right) + 1}$$

Para minimizar o carregamento de potenciômetros, é importante considerar a correspondência de impedâncias entre o potenciômetro e o circuito externo (Noltingk, 1985). Escolher um potenciômetro com uma impedância de saída próxima à impedância do circuito pode ajudar a reduzir o impacto do carregamento. Contudo, um erro de não linearidade surge em decorrência do efeito de carregamento, pois a correlação entre $V_{entrada}$ e x não é linear. Esse erro pode ser calculado usando a equação a seguir:

Equação 2.17

Cálculo do erro de não linearidade pelo efeito de carregamento em um potenciômetro

$$Erro_{não\ linear} = V_{Thevenin} - V_{carga} =$$

$$= V_{entrada} \cdot \left(\frac{x}{L}\right) \cdot \left[1 - \left[\frac{1}{\left(\frac{R_p}{R_{carga}}\right) \cdot \left(\frac{x}{L}\right) \cdot \left(1 - \frac{x}{L}\right) + 1}\right]\right]$$

Quando $Erro_{não\ linear}$ for multiplicado por 100, obtém-se a resposta em porcentagem [%].

Exercícios resolvidos

1. Em um experimento, um instrumento de medição é utilizado para determinar o valor de uma grandeza física. Durante a análise dos resultados, percebe-se que a medida apresenta um desvio em relação ao valor de referência conhecido. Para quantificar esse desvio, é necessário calcular o erro de linearidade. Considerando que o valor de referência é de 100 unidades e o instrumento registrou uma leitura de 95 unidades, qual é o valor do erro de linearidade, expresso em percentual?

a) 5%.
b) 10%.
c) 20%.
d) 25%.

Solução:

Erro de linearidade = (Leitura do instrumento − Valor de referência) / Valor de referência · 100%

No caso apresentado, temos:

Erro de linearidade = $\dfrac{95-100}{100} \cdot 100\% = -5\%$

Portanto, o valor do erro de linearidade, expresso em percentual, é de −5%. Isso indica que a medida está subestimando o valor de referência em 5%.

2. Um potenciômetro é utilizado para medir a posição de um objeto em um sistema mecânico. O potenciômetro tem uma relação linear entre a posição do objeto e a resistência medida, mas apresenta um erro de não linearidade decorrente do efeito de carregamento. Para analisar esse erro, considere as seguintes informações:

   I. O potenciômetro tem uma faixa de resistência de 0 a 10 kΩ.
   II. O valor de resistência real do potenciômetro, sem considerar o efeito de carregamento, é dado por R = 0,1P, em que P é a posição do objeto em metros.
   III. O efeito de carregamento causa um acréscimo de 1 kΩ na resistência medida em qualquer posição do potenciômetro.

   Determine o erro de não linearidade, em porcentagem, do potenciômetro na posição P = 5 metros, considerando apenas o efeito de carregamento.

Solução:
Para calcular o erro de não linearidade causado pelo efeito de carregamento, podemos comparar a resistência medida com a resistência real do potenciômetro na posição desejada.

Determine a resistência medida do potenciômetro na posição P = 5 metros:

$R_{medida} = R_{real} +$ *efeito de carregamento*
$= 0,1 \cdot P + 1$ kΩ
$= 0,1 \cdot 5 + 1$ kΩ

$= 1,5 \text{ k}\Omega$

Calcule o erro de não linearidade em relação à resistência real:

$\text{Erro}_{\text{não linear}} = (R_{\text{medida}} - R_{\text{real}}) / R_{\text{real}} \cdot 100\%$
$= (1,5 - 0,5) / 0,5 \cdot 100\%$
$= 1 \text{ k}\Omega / 0,5 \cdot 100\%$
$= 200\%$

Assim, o erro de não linearidade causado pelo efeito de carregamento do potenciômetro na posição P = 5 metros é de 200%. Isso indica que a resistência medida está duas vezes maior do que o valor real em razão do acréscimo de 1 kΩ do efeito de carregamento.

Expandindo as medições

Para determinar resistências internas de um voltímetro e de um amperímetro, com cálculos *on-line*, acesse o *site* da disciplina experimental de Física Geral e Experimental III, do Cefet-BA, pelo professor Niels F. Lima:

LIMA, N. F. Centro Federal de Educação Tecnológica da Bahia. **Práticas básicas em medidas elétricas**: determinação das resistências internas de um voltímetro e de um amperímetro. Disponível em: <http://www.ifba.edu.br/fisica/nfl/fge3/medeletr/medeletr.html>. Acesso em: 5 jul. 2024.

Resumo das medições

O quadro a seguir sintetiza os principais assuntos tratados neste capítulo.

Quadro 2.1 – Quadro-resumo

Incertezas nos sistemas de medição	A incerteza em um sistema de medição refere-se à falta de conhecimento absoluto sobre o valor real de uma grandeza física medida, expressa como uma faixa de valores em que o valor verdadeiro provavelmente está contido. É causada por erros sistemáticos e aleatórios e sua avaliação é essencial para resultados confiáveis e decisões informadas.
Efeitos sistemáticos e aleatórios	Erros sistemáticos são desvios consistentes e previsíveis devido a imperfeições nos equipamentos ou procedimentos, e erros aleatórios são variações não previsíveis, como as flutuações ambientais. Ambos afetam as medições e devem ser considerados na avaliação da incerteza.
Calibração estática de um instrumento	Determina a relação entre as leituras de um instrumento e os valores reais de uma grandeza medida. Realizada em pontos específicos da escala, sem considerar variações rápidas, fornece correções para medições mais confiáveis.

(continua)

(Quadro 2.1 – conclusão)

Característica estática de um instrumento	Descreve a relação entre entradas e saídas considerando aspectos estáticos e dinâmicos, podendo ser modelada por equações matemáticas ou graficamente. É variável de acordo com o tipo de instrumento e inclui faixa de medição, resolução e precisão.
Sensibilidade e zona morta	Sensibilidade mede a variação da saída em resposta à variação na entrada. Alta sensibilidade indica variações proporcionais. Zona morta é uma faixa de valores onde não há mudança na saída, independentemente do ponto da escala, comum em transições de direção.
Carregamento	A conexão de um instrumento de medição afeta o circuito medido devido a diferenças de impedância. O carregamento elétrico ocorre quando a impedância de entrada do instrumento é diferente da resistência do circuito, afetando grandezas elétricas. A precisão de medições relaciona-se à minimização desse efeito.

Testes instrumentais

1) Cite as principais fontes de incerteza em uma medida por instrumentação eletrônica.

2) Por que o circuito equivalente de Thevenin pode ser usado na modelagem dos erros de medição?

3) Qual é a diferença entre efeitos sistemáticos e efeitos aleatórios em medições?
   a) Efeitos sistemáticos são previsíveis e consistentes, e efeitos aleatórios são imprevisíveis e não consistentes.
   b) Efeitos sistemáticos ocorrem em razão de flutuações ambientais, e efeitos aleatórios são causados por imperfeições nos equipamentos de medição.
   c) Efeitos sistemáticos afetam todas as medições de maneira consistente, e efeitos aleatórios variam de forma não previsível.
   d) Efeitos sistemáticos são erros de calibração, e efeitos aleatórios são variações na precisão do instrumento.

4) Quais são os erros associados aos efeitos sistemáticos em medições?
   a) Erros aleatórios e imprevisíveis que surgem em decorrência de flutuações ambientais.
   b) Erros que ocorrem de maneira consistente e previsível em razão de imperfeições nos equipamentos de medição.
   c) Erros causados por mudanças de direção da variável de entrada.
   d) Erros resultantes de uma baixa sensibilidade do instrumento.

5) O que é calibração estática de um instrumento?
   a) Um procedimento que determina a relação entre as leituras de um instrumento e os valores reais de uma grandeza medida.
   b) Um processo de ajuste da sensibilidade de um instrumento em relação à faixa de medição.
   c) Um método de correção de erros aleatórios em medições.
   d) Uma técnica para reduzir o efeito de carregamento em instrumentos de medição.

Ampliando o raciocínio

1) Ao perceber que determinado instrumento tem uma tendência a indicar medições acima do valor correto, certo aluno decide melhorar a precisão do instrumento aumentando o número de medições efetuadas. A fim de alcançar esse propósito, o aluno conectou o instrumento ao processo e pediu a vários colegas para que fossem até a montagem e simplesmente anotassem o valor que cada uma lia no mostrador do instrumento. Surpreso, o aluno verificou que esse procedimento não melhorou a qualidade do conjunto de medições. Critique o procedimento seguido e tente encontrar as razões para o fracasso.

2) Proponha um procedimento experimental para distinguir erros de zona morta ou histerese de erros decorrentes da não linearidade.

Sensores e transdutores para medição de grandezas físicas

3

Conteúdos do capítulo:

- Sensores resistivos.
- Sensores ativos e passivos.
- Equação de Steinhart-Hart.
- Resistividade dos materiais.
- Extensômetros com fio metálico.
- Extensômetros de película fina.
- Termorresistências.
- Sensores capacitivos.
- Equação da capacitância.
- Sensores bimetálicos.
- Termostatos.
- Efeitos: Seebeck, Thomson, Peltier, magnetorresistivo, piezoelétrico e piroelétrico.
- Sensores piezoelétricos e piroelétricos.
- Sensor indutivo e sensor de efeito Hall.

Após o estudo deste capítulo, você será capaz de:

1. identificar e classificar os diferentes tipos de sensores;
2. reconhecer a aplicabilidade de cada sensor particularmente;
3. descrever os principais efeitos associados aos diferentes tipos de sensores;
4. modelar matematicamente os principais parâmetros físicos dos sensores;
5. estabelecer comparações de utilidade entre os sensores;
6. escolher o sensor adequado de acordo com os fenômenos a serem mensurados;
7. saber como funcionam os principais sensores;
8. ter ciência das correlações entre os parâmetros mensurados em relação ao tipo de sensor.

O estudo abordado neste capítulo abrange uma ampla gama de tópicos relacionados a sensores utilizados em diversas aplicações de medição e controle. Inicialmente, serão discutidos os princípios básicos dos sensores resistivos, que incluem sensores ativos e passivos, destacando a importância da equação de Steinhart-Hart na modelagem matemática desses dispositivos. Além disso, serão exploradas as propriedades da resistividade dos materiais, essenciais para compreender o comportamento dos sensores resistivos. Em seguida, serão apresentados os conceitos de extensômetros com fio metálico e de película fina, bem como o funcionamento das termorresistências. Adicionalmente, serão discutidos os princípios dos sensores capacitivos, incluindo a equação da capacitância, e dos sensores bimetálicos, juntamente dos termostatos. A análise dos efeitos Seebeck, Thomson, Peltier, Hall, magnetorresistivo, piezoelétrico e piroelétrico é realizada para elucidar os fenômenos associados aos diversos tipos de sensores. Por fim, serão abordados os sensores indutivos, os sensores de efeito Hall e os sensores piezoelétricos e piroelétricos, fornecendo uma visão abrangente dos diferentes métodos de detecção e suas aplicações. Esse estudo capacitará os leitores a identificar, classificar e compreender os princípios de funcionamento dos sensores, além de permitir a seleção adequada desses dispositivos de acordo com as necessidades específicas de medição e controle.

3.1 Sensores resistivos

Os sensores têm um protagonismo ímpar na instrumentação eletrônica, viabilizando a aquisição de dados precisos em diversas áreas, como as de pesquisa científica, meteorologia e energia (Noltingk, 1985). Esses dispositivos têm evoluído constantemente em termos de sofisticação e versatilidade, fomentando avanços tecnológicos e descobertas em campos diversos. A habilidade de mensurar e registrar informações em tempo real é de suma relevância para a compreensão dos fenômenos naturais, o aprimoramento das previsões meteorológicas e o desenvolvimento de soluções energéticas mais eficientes e sustentáveis (Pallàs-Areny, 2001).

No âmbito da pesquisa científica, os sensores são amplamente empregados para monitorar variáveis físicas e químicas em experimentos e estudos.

Por exemplo, em pesquisas ambientais, sensores de qualidade do ar têm a capacidade de quantificar a concentração de gases poluentes, como dióxido de carbono, óxidos de nitrogênio e partículas suspensas, possibilitando uma compreensão mais aprofundada dos impactos da poluição no ecossistema e na saúde humana. Ademais, sensores de temperatura, umidade e pressão assumem papel fundamental em estudos climáticos e meteorológicos, contribuindo para o monitoramento de mudanças ambientais e o refinamento das previsões climáticas (Noltingk, 1985).

Na área da meteorologia, os sensores desempenham um papel crucial na coleta de dados atmosféricos. Medidores de radiação solar e infravermelha, anemômetros para mensurar a velocidade e a direção do vento, pluviômetros para registrar a precipitação e sensores de umidade são exemplos essenciais para o monitoramento e a previsão do clima; sensores de detecção de descargas atmosféricas para o monitoramento de tempestades com raios, sensores de medição de campo elétrico atmosférico local, os chamados *Field Mill*, que medem o perfil vertical do campo elétrico da atmosfera local e permitem criar nível de alta de aproximação de tempestades com raios para indústrias, também são exemplos de instrumentos utilizados no monitoramento climático. Enfim, tais informações contribuem para a elaboração de modelos climáticos mais acurados e para a antecipação de eventos extremos, possibilitando a tomada de decisões fundamentadas no sentido de mitigar os impactos de desastres naturais (Soloman, 2012).

No setor energético, os sensores desempenham papel crucial na eficiência, no monitoramento e na segurança das fontes de energia. Por exemplo, em parques eólicos, sensores de vento são empregados para determinar a velocidade e a direção do vento, o que possibilita a otimização do posicionamento das turbinas para a captura máxima de energia. Adicionalmente, sensores em painéis solares monitoram a radiação solar recebida, garantindo a eficiência da geração fotovoltaica.

Esses dispositivos possibilitam um aproveitamento mais eficiente dos recursos energéticos e uma abordagem mais sustentável na produção e no consumo de energia (Balbinot; Brusamarello, 2019).

De modo geral, os sensores são a "porta de entrada" para receber sinais e informações, transcrevendo-os para o domínio elétrico antes mesmo de realizar o processamento desses sinais e enviá-los para os chamados *transdutores de saída*, os quais, por sua vez, expressam (convertem) os dados e as informações em medidas conhecidas, conforme demonstra a Figura 3.1, a seguir.

Figura 3.1 – Modelo de operação de sensores para diversos tipos de fenômenos, detectados e expressos no domínio elétrico, que é posteriormente enviado para um sistema eletrônico de processamento de sinal

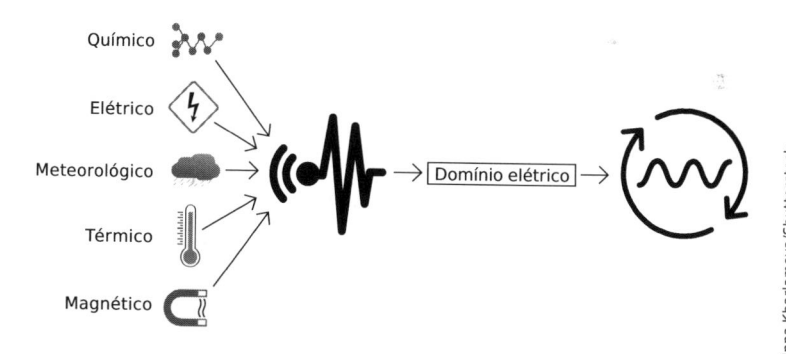

Inna Kharlamova/Shutterstock

A definição de sensores e transdutores tem sido objeto de diversas abordagens por diferentes pesquisadores, e ainda não há um consenso estabelecido sobre a uniformidade dessas definições.

Seguindo o Vocabulário Internacional de Metrologia (VIM, 2012), um **transdutor de medida** é um dispositivo empregado em medições e que proporciona uma grandeza de saída com uma correlação específica com a grandeza de entrada. Termopares, transformadores de corrente, extensômetros de resistência elétrica (*strain gauges*) (ver Subseção 3.1.2) e eletrodos de pH são alguns exemplos de transdutores de medida (Uchida et al., 2020).

Conforme as diretrizes do VIM (2012), um sensor é um componente intrínseco a um sistema de mensuração que sofre diretamente a influência de um fenômeno, objeto ou substância e que carrega a grandeza a ser quantificada. Exemplificações desse conceito incluem o elemento de platina presente em um **termômetro do tipo RTD**, o rotor de uma turbina empregada na medição de vazão, o **tubo de Bourdon** encontrado em um manômetro, a boia empregada em dispositivos de medição de nível, a fotocélula integrante de um espectrofotômetro, bem como potenciômetros e diversas outras aplicações similares.

> **? Na medida**
>
> **Termômetro do tipo RTD** (*Resistance Temperature Detector*), em português, Detector de Temperatura de Resistência – É um dispositivo sensor utilizado para medir a temperatura com base na variação da resistência elétrica de um material condutor com a temperatura.

Em um RTD típico, um fio de platina é frequentemente usado em razão de sua estabilidade e precisão. Quando a temperatura do RTD muda, a resistência elétrica do fio de platina também muda de acordo com uma relação previsível.

A relação entre a resistência elétrica e a temperatura em um RTD é geralmente descrita pela equação de Steinhart-Hart ou por outras equações de calibração específicas para o material utilizado. Essa relação matemática é fundamental para converter a mudança na resistência elétrica medida pelo RTD em uma temperatura correspondente.

Os RTDs são amplamente utilizados em aplicações industriais e de laboratório porque têm alta precisão, estabilidade e linearidade em uma ampla faixa de temperaturas. Eles são comumente encontrados em equipamentos de monitoramento de temperatura em indústrias como a automotiva, petroquímica, farmacêutica, alimentícia, entre outras.

Tubo de Bourdon – É um dispositivo mecânico usado em instrumentos de medição de pressão, como manômetros e barômetros. Consiste em um tubo metálico curvado em forma de C, oval ou espiral, com uma extremidade fixa e a outra conectada a um sistema em que a pressão é aplicada. Quando a pressão é aplicada ao tubo, ele tende a se endireitar em virtude da diferença entre a pressão interna e a externa, o que causa uma deflexão proporcional à pressão aplicada.

Essa deflexão é então convertida em uma leitura de pressão no instrumento de medição.

O tubo de Bourdon opera com base no princípio de que a pressão aplicada ao interior do tubo faz com que ele tente recuperar sua forma original, gerando um movimento linear que é amplificado e exibido como uma leitura de pressão.

Em alguns campos de aplicação, o termo *detector* é utilizado como sinônimo para esse conceito, referindo-se a um dispositivo ou uma substância que indica a presença de um fenômeno quando um limite específico de mobilidade de uma grandeza é excedido, sem necessariamente fornecer um valor associado à grandeza medida (Haykin; Van Veen, 2001). Exemplos de detectores incluem dispositivos que detectam a radiação eletromagnética na faixa da luz visível e infravermelha (fotodetectores), termopares que detectam variações de temperatura por meio da diferença de potencial gerada quando dois metais diferentes são unidos em um circuito, entre outros, como detectores de gás, detectores de movimento, detectores de proximidade, acelerômetros e detectores de radiação ionizante.

Classificar os sensores segundo critérios específicos é essencial para examiná-los de maneira organizada. Uma classificação relevante consiste na consideração da necessidade de uma fonte de alimentação, o que permite a divisão dos sensores em passivos e ativos (Sydenham, 1983).

Sensores passivos não requerem energia adicional e geram um sinal elétrico de saída em resposta a um estímulo externo, ou seja, o estímulo de entrada é convertido pelo sensor em um sinal de saída. Nesses sensores, a potência de saída tem origem no próprio estímulo de entrada. Termopares e sensores piezoelétricos são exemplos de sensores passivos (Haykin; Van Veen, 2001).

Por outro lado, **sensores ativos** requerem uma fonte de energia externa para viabilizar o funcionamento, sendo essa fonte denominada *sinal de excitação*. Tal sinal é submetido a modificações pelo próprio sensor, resultando no sinal de saída. Sensores ativos desempenham o papel de fornecer energia ao ambiente de medição como parte integrante do procedimento de mensuração (Haykin; Van Veen, 2001).

São encontrados diversos sensores resistivos na instrumentação eletrônica, em que se aproveita a variação da resistência elétrica para construir dispositivos de medida. A configuração geométrica ou molecular do material utilizado apresenta variações, resultando em variações proporcionais em sua resistência quando uma variável física é aplicada. Em outras palavras, nos sensores resistivos, a mudança na resistência é convertida em uma alteração na tensão por meio da utilização de um circuito resistivo. Esse tipo de circuito requer uma fonte de tensão independente para gerar o sinal de saída (Doebelin, 2003).

Um exemplo de equação para um sensor resistivo é a equação que relaciona a resistência elétrica do sensor (R) com a temperatura (T) para um termistor NTC (*Negative Temperature Coefficient*).

> **Na medida**
>
> **Termistor** é um tipo de sensor de temperatura que utiliza a variação da resistência elétrica com a temperatura para medir a temperatura de um ambiente ou de um sistema. A palavra *termistor* é uma combinação de *termo* (referente à temperatura) e *resistor* (um componente elétrico cuja resistência varia com a temperatura).
>
> Existem dois tipos principais de termistores: os NTC (*Negative Temperature Coefficient*) e os PTC (*Positive Temperature Coefficient*).
>
> - **Termistores NTC** – A resistência elétrica desses termistores diminui à medida que a temperatura aumenta. Isso significa que a resistência é inversamente proporcional à temperatura.
> - **Termistores PTC** – Ao contrário dos NTC, a resistência elétrica dos termistores PTC aumenta à medida que a temperatura aumenta. Portanto, a resistência é diretamente proporcional à temperatura.
>
> Os termistores são frequentemente utilizados em aplicações em que é necessária uma resposta rápida e precisa à temperatura, como em sistemas de controle de temperatura, eletrônicos de consumo, equipamentos médicos e automotivos. Eles são mais sensíveis a

variações de temperatura do que outros sensores de temperatura, como os RTDs e os termopares, porém, podem ser menos estáveis e precisos em algumas situações.

A equação que descreve a relação entre a resistência do termistor (R) e a temperatura (T) é dada pela equação de Steinhart-Hart:

Equação 3.1

Exemplo da variável medida por um sensor (resistência, nesse caso, [Ω]), em função da variação da temperatura do dispositivo

$$\frac{1}{T} = A + B\ln(R) + C(\ln(R))^3$$

Nessa expressão, T é a temperatura em Kelvin [K], R é a resistência do termistor em ohms [Ω], A, B e C são constantes específicas do termistor, que dependem de suas características físicas e químicas (Pallàs-Areny, 2001).

Essa equação é frequentemente utilizada para calibrar termistores NTC, permitindo a medição precisa da temperatura com base na resistência elétrica medida pelo sensor.

3.1.1 Resistividade dos materiais

A resistividade dos materiais – que tem por símbolo a letra grega ρ (*rho*) – é uma propriedade física fundamental que descreve a capacidade de um material em resistir ao fluxo de corrente elétrica quando uma diferença de potencial é aplicada e é medida no Sistema Internacional de Unidades (SI) como [Ω·m]. A resistividade está intimamente relacionada à resistência elétrica (R) de um material, que é a oposição ao fluxo de corrente, e é determinada pela geometria e pelas dimensões do material (Bazanella; Silva Jr., 2005). A relação entre resistividade, resistência e dimensões é dada pela Equação 3.2:

Equação 3.2

Expressão matemática para cálculo da resistência dos materiais como função de sua resistividade (ρ)

$$R = \frac{\rho \cdot L}{A}$$

Nessa expressão, R é a resistência elétrica do material em [Ω], ρ é a resistividade do material em [Ω·m], L é o comprimento do material em [m], e A é a área da seção transversal do material em [m²] (Bazanella; Silva Jr., 2005). A resistividade dos materiais varia amplamente de acordo com sua composição e suas características físicas e químicas (Equação 3.3). Em materiais metálicos, a resistividade é geralmente baixa, pois há alta mobilidade de elétrons em sua estrutura cristalina. Por outro lado, em materiais isolantes, como cerâmicas e polímeros, a resistividade é significativamente maior, já que a mobilidade de elétrons é limitada (Sydenham, 1983; Uchida et al., 2020).

Equação 3.3

Expressão para a resistividade

$$\rho = \frac{E}{J}$$

Nessa expressão, a resistividade ρ é medida em [$\Omega \cdot m$], o campo elétrico E é expresso em [V/m], e a densidade de corrente J é representada em [A/m^2]. Embora tanto E quanto J sejam vetores, nas considerações dos sensores de interesse, podemos restringir nossa análise aos valores absolutos dessas grandezas (Gooday, 2010). É importante ressaltar que a maioria das grandezas físicas varia com a temperatura, e a resistividade não é exceção (Equação 3.4).

Com relação aos metais, em geral, a resistividade apresenta uma relação quase linear com a temperatura em uma ampla faixa de valores (MacDonald, 2006; Uchida et al., 2020). Essa característica possibilita o estabelecimento da seguinte fórmula empírica, amplamente adequada para a maioria das aplicações práticas:

Equação 3.4

Expressão para o cálculo da resistividade como função da temperatura

$$\rho = \rho_0 \left[1 + \alpha \left(T - T_0\right)\right]$$

Nessa expressão, ρ_0 é o valor da resistividade à temperatura de referência T_0 e α é o coeficiente de temperatura da resistência (Tabela 3.1).

Tabela 3.1 – Resistividade e coeficiente de temperatura de alguns materiais a 20 °C

Material	Resistividade 20 °C [Ωm]	Coeficiente de temperatura α [K^{-1}]
Prata	$1{,}64 \cdot 10^{-8}$	$4{,}1 \cdot 10^{-3}$
Cobre recozido	$1{,}72 \cdot 10^{-8}$	$4{,}3 \cdot 10^{-3}$
Alumínio	$2{,}83 \cdot 10^{-8}$	$4{,}4 \cdot 10^{-3}$
Ferro	$12{,}3 \cdot 10^{-8}$	
Nicromo	$100 \cdot 10^{-8}$	
Silício	2500	$-70 \cdot 10^{-3}$
Papel	10^{10}	
Mica	$5 \cdot 10^{11}$	
Quartzo	10^{17}	

Fonte: Elaborado com base em Balbinot; Brusamarello, 2019.

A temperatura também influencia a resistividade dos materiais. Em alguns materiais, como os termistores, a resistividade é altamente sensível à temperatura, permitindo o uso desses materiais como sensores de temperatura em aplicações específicas (Gooday, 2010).

A resistividade é uma propriedade essencial para o projeto e a fabricação de componentes eletrônicos, cabos elétricos, dispositivos semicondutores e outros dispositivos e sistemas que dependem da condução ou do bloqueio de corrente elétrica (Pallàs-Areny, 2001).

A compreensão da resistividade dos materiais é de fundamental importância na engenharia elétrica e eletrônica, ajudando a otimizar o desempenho dos componentes e garantir a eficiência e a confiabilidade dos sistemas elétricos e eletrônicos. Além disso, a resistividade é uma propriedade crucial em várias outras áreas de ciência e tecnologia, incluindo a física de materiais, a metalurgia, a geofísica e a ciência dos materiais. O estudo detalhado da resistividade e de como ela varia em diferentes materiais é essencial para o avanço tecnológico e para o desenvolvimento de novos materiais e aplicações inovadoras (Uchida et al., 2020).

A relevância da resistividade de um material em problemas de instrumentação reside na capacidade da resistividade de variar de maneira quantificável e repetitiva com algumas grandezas que se pretendem medir. Estamos abordando os sensores cujo princípio de funcionamento é resistivo, ou seja, em que a resistividade do material utilizado na construção do sensor, ou a própria resistência do sensor, é empregada como princípio de medição (Gooday, 2010).

Conforme vimos, uma grandeza relacionada à resistividade é a resistência elétrica, que é uma propriedade de uma amostra específica do material, não do material em si. Em outras palavras, podemos afirmar que uma substância tem resistividade, ao passo que uma amostra tem resistência (Gooday, 2010). Consideremos um elemento com comprimento L e área transversal constante A, feito de um material com resistividade ρ, ao qual é aplicada uma diferença de potencial elétrico V. Se as linhas de corrente forem uniformes, o campo elétrico será $E = V/L$, a densidade de corrente, $J = i/A$, e a resistividade elétrica, dada pela Equação 3.5, tomando a Equação 3.3, será expressa, de acordo com Balbinot e Brusamarello (2019), do seguinte modo:

Equação 3.5

Resistividade como função do potencial elétrico, comprimento, corrente elétrica e área do material

$$\rho = \frac{E}{J} = \frac{\frac{V}{L}}{\frac{i}{A}} = \frac{V}{i} \cdot \frac{A}{L} = R\frac{A}{L}$$

Desse modo, o arranjo matemático na Equação 3.5 permite obter a Equação 3.2.

Portanto, a Equação 3.5 estabelece uma relação entre a resistividade do material utilizado na formação de um elemento e a resistência elétrica desse elemento e suas dimensões geométricas (Vuolo, 1992). Além disso, como ilustrado na Tabela 3.1, a resistividade varia com a temperatura, permitindo a formulação de relações adicionais.

3.1.2 Extensômetros

Um extensômetro, também conhecido como *strain gauge*, é um dispositivo amplamente utilizado em engenharia e ciência para medir deformações ou variações de comprimento em objetos ou estruturas quando estão sob ação de uma força ou carga. Ele é essencialmente um sensor de deformação que transforma a alteração física em uma mudança proporcional na resistência elétrica (Balbinot; Brusamarello, 2019).

Sua aplicação principal está na medição de tensões e deformações em estruturas mecânicas, como vigas, pontes, componentes de máquinas e dispositivos estruturais, permitindo monitorar a resposta mecânica desses elementos sob diferentes condições de carga ou pressão (Teixeira, 2017).

Os extensômetros podem ser encontrados em várias configurações, mas as duas principais são: 1) extensômetros com fio metálico; e 2) extensômetros de película fina.

Extensômetros com fio metálico (*wire strain gauges*) são dispositivos utilizados para medir deformações ou tensões em materiais e estruturas. Trata-se de sensores de tensão elétrica que são colados ou fixados na superfície do material que se deseja monitorar. Quando esse material é submetido a forças ou deformações, o extensômetro à fio responde, alterando sua resistência elétrica (Doebelin, 2003).

O mecanismo subjacente dos extensômetros de fio fundamenta-se na alteração da resistência elétrica de um material condutor em resposta à tensão mecânica aplicada.

Em geral, esses dispositivos são confeccionados a partir de um filamento delgado e maleável de um material condutor, tais como o **constantan**, ou ligas de níquel. Esse filamento é fixado à superfície do material em análise, permitindo assim o funcionamento do extensômetro (Uchida et al., 2020).

> **Na medida**
>
> **Constantan** é uma liga metálica composta principalmente de cobre e níquel, com pequenas quantidades de outros elementos como ferro e manganês. Foi desenvolvido para ter uma resistência elétrica constante ao longo de uma ampla faixa de temperatura, daí seu nome *constantan*. Essa liga é conhecida por sua baixa expansão térmica, alta resistividade elétrica e estabilidade dimensional, o que a torna adequada para uma variedade de aplicações, incluindo fios de resistência, extensômetros

(utilizados em medições de deformação) e termopares (para medição de temperatura). Em virtude de sua alta resistividade e da baixa temperatura de fusão, o constantan é frequentemente usado em aplicações que exigem precisão e estabilidade elétrica em temperaturas elevadas.

À medida que o material sofre deformação, o extensômetro acompanha essa variação, alterando seu comprimento e, consequentemente, sua resistência elétrica. Essa variação na resistência é proporcional à tensão ou à deformação aplicada ao material.

Os extensômetros à fio são conectados a circuitos elétricos que medem essa variação de resistência, permitindo converter a deformação mecânica em um sinal elétrico que pode ser registrado e analisado (Vuolo, 1992).

Esses dispositivos são amplamente utilizados em testes estruturais, monitoramento de tensões em equipamentos industriais, pesquisa científica, análise de tensões em estruturas de engenharia civil e mecânica, bem como em aplicações de controle de qualidade na indústria (Noltingk, 1985).

Os extensômetros à fio têm alta sensibilidade e precisão, o que os torna valiosos para medições detalhadas de tensão e deformação em diferentes materiais e condições. Eles são particularmente úteis em aplicações em que é necessário medir pequenas deformações ou tensões, pois são capazes de detectar variações de apenas alguns microssegundos. Além disso, os extensômetros à fio são relativamente econômicos e podem ser facilmente aplicados em superfícies diversas, o que os torna uma escolha comum para muitas aplicações de medição de tensão e deformação (Noltingk, 1985).

Extensômetros de película fina (*foil strain gauges*) são sensores de tensão utilizados para medir deformações e tensões em materiais e estruturas. Eles são fabricados a partir de um material condutor muito fino, como ligas metálicas (como o constantan ou ligas de níquel) ou materiais semicondutores, que são depositados ou impressos em uma base flexível (Noltingk, 1985).

A alteração da resistência elétrica ocorre em decorrência da deformação do material do extensômetro, que sofre variações dimensionais de acordo com a tensão aplicada. Essas variações dimensionais provocam mudanças na geometria do extensômetro, resultando em alterações na resistência elétrica proporcional à tensão ou à deformação aplicada ao material.

A variação da resistência elétrica é medida e analisada por meio de circuitos eletrônicos, permitindo converter a deformação mecânica em um sinal elétrico que pode ser registrado, processado e interpretado (Albertazzi; Sousa, 2008; Bolton, 1997; Pallàs-Areny, 2001).

O princípio de funcionamento de qualquer extensômetro é baseado na relação linear entre a resistência elétrica do material e a deformação mecânica sofrida pelo objeto. Quando uma força é aplicada ao extensômetro, ele sofre uma deformação, o que leva a uma alteração no comprimento e, consequentemente, na resistência elétrica do material. Essa variação de resistência é, então, convertida em um sinal elétrico mensurável (Pallàs-Areny, 2001).

A expressão matemática para calcular a variação de resistência resultante (ΔR) em um extensômetro é dada pela Equação 3.6:

Equação 3.6

Expressão para calcular a variação
de resistência resultante (ΔR)

$$\Delta R = (R \cdot \varepsilon \cdot GF)$$

Nessa expressão, ΔR é a variação de resistência resultante em [Ω], R é a resistência inicial do extensômetro em [Ω], ε é a deformação (tensão mecânica) aplicada ao material sob análise (adimensional), e GF (*gauge factor*) é o fator de calibração do extensômetro, que representa a sensibilidade do dispositivo e é um valor adimensional (Pallàs-Areny, 2001).

O fator de calibração GF é uma característica específica de cada tipo de extensômetro e é fornecido pelo fabricante. Ele é geralmente expresso como uma relação de $\Delta R/R$ por unidade de deformação mecânica e seu valor varia de acordo com o material e a configuração do extensômetro (Noltingk, 1985).

A Equação 3.6 relaciona a variação de resistência do extensômetro à deformação mecânica aplicada ao material, sendo proporcional à resistência inicial do extensômetro. A deformação ε é tipicamente expressa em termos de **microstrains** [$\mu\varepsilon$] ou porcentagem (%) (Vuolo, 1992).

> **Na medida**
>
> **Microstrain** ($\mu\varepsilon$) é uma unidade de medida de deformação ou tensão. Representa a variação percentual na dimensão de um material em relação ao seu comprimento original, expressa como uma fração de um milhão (10^{-6}). Em outras palavras, um *microstrain* é equivalente a uma deformação linear de um micrômetro por metro de comprimento original.

3.1.3 Termorresistências

As termorresistências são sensores de temperatura que apresentam uma variação previsível de resistência elétrica em resposta a mudanças térmicas, de modo que existe uma dependência da resistência variável no tempo, R(t), com a temperatura variável no tempo, T(t) (Soloman, 2012). As termorresistências são projetadas para monitorar e medir variações de temperatura em diferentes contextos, sendo comumente construídas com materiais metálicos, como platina (Pt), níquel (Ni) ou cobre (Cu), na forma de fios ou filmes finos. Podem ser fabricadas tanto com materiais condutores quanto com materiais semicondutores.

Os sensores feitos de materiais condutores são denominados RTDs (*Resistors Temperature Detectors*), e os sensores feitos de semicondutores são chamados de *termistores* (Bolton, 1997; Vuolo, 1992).

A variação de resistência elétrica é detectada por circuitos eletrônicos, permitindo o cálculo preciso da temperatura do ambiente ou do objeto sob análise. Com alta precisão e estabilidade, a variação de resistência elétrica é muito utilizada em aplicações industriais, científicas e comerciais, incluindo processos industriais, sistemas de climatização, eletrônicos, automóveis e laboratórios de pesquisa, sendo a escolha preferencial para medições térmicas confiáveis e repetitivas no decorrer do tempo (Soloman, 2012).

A variação da resistência como função da variação de temperatura pode ser dada por uma equação linear em torno de um ponto de operação T_o, conforme a Equação 3.7:

Equação 3.7

Expressão do cálculo da resistência em função da variação da temperatura de segunda ordem

$$R(t) = R_o \left[1 + \alpha_1 \cdot T(t) + \alpha_2 \cdot T(t)^2 \right]$$

Nessa expressão, R_o é a resistência do dispositivo na temperatura de operação T_o e α é o coeficiente de dilatação linear de temperatura (veja a Tabela 3.1 para alguns exemplos de valores).

3.2 Sensores capacitivos

Os sensores capacitivos são dispositivos essenciais no campo da instrumentação eletrônica, projetados para detectar a presença ou a proximidade de objetos sem a necessidade de contato físico direto. Sua operação é baseada nos princípios da capacitância, que é a capacidade de um capacitor de armazenar carga elétrica entre suas placas condutoras (Doebelin, 2003; Pallàs-Areny, 2001).

Um **sensor capacitivo** é um dispositivo eletrônico que opera com base no princípio da capacitância, que é a capacidade de armazenamento de carga de um condensador. Tecnicamente, um sensor capacitivo é projetado para detectar variações na capacitância resultantes de mudanças na distância ou na permeabilidade dielétrica entre as placas de um condensador.

Ele consiste em duas placas condutoras separadas por um material isolante, conhecido como *dielétrico*. Quando um objeto se aproxima da região entre as placas ou entra nessa região, a capacitância do sensor varia de acordo com a distância entre as placas ou as propriedades dielétricas do objeto. Essa variação na capacitância é então convertida em um sinal elétrico que pode ser usado para detectar a presença, a posição ou as características do objeto em questão.

Dessa forma, a **capacitância** é definida como uma propriedade elétrica fundamental que descreve a capacidade de um capacitor armazenar carga elétrica quando uma tensão é aplicada a ele (Soloman, 2012). É uma medida da quantidade de carga que pode ser armazenada em um capacitor para dada diferença de potencial aplicada entre suas placas, conforme ilustrado na figura a seguir.

Figura 3.2 – Esquema de um capacitor cilíndrico aberto

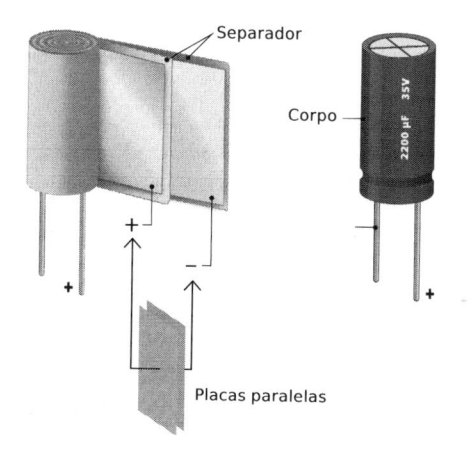

Essa figura traz, na parte inferior, o destaque para a representação das placas paralelas.

3.2.1 Equação da capacitância

A capacitância (C) de um capacitor é determinada pela relação entre a carga elétrica (Q) armazenada em suas placas e a diferença de potencial (V) entre elas. Essa relação é expressa pela equação da capacitância, $C = \dfrac{Q}{V}$, em que: C é a capacitância em Farads [F], Q é a carga elétrica armazenada em Coulombs [C], V é a diferença de potencial (tensão) entre as placas em Volts [V] (Doebelin, 2003; Daintith, 2009).

O exemplo mais prático de análise de um capacitor é sua forma cilíndrica. Para modelar matematicamente a capacitância de um capacitor cilíndrico, consideramos um capacitor composto por dois cilindros condutores concêntricos (Figura 3.2), de comprimentos L, raios internos r_1 e raios externos r_2. O espaço entre os cilindros é preenchido por um dielétrico com constante dielétrica ε.

A capacitância de um capacitor cilíndrico pode ser calculada por meio da seguinte equação:

Equação 3.8

Cálculo da capacitância para capacitores cilíndricos

$$C = \dfrac{(2 \cdot \pi \cdot \varepsilon \cdot L)}{\ln\left(\dfrac{r_2}{r_1}\right)}$$

Nessa expressão, C é a capacitância [F], ε é a constante dielétrica do material entre os cilindros, sendo ($\varepsilon = \varepsilon_o \cdot \varepsilon_r$) – em que ε_o é a permissividade elétrica no vácuo igual a $8{,}8541878 \cdot 10^{-12}$ F/m e ε_r é a permissividade elétrica relativa do material do qual o capacitor é feito. L é o comprimento dos cilindros, r_1 é o raio interno do cilindro interno, r_1 é o raio externo do cilindro externo, com L, r_1 e r_2 em [m], no SI (Soloman, 2012).

Essa equação mostra que a capacitância de um capacitor cilíndrico depende das dimensões físicas dos cilindros, bem como da constante dielétrica do material entre eles. As placas paralelas podem se movimentar entre si, e o dielétrico pode sofrer variações no tempo, contudo, a dimensão das placas é mantida constante (Doebelin, 2003).

A modelagem matemática da capacitância em um capacitor cilíndrico é essencial para projetar e compreender o comportamento de dispositivos e sistemas que envolvem capacitores, como circuitos eletrônicos, transmissores de rádio e sistemas de armazenamento de energia. O estudo da capacitância nos permite otimizar a eficiência desses sistemas e utilizar a teoria dos capacitores de maneira prática e precisa em uma ampla gama de aplicações tecnológicas.

O funcionamento de um sensor capacitivo é relativamente simples. O sensor é composto por duas placas condutoras, separadas por um dielétrico – um material isolante (Figura 3.2). Quando uma tensão elétrica é aplicada às placas, forma-se um campo elétrico entre elas. A capacitância do sistema é determinada pela área das placas, pela distância entre elas e pelas propriedades do dielétrico (Albertazzi; Sousa, 2008; Bolton, 1997; Doebelin, 2003; Daintith, 2009; Pallàs-Areny, 2001; Uchida et al., 2020; Vuolo, 1992).

Quando um objeto se aproxima do sensor, ele altera o campo elétrico entre as placas condutoras, modificando a capacitância do sistema. Essa variação na capacitância é detectada e convertida em um sinal elétrico, que indica a presença do objeto.

Os sensores capacitivos têm uma ampla variedade de aplicações em diferentes setores. São frequentemente utilizados em sistemas de automação industrial para detecção de materiais, controle de nível de líquidos, monitoramento de presença de peças em linhas de produção e seleção de objetos. Sua capacidade de operar sem contato físico e sua resposta rápida os tornam ideais para ambientes em que a higiene é importante ou para evitar danos a objetos delicados.

Além disso, os sensores capacitivos são amplamente empregados em dispositivos eletrônicos de consumo, como *smartphones* e *tablets*, para detectar a presença de toque dos dedos na tela sensível ao toque (Albertazzi; Sousa, 2008; Vuolo, 1992).

3.3 Sensores bimetálicos

Sensores bimetálicos são dispositivos utilizados na medição e detecção de temperaturas por meio da aplicação de dois metais distintos com coeficientes de expansão térmica diferentes. Esses sensores consistem em duas camadas ou lâminas de metais diferentes que são permanentemente unidas. Quando essas camadas bimetálicas são aquecidas ou resfriadas, elas se expandem ou contraem em taxas desiguais em virtude de suas distintas propriedades de expansão térmica (Doebelin, 2003).

O resultado desse desequilíbrio na expansão térmica é uma curvatura ou deformação das camadas bimetálicas, que varia de acordo com a temperatura a que o sensor é exposto. Em essência, os sensores bimetálicos convertem variações de temperatura em movimento mecânico.

O funcionamento dos sensores bimetálicos baseia-se no princípio da dilatação térmica diferencial entre os dois metais. A camada de metal com maior coeficiente de expansão térmica se expandirá ou contrairá mais do que a camada de metal com menor coeficiente de expansão térmica, causando a curvatura das lâminas bimetálicas (Doebelin, 2003).

Essa curvatura é proporcional à mudança de temperatura e pode ser usada para acionar contatos elétricos ou mecânicos em dispositivos como termostatos, disjuntores térmicos e **relés de sobrecarga**. Quando a temperatura muda, a curvatura das lâminas bimetálicas faz com que os contatos se abram ou fechem, iniciando ou interrompendo um circuito elétrico.

Na medida

Relés de sobrecarga – São dispositivos de proteção elétrica projetados para detectar correntes elétricas excessivas em um circuito e interromper o fluxo de corrente para proteger equipamentos e componentes contra danos causados por sobrecarga. Eles funcionam monitorando a corrente que passa pelo circuito e comparando-a com um valor limite predeterminado. Se a corrente exceder esse limite por um período de tempo específico, o relé de sobrecarga ativa um mecanismo de desligamento, interrompendo o circuito e evitando danos aos equipamentos. Os relés de sobrecarga são comumente utilizados em sistemas elétricos de potência, motores elétricos e outros dispositivos que podem estar sujeitos a sobrecargas temporárias ou prolongadas. Eles são uma parte essencial da segurança elétrica em muitas aplicações industriais e comerciais.

Em **termostatos**, os sensores bimetálicos são frequentemente utilizados para regular a temperatura em aparelhos como fornos, geladeiras e aquecedores. Quando a temperatura sobe ou desce, a deformação do sensor bimetálico aciona o contato elétrico, desligando ou ligando o dispositivo conforme necessário para manter a temperatura dentro de um intervalo específico.

Quando diferentes tipos de metais estão em contato, podem ocorrer efeitos distintos. Vamos começar falando do chamado *efeito termoelétrico* (MacDonald, 2006; Noltingk, 1985).

Descoberto em 1822 por Thomas J. Seebeck (físico estoniano-alemão), uma das formas de contato entre diferentes tipos de materiais levou ao chamado *efeito Seebeck*, também conhecido como *efeito termoelétrico* ou *efeito termoelétrico de Seebeck*. Trata-se de um fenômeno físico que descreve a geração de uma diferença de potencial elétrico entre dois materiais condutores quando eles são submetidos a gradientes de temperatura diferentes. O efeito Seebeck, também conhecido como *efeito termopar*, tem aplicações significativas na conversão termoelétrica de energia (Pallàs-Areny, 2001).

O **efeito Seebeck** é um resultado da relação entre a temperatura e a energia cinética dos elétrons em um material condutor (Vuolo, 1992). Quando um gradiente de temperatura é aplicado a um circuito formado por dois materiais diferentes, os elétrons tendem a se movimentar do material com maior temperatura para o material com menor temperatura, criando uma diferença de potencial entre as extremidades do condutor na ordem de alguns milivolts (Figura 3.3).

Figura 3.3 – Exemplo de tensão Seebeck ou tensão termoelétrica

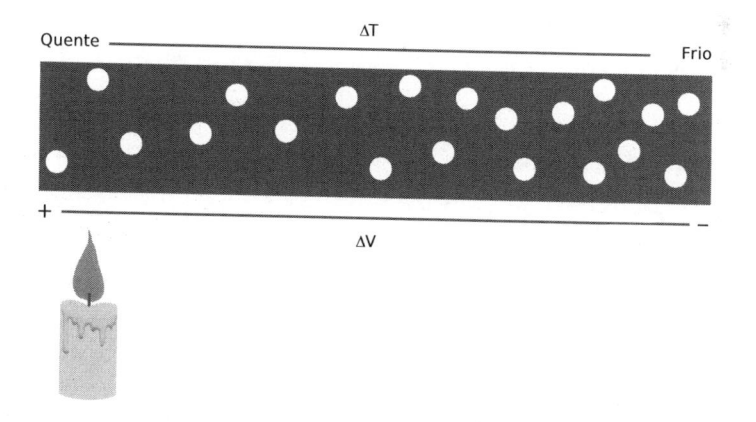

Na Figura 3.3, a migração de elétrons resulta em um acúmulo de carga positiva em um lado do circuito e uma

carga negativa no outro lado, gerando uma diferença de potencial elétrico, ou seja, uma tensão. Essa tensão é conhecida como *tensão Seebeck* ou *tensão termoelétrica*. É possível utilizar o fenômeno para transformar uma diferença de temperatura em uma corrente elétrica, gerando energia a partir do gradiente térmico. Isso permite a utilização do calor como uma fonte alternativa de energia elétrica.

O gradiente entre a força eletromotriz V_{AB} e a variação de temperatura T entre os terminais do condutor define o chamado *coeficiente de Seebeck* (S_{AB}), conforme a Equação 3.9 a seguir:

Equação 3.9

Expressão para o coeficiente de Seebeck

$$S_{AB} = \frac{dV_{AB}}{dT} = S_A - S_B$$

Nessa expressão, S_A e S_B são a potência térmica absoluta entre dois pontos A e B de um termopar, respectivamente, e V_{AB} é a força eletromotriz entre esses dois pontos. O coeficiente de Seebeck depende da temperatura T e, geralmente, aumenta com o aumento da temperatura.

Medições amostrais

Um exemplo prático do efeito Seebeck é um termopar utilizado para medir temperaturas em aplicações industriais ou científicas. Quando uma junção do termopar é mantida a uma temperatura diferente da outra junção, uma tensão é gerada e pode ser medida para determinar a diferença de temperatura entre as junções.

Os dispositivos que exploram o efeito Seebeck são conhecidos como *geradores termoelétricos* ou *células termoelétricas*. Eles são aplicados em diversos campos, como na geração de eletricidade a partir de calor residual em processos industriais, em satélites espaciais, em que a energia é gerada pelo calor gerado pela radiação solar, e em aplicações portáteis, como termogeradores utilizados em relógios de pulso e sensores autossuficientes (Uchida et al., 2020; Vuolo, 1992).

O **efeito Peltier** é outro fenômeno termoelétrico que descreve a transferência de calor entre dois materiais condutores quando uma corrente elétrica é aplicada ao circuito formado por eles. Esse efeito foi descoberto por Jean Charles Athanase Peltier em 1834, quando ele observou que a passagem de corrente por uma junção de dois metais diferentes resultava em um resfriamento ou aquecimento localizado, dependendo da direção da corrente (Figura 3.4) (Holman, 2000).

O efeito Peltier é baseado na lei de Joule, que estabelece que, quando uma corrente elétrica passa por um condutor, ocorre a dissipação de calor.

No entanto, quando essa corrente atravessa uma junção de dois materiais distintos, um dos lados é resfriado e o outro é aquecido, contrariando a expectativa de aquecimento uniforme em decorrência da dissipação de calor. A explicação para esse comportamento está relacionada às propriedades termoelétricas dos materiais e à distribuição de energia dos elétrons na junção. À medida que os elétrons se movem entre os materiais, a energia é transferida, gerando um efeito termoelétrico resultante em um gradiente de temperatura entre as junções, conforme demostrado na Figura 3.4.

Figura 3.4 – Efeito Peltier

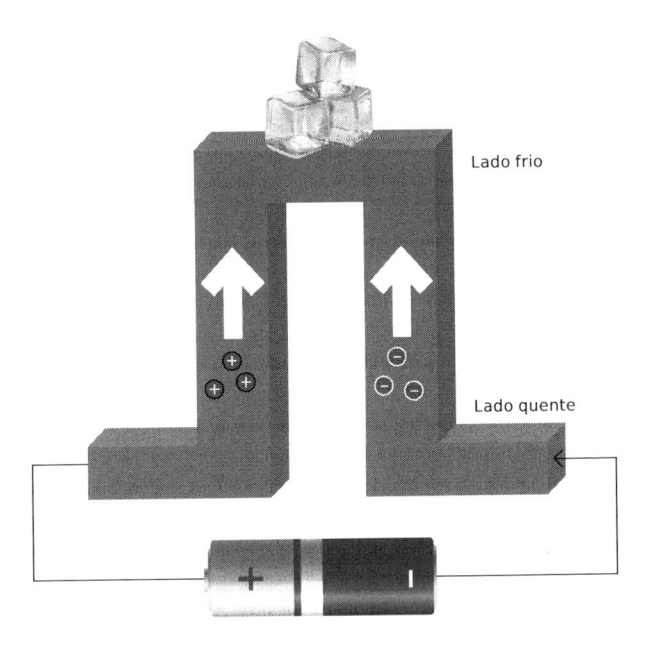

Font/e: Elaborado com base em Doebelin, 2003.

Medições amostrais

Em um refrigerador termoelétrico, o efeito Peltier é utilizado para criar um gradiente de temperatura, permitindo que o calor seja removido de um compartimento interno, proporcionando assim o resfriamento do conteúdo desse compartimento.

É relevante enfatizar que o efeito Peltier é um fenômeno termoelétrico reversível, cujo desempenho é independente das características geométricas da junção, dependendo estritamente das propriedades dos materiais envolvidos e da temperatura. Essa relação entre a transferência de calor e a corrente elétrica é linear e é quantificada pelo **coeficiente Peltier**, que expressa a quantidade de calor gerada na junção entre os materiais "a" e "b" por unidade de corrente que flui de "b" para "a" (Equação 3.10). Em suma, o coeficiente Peltier representa a eficiência do efeito Peltier na conversão de corrente elétrica em transferência de calor, assim como a conversão de calor em corrente elétrica (Noltingk, 1985; Pallàs-Areny, 2001; Uchida et al., 2020; Vuolo, 1992).

Equação 3.10

Expressão para o calor produzido pelo *efeito Peltier*

$$\frac{dQ_p}{dt} = \pm p_{AB} \cdot i$$

Nessa expressão, Q_p é o termo para o calor produzido pelo efeito Peltier, *t* é o tempo [s], *i* é a corrente elétrica [A] e p_{AB} é o coeficiente de Peltier em Volts [V]. Os coeficientes de Peltier e Seebeck podem ser correlacionados pela seguinte expressão:

Equação 3.11

Correlação entre os coeficientes de Peltier e Seebeck

$$p_{AB}(T) = -p_{BA}(T) = T(S_B - S_A)$$

O terceiro efeito termelétrico está relacionado aos outros dois efeitos, de Seebeck e Peltier, e é conhecido na literatura como *efeito Thomson*.

O **efeito Thomson** demonstra que a quantidade de calor liberado ou absorvido é diretamente proporcional à intensidade da corrente elétrica, ao contrário do efeito Joule, em que a liberação de calor é proporcional ao quadrado da corrente. Ademais, esse fenômeno exibe reversibilidade, uma vez que a inversão do sentido da corrente resulta em inversão do processo de liberação ou absorção de calor (MacDonald, 2006).

A manifestação dessa liberação ou absorção de calor ocorre em condutores sujeitos a um gradiente de temperatura, quando percorridos por uma corrente elétrica. Concretamente, há absorção de calor quando cargas elétricas se movem de uma região mais fria para uma região mais quente (em que $dT/dx > 0$) no interior do condutor (Uchida et al., 2020).

De maneira equivalente, há liberação de calor quando as cargas se deslocam de um ponto mais quente para um ponto mais frio (em que $dT/dx < 0$), conforme indica a equação a seguir:

Equação 3.12

Fluxo de calor por unidade de volume

$$\dot{Q}_T = \underbrace{\rho \cdot J^2}_{\text{Efeito Joule}} - \underbrace{\mu \cdot J \cdot \frac{dT}{dx}}_{\text{Efeito Thomson}}$$

Nessa expressão, ρ é a resistividade do condutor, J é a densidade de corrente, μ é o coeficiente de Thomson, $\frac{dT}{dx}$, dado em Volts [V], é a taxa de variação da temperatura ao qual o condutor está submetido e $\dot{Q}_T$ é o calor por unidade de volume.

O efeito Thomson pode ser positivo ou negativo. A Figura 3.5 mostra esse comportamento e essa polaridade.

Figura 3.5 – (a) efeito Thomson positivo e (b) efeito Thomson negativo

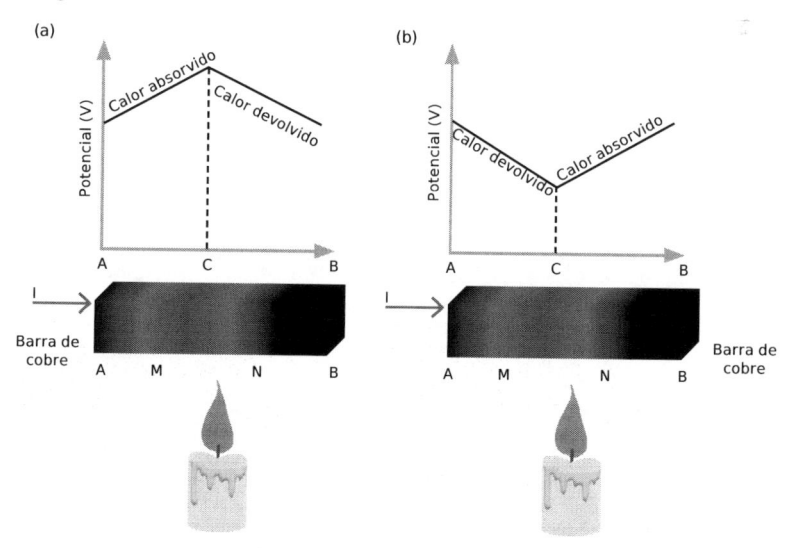

Quando há uma diferença de temperatura entre dois pontos em um condutor, isso resulta em uma variação na densidade de elétrons nesses pontos. Consequentemente, uma diferença de potencial é gerada entre eles. Esse fenômeno é conhecido como o *efeito Thomson*, que também é reversível. Um exemplo ilustrativo (Figura 3.5) desse fenômeno ocorre quando uma corrente elétrica percorre uma barra de cobre AB, que é aquecida em seu ponto médio C. Nesse caso, o ponto C adquire um potencial maior, evidenciando que o calor é absorvido ao longo da seção AC e dissipado ao longo da seção CB do condutor, como representado na Figura 3.5, item (a). Assim, o calor é transferido em decorrência do fluxo de corrente na direção da corrente, caracterizando o que é denominado *efeito Thomson positivo*.

Uma situação similar ocorre em outros metais, como prata, zinco e cádmio. No entanto, ao substituirmos a barra de cobre por uma barra de ferro, o padrão se inverte. Agora, o calor é liberado ao longo da seção CA e absorvido ao longo da seção BC. Nesse caso, o calor é transferido em sentido contrário ao fluxo de corrente, o que é chamado de *efeito Thomson negativo*, conforme exemplificado na Figura 3.5, item (b). Esse mesmo comportamento é observado em metais como platina, níquel, cobalto e mercúrio (MacDonald, 2006; Noltingk, 1985; Uchida et al., 2020).

Um teorema fundamental da termoeletricidade que abrange os efeitos Seebeck, Peltier e Thomson pode ser derivado a partir da Equação 3.9, em que o potencial termoelétrico resultante do gradiente de temperatura ΔT, decorrente do efeito Seebeck, é expresso como mostrado na Equação 3.13:

Equação 3.13

Potencial termoelétrico por efeito Seebeck

$$dV_{AB} = (S_A - S_B) \cdot \Delta T$$

Admitindo ambos os potenciais elétricos gerados pelos efeitos Peltier e Thomson, podemos escrever uma equação normalizada como:

$(S_A - S_B) \cdot \Delta T = p_{AB} \cdot (T + \Delta T) - p_{AB} \cdot (T) + (\mu_B - \mu_A) \cdot \Delta T$.

Substituindo essa expressão na Equação 3.13, obtemos a Equação 3.14:

Equação 3.14

Teorema da termoeletricidade

$$\frac{dV_{AB}}{dT} = \frac{dp_{AB}}{\Delta T} + (\mu_B - \mu_A)$$

Na realidade, é desejado que a corrente que percorre o circuito elétrico, composto pelas duas junções e suas conexões correspondentes, seja insignificante. Nessa situação, o efeito mais significativo é o efeito Seebeck. Todavia, se essa corrente não puder ser considerada como negligenciável, as variações de temperatura nas junções ocorrerão em razão dos efeitos Peltier e Thomson. Geralmente, uma dessas junções representa a temperatura que está sendo avaliada (Bolton, 1997; Uchida et al., 2020).

3.4 Sensores piezoelétricos e piroelétricos

A manifestação do **efeito piezoelétrico** ocorre quando há o surgimento de uma discrepância de potencial entre as superfícies opostas de um cristal quando este é submetido à deformação. A gênese desse fenômeno piezoelétrico é o desequilíbrio de cargas elétricas dentro da estrutura cristalina mediante a deformação. Os cientistas franceses Paul-Jacques (1856-1941) e Pierre Curie (1859-1906) foram os primeiros a observar esse fenômeno em 1880, utilizando um cristal de quartzo (SiO_2 – dióxido de silício).

Esse fenômeno piezoelétrico também é detectado em películas e em determinadas cerâmicas, como o titanato zirconato de chumbo (PZT) (Teixeira, 2017; Noltingk, 1985; Pallàs-Areny, 2001; Uchida et al., 2020; Vuolo, 1992).

Quando não há pressão aplicada, as cargas elétricas na matriz molecular do material (seja cristal, seja cerâmica) permanecem uniformemente distribuídas, não existindo divergência de potencial entre suas faces, desde que a temperatura esteja abaixo de seu **ponto de Curie**. Entretanto, ao ser deformado, as cargas de uma polaridade acumulam-se em um lado da estrutura molecular do material, e as cargas de polaridade oposta tendem a se concentrar na superfície oposta, gerando uma discrepância de potencial entre essas faces (Bolton, 1997).

> ## Análise indispensável!
>
> O **ponto de Curie** é uma temperatura específica em que certos materiais sofrem uma transição de fase magnética. Essa transição ocorre em materiais ferromagnéticos, ferrimagnéticos ou ferroelétricos, quando são aquecidos ou resfriados.
>
> Para materiais ferromagnéticos, como o ferro, o cobalto e o níquel, o ponto de Curie marca a temperatura em que eles perdem suas propriedades magnéticas permanentes e se tornam paramagnéticos. Em outras palavras, acima do ponto de Curie, esses materiais não exibem magnetização espontânea quando colocados em um campo magnético externo, pois as interações magnéticas entre seus átomos estão desordenadas.
>
> Para materiais ferroelétricos, o ponto de Curie é onde ocorre uma mudança na polarização elétrica do material.
>
> O termo é derivado do físico francês Pierre Curie, que fez importantes contribuições para o estudo de materiais magnéticos e descobriu esse fenômeno em 1895. O ponto de Curie é fundamental para entender e controlar o comportamento magnético de materiais, sendo amplamente utilizado em diversas aplicações

tecnológicas, como na fabricação de dispositivos magnéticos e na pesquisa de materiais avançados.

Observe a Figura 3.6, a seguir.

Figura 3.6 – Efeito piezoelétrico por aplicação de força de compressão em um material

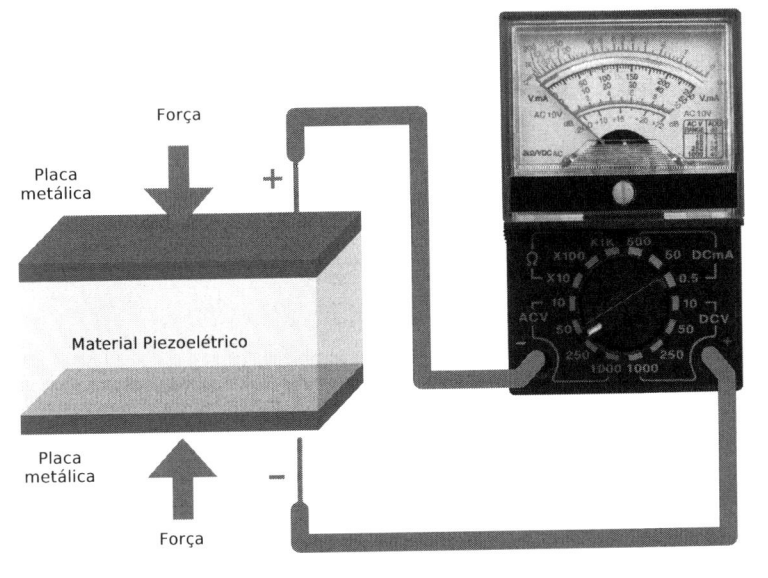

Veniamin Kraskov/Shutterstock

O efeito piezoelétrico é sensível à orientação. Se, em vez de o material ser comprimido, ele for esticado, o movimento das cargas em sua estrutura molecular será contrário, levando a uma discrepância de potencial com polaridade invertida (Bolton, 1997).

Além de ser sensível à direção da compressão (uma compressão negativa pode ser tratada como uma expansão), o **efeito piezoelétrico** é também reversível. Se uma tensão elétrica for aplicada às faces opostas do material, ele se deformará. Essa reversibilidade é a base para o uso de cristais piezoelétricos como microatuadores, presentes, por exemplo, em alguns fones de ouvido e em sistemas de controle de vibrações. A reversibilidade do efeito piezoelétrico também é aproveitada em transdutores de ultrassom, levando à utilização do termo *transdutores piezoelétricos* em vez de *sensores* e *atuadores* piezoelétricos (Albertazzi; Sousa, 2008).

Quando é submetido à excitação mecânica, o cristal entra em vibração. Essa vibração, que é levemente amortecida, ocorre na frequência de ressonância do cristal, a qual depende das dimensões físicas e características construtivas do cristal. Portanto, em certas aplicações, é necessário que a excitação do sensor tenha uma potência espectral inferior à sua frequência de ressonância, o que estabelece um limite superior para sua frequência de operação (MacDonald, 2006).

Os circuitos osciladores que utilizam cristais aproveitam-se da reversibilidade do efeito piezoelétrico. Eles excitam periodicamente o cristal por meio de sinais elétricos, fazendo-o vibrar em sua frequência de ressonância. Esse movimento, praticamente com uma frequência constante, pode ser explorado ao se medir a discrepância de potencial nas faces do cristal (Vuolo, 1992).

Medições amostrais

Um exemplo concreto de aplicação de sensores piezoelétricos é encontrado na indústria médica, especificamente no domínio da ultrassonografia diagnóstica. Os sensores piezoelétricos desempenham um papel fundamental na aquisição de imagens de ultrassom, uma técnica diagnóstica amplamente empregada para a visualização de estruturas anatômicas internas do corpo humano, incluindo órgãos, tecidos e vasos sanguíneos.

Nesse contexto, os sensores piezoelétricos são integrados nas sondas de ultrassom. Quando uma sonda é posicionada sobre a superfície cutânea do paciente e emite pulsos de ondas de ultrassom, esses sensores desempenham um papel crucial na detecção dos ecos resultantes das reflexões das ondas de ultrassom nas interfaces de diferentes meios em tecidos corporais. Os sensores piezoelétricos convertem as flutuações de pressão ocasionadas pelos ecos em sinais elétricos. Posteriormente, esses sinais elétricos são submetidos a processamento e análise para a geração de imagens em tempo real que facultam aos profissionais da saúde a visualização e a avaliação das estruturas anatômicas internas, a realização de diagnósticos clínicos e o acompanhamento do desenvolvimento fetal durante a gestação.

Essa aplicação concreta de sensores piezoelétricos na ultrassonografia ilustra vividamente a importância desses sensores no âmbito das ciências médicas e diagnósticas. Ela evidencia a capacidade inerente dos sensores piezoelétricos de transformar as variações de pressão mecânica em sinais elétricos, possibilitando a obtenção de imagens de alta resolução, não invasivas e em tempo real, as quais se revestem de significativa relevância na avaliação do estado de saúde do ser humano.

Dessa forma, considerando o esquema na Figura 3.6, vamos admitir que o material piezoelétrico (cristal) é deformado de x(t) [nm] (ou seja, sofre deformação da ordem de [nm]) e surge uma carga q_c [C], medida nos terminais. Considerando que a relação entre essas grandezas físicas são lineares, podemos escrever $q_c = K_q \cdot x$, sendo K_q uma constante de linearidade. Derivando essa expressão em relação ao tempo, teremos a equação a seguir:

Equação 3.15

Taxa de variação temporal da carga em
um material piezoelétrico

$$\frac{dq_C}{dt} = I_C = K_q \frac{dx}{dt}$$

O circuito equivalente da Figura 3.6 é um circuito composto por capacitância e resistência, de modo que, pela lei dos nós, é possível encontrar que $I_c = i_{Ct} + i_{Rt}$, em que C_t e R_t são a capacitância e a resistência totais do circuito e, portanto, i_{Ct} e i_{Rt} são as respectivas correntes (Uchida et al., 2020).

Ampliando as medições

Para saber mais sobre a **lei dos nós**, recomenda-se consultar a obra *Fundamentos de circuitos elétricos* de Alexander e SadiKu:

ALEXANDER, C. K.; SADIKU, M. N. O. **Fundamentos de circuitos elétricos**. Tradução de Gustavo Guimarães Parma. Porto Alegre: Bookman, 2000.

Desse modo, a tensão de saída é dada pela Equação 3.16:

Equação 3.16

Tensão de saída em um circuito com material piezoelétrico dado em [V]

$$v_o = \frac{1}{C_t}\int i_{Ct}\,dt = \frac{1}{C_t}\int (I_C - i_{Rt})\,dt$$

Derivando no tempo a equação e usando a Equação 3.15, temos:

$$C_t \frac{dv_o}{dt} = I_C - i_{Rt} = K_q \frac{dx}{dt} - \frac{v_o}{R_t}$$

Assumindo que as condições iniciais são nulas e aplicando a transformada de Laplace nessa equação diferencial, podemos escrever uma expressão para a tensão de saída, medida por um instrumento nos terminais de um circuito com material piezoelétrico, conforme a Equação 3.17:

Equação 3.17

Tensão de saída num circuito com material piezoelétrico

$$\frac{V_o(s)}{X(s)} = \frac{R_t \cdot K_q \cdot s}{R_t \cdot C_t \cdot s + 1}$$

Nessa expressão, X(s) é a **transformada de Laplace** de x(t).

Atenção às medidas!

O francês Pierre Simon Laplace (1749-1827) foi matemático, astrônomo e físico. Muitos relacionam o nome de Laplace com a transformada que apareceu em seu trabalho sobre probabilidades, intitulado *Théorie analytique des probabilités*, publicado em 1812. Seu principal trabalho é, reconhecidamente, *Traité de mécanique céleste*, publicado em cinco volumes entre 1799 e 1825 (Daintith, 2009).

Para saber mais sobre a transformada de Laplace, recomenda-se consultar Haykin e Van Veen (2001).

A existência de um ponto zero na origem do plano "s" na função de transferência apresentada (conforme expresso na Equação 3.17) demonstra que o cristal não exibe ganho em frequências muito baixas. Em outras palavras, ele não é apropriado para aplicações de medição estática nesse tipo de configuração. Essa característica, compartilhada por cristais e sensores capacitivos, é a razão subjacente à ausência de ganho em frequências baixas em determinados sensores e instrumentos que utilizam esses dispositivos (Uchida et al., 2020; Vuolo, 1992).

O **efeito piroelétrico** está estreitamente ligado ao efeito piezoelétrico. De modo geral, materiais nos quais o efeito piroelétrico é detectado também exibem o efeito piezoelétrico. Sensores piroelétricos geram uma discrepância de potencial entre duas de suas superfícies como resultado de variações de temperatura. Assim, esses sensores são sensíveis à transferência de calor.

Um material é considerado *piroelétrico* se demonstra uma polarização intrínseca em resposta ao movimento de calor.

Para compreender esse fenômeno, é importante notar que um cristal piroelétrico é composto por numerosos "microcristais" que se comportam eletricamente como dipolos. Em temperaturas acima da temperatura de Curie e na ausência de transferência de calor, a organização desses dipolos na estrutura cristalina é aleatória, não resultando em acumulação de cargas e, consequentemente, não gerando discrepância de potencial entre pares de superfícies do cristal (Pallàs-Areny, 2001; Vuolo, 1992).

Considere que uma superfície do cristal absorva calor, por exemplo, por meio de radiação. Isso ocasionará uma expansão térmica nessa face, levando a uma deformação em todo o cristal. Essa deformação, impulsionada também pelo efeito piezoelétrico presente, resultará no surgimento de uma discrepância de potencial entre as superfícies do cristal, como mencionado anteriormente.

Quando a transferência de calor é interrompida, o cristal eventualmente atingirá uma temperatura homogênea (em estado estacionário) e o efeito piroelétrico cessará. Isso evidencia que o fenômeno não reage à temperatura em si, mas sim à transferência de calor, que induz mudanças térmicas. A discrepância de potencial elétrico gerada, conforme explicado no parágrafo anterior, é conhecida como *piroeletricidade secundária*, visto que surge como resultado do efeito piezoelétrico, em que a deformação é causada pelo fluxo de calor.

Por outro lado, a piroeletricidade primária é diretamente consequente dos efeitos térmicos sobre o comportamento elétrico da estrutura do material. Por exemplo, variações de temperatura podem alongar ou encurtar os dipolos elétricos na estrutura cristalina e influenciar sua orientação, o que resulta na geração de uma discrepância de potencial elétrico. Isso implica que deformações provocadas por forças externas nos sensores piroelétricos introduzirão informações espúrias. De maneira similar, a mudança de temperatura representa uma entrada espúria considerável, pois incide o efeito piroelétrico na medição de deformações (força, deslocamento, aceleração etc.) quando utilizados sensores piezoelétricos (Bolton,

1997; Doebelin, 2003; Daintith, 2009; MacDonald, 2006; Pallàs-Areny, 2001; Uchida et al., 2020; Vuolo, 1992).

Para sensores piezoelétricos, a expressão similar à Equação 3.17 pode ser derivada, substituindo o deslocamento pelo fluxo de calor.

No Apêndice 2 deste livro, você encontrará um exemplo de algoritmo que resolve determinado problema sobre o efeito piezoelétrico.

3.5 Sensor indutivo e sensor de efeito Hall

Sensores indutivos são dispositivos amplamente utilizados na indústria e em várias aplicações, já que têm capacidade de detecção de objetos metálicos sem contato físico. Esses sensores operam com base no princípio da indução eletromagnética, em que uma variação na intensidade de um campo magnético próximo ao sensor induz uma corrente elétrica no circuito interno (Bolton, 1997).

A equação fundamental que descreve o comportamento de um sensor indutivo pode ser expressa por meio da **lei de Faraday** da indução eletromagnética (Pallàs-Areny, 2001). Essa equação relaciona a variação do fluxo magnético por meio da bobina do sensor com a corrente induzida e a tensão de saída. A relação é geralmente apresentada como a Equação 3.18:

Equação 3.18

Expressão para a tensão induzida numa bobina de um sensor

$$V = -N \cdot \frac{d\Phi}{dt}$$

Nessa expressão, V é a tensão induzida na bobina do sensor [V], N é o número de espiras da bobina, $\frac{d\Phi}{dt}$ é a taxa de variação do fluxo magnético com o tempo [Wb/s].

⚠ Análise indispensável!

A **lei de Faraday**, formulada pelo físico britânico Michael Faraday no século XIX, descreve a relação entre um campo magnético variável e a indução eletromagnética em um circuito. Essa lei é fundamental para entender o funcionamento dos geradores elétricos e dos transformadores.

A lei de Faraday afirma que a magnitude da força eletromotriz (FEM) induzida em um circuito é diretamente proporcional à taxa de variação do fluxo magnético que atravessa o circuito.

Essencialmente, a lei de Faraday estabelece que a variação do fluxo magnético através de uma espira condutora induzirá uma corrente elétrica na espira. Isso ocorre porque uma mudança no campo magnético gera um campo elétrico induzido, que, por sua vez, produz uma corrente elétrica quando um circuito condutor é fechado.

A lei de Faraday é fundamental para a compreensão de fenômenos como a indução eletromagnética, que é a base para a geração de eletricidade em geradores elétricos e para o funcionamento de transformadores elétricos. Mais detalhes podem ser encontrados em Alexander e Sadiku (2000).

A modelagem de um sensor indutivo frequentemente envolve a consideração de parâmetros como a distância entre o sensor e o objeto-alvo, o diâmetro da bobina, a frequência de operação e as características magnéticas do material a ser detectado (Madsen, 2008). A distância entre o sensor e o objeto influencia diretamente a variação do fluxo magnético e, consequentemente, a tensão induzida. Modelos matemáticos podem ser elaborados para estimar a relação entre a distância e a tensão de saída, levando em conta fatores como a geometria da bobina e a frequência de operação (MacDonald, 2006).

Além disso, a resposta em frequência de um sensor indutivo é um aspecto crucial para a análise e a modelagem.

A resposta do sensor a diferentes frequências de operação pode ser caracterizada por meio da curva de resposta em frequência, que descreve como a saída do sensor varia em relação à frequência do sinal de entrada (Madsen, 2008).

A modelagem completa de um sensor indutivo muitas vezes requer considerações adicionais, como efeitos de interferência eletromagnética, compensação de temperatura e características do circuito de condicionamento de sinal. Esses aspectos são importantes para a precisão e a confiabilidade das medições realizadas pelo sensor (Uchida et al., 2020).

A Figura 3.7 mostra o princípio de funcionamento de um sensor indutivo.

Figura 3.7 – Princípios de funcionamento de um sensor indutivo

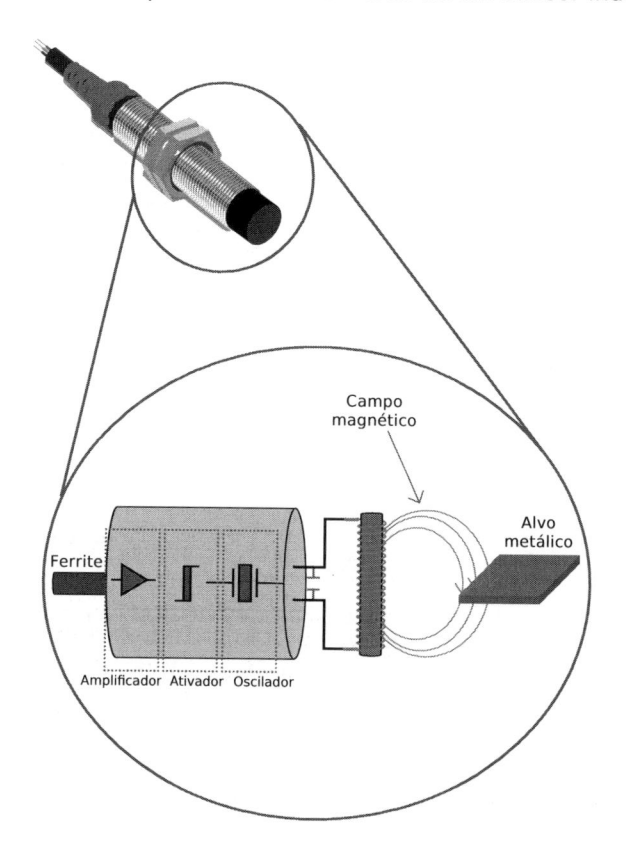

Black Cotton/Shutterstock

A indutância elétrica é uma propriedade inerente a uma configuração específica de condutores que resulta na geração de um campo magnético em resposta a uma alteração na corrente elétrica. Um exemplo paradigmático de tal configuração é uma bobina enrolada.

No contexto dos circuitos elétricos, a indutância apresenta uma oposição intrínseca à modificação da corrente elétrica, manifestada pela indução de uma força eletromotriz (FEM). Consequentemente, um henry [H] é a medida da indutância que produz uma FEM de 1 volt quando a corrente elétrica varia em 1 ampère por segundo (Bolton, 1997; Vuolo, 1992).

Em outras palavras, trata-se de uma relação direta entre a variação da corrente elétrica e a FEM gerada, conforme a Equação 3.19 a seguir:

Equação 3.19

Expressão para a indutância elétrica

$$L = V \cdot \left(\frac{dI}{dt}\right)^{-1}$$

Nessa expressão, V é a tensão aplicada em Volts [V], I é a corrente em ampères [A], t é a variação do tempo em segundos [s] e L é a indutância em henry [H] (Madsen, 2008).

A manipulação da indutância em condutores é de relevância significativa em diversas aplicações de engenharia e eletrônica, visto que essa propriedade está diretamente relacionada à capacidade de gerar campos magnéticos em resposta às variações de corrente elétrica. O aumento deliberado da indutância em um condutor requer considerações cuidadosas das características geométricas e materiais do circuito, bem como das propriedades eletromagnéticas envolvidas (Haykin; Van Veen, 2001).

A indutância L de um condutor é determinada não apenas pelo número de espiras da bobina, mas também pela área da seção transversal do condutor, o comprimento do condutor e as propriedades magnéticas do material envolvido (Pallàs-Areny, 2001). Para aumentar a indutância de um condutor, há algumas abordagens eficazes que podem ser empregadas, e a expressão matemática fundamental que relaciona a indutância a esses fatores é dada pela Equação 3.20:

Equação 3.20

Cálculo da indutância como função da geometria do sensor

$$L = \frac{\mu \cdot N^2 \cdot A}{l}$$

Nessa expressão, l é o comprimento do condutor (sensor) em [m], A é a área da seção transversal do condutor [m^2], N é o número de espiras da bobina, L é a indutância em [H] e μ é a **permeabilidade magnética** do material circundante.

> **Análise indispensável!**
>
> A permeabilidade magnética no vácuo é $\mu_o = 4\pi \times 10^{-7}$ N/A². Para materiais e meios diferentes do vácuo, $\mu = \mu_r \cdot \mu_o$. Nesse caso, μ_r é a permeabilidade relativa do material.

Em certas situações, é conveniente definir a indutância de um elemento com N espiras em função da relutância magnética $\Re$ do circuito magnético associado, segundo a Equação 3.21:

Equação 3.21

Expressão para a relutância magnética

$$L = \frac{N^2}{\Re}$$

Conforme podemos observar na Equação 3.21, a relutância magnética varia de forma inversamente proporcional à permeabilidade do circuito magnético e também é afetada pela configuração geométrica desse circuito (Haykin; Van Veen, 2001).

Para aumentar a indutância L, as seguintes estratégias podem ser aplicadas:

- **Aumento do número de espiras (N)** – Aumentar o número de espiras da bobina, tanto por meio de enrolamentos mais apertados quanto por múltiplas camadas, resultará em um aumento direto na indutância. No entanto, isso também pode aumentar a resistência elétrica da bobina, o que deve ser considerado (Haykin; Van Veen, 2001).

- **Aumento da área da seção transversal (A)** – Aumentar a área da seção transversal do condutor, utilizando um condutor mais espesso ou uma geometria mais ampla, resultará em maior indutância (Gooday, 2010).
- **Utilização de materiais com alta permeabilidade (μ)** – A escolha de materiais que têm alta permeabilidade magnética, como ligas de ferro-níquel ou ferritas, pode aumentar a indutância significativamente, uma vez que a permeabilidade afeta a capacidade de o material concentrar o fluxo magnético (Gooday, 2010).
- **Configuração física otimizada** – Projetar a configuração física do circuito de modo a maximizar a interação entre as linhas de campo magnético geradas pela corrente e as superfícies do condutor pode resultar em um aumento na indutância (Sydenham, 1983).

O sensor de efeito Hall é uma peça fundamental em diversas aplicações de detecção e medição, especialmente na área de eletrônica e automação. Baseado no princípio do efeito Hall, esse dispositivo oferece uma maneira eficaz de medir campos magnéticos, correntes elétricas e posições, tornando-se uma ferramenta indispensável em muitos sistemas modernos (Balbinot; Brusamarello, 2019).

O princípio de funcionamento do sensor de efeito Hall é intrincado, mas essencialmente se baseia na criação de uma diferença de potencial elétrico em um condutor quando este é percorrido por uma corrente elétrica e está submetido a um campo magnético perpendicular. Esse fenômeno é descrito pela equação de efeito Hall, $V_H = R_H \cdot I \cdot B$, em que V_H é a tensão de Hall gerada em [V], R_H é a constante de Hall, I é a corrente que flui pelo condutor em [A] e B é a intensidade do campo magnético aplicado em [T] (Balbinot; Brusamarello, 2019).

Essa equação é a base para a operação do sensor de efeito Hall, permitindo a conversão direta de um campo magnético em uma saída de tensão mensurável (Albertazzi; Sousa, 2008; Doebelin, 2003).

No entanto, a modelagem de um sensor de efeito Hall não se limita apenas à equação indicada anteriormente. A configuração geométrica do sensor, a presença de materiais magnéticos adjacentes e as características elétricas do dispositivo também desempenham um papel crucial em sua resposta. Modelos mais sofisticados podem incorporar fatores como a influência de campos magnéticos externos, variações de temperatura e não linearidades inerentes ao sensor (Balbinot; Brusamarello, 2019).

Uma modelagem mais completa pode ser realizada considerando a estrutura interna do sensor, que normalmente consiste em um elemento sensível ao efeito Hall, circuitos de condicionamento de sinal e fatores de correção. Modelos circuitais podem ser desenvolvidos para representar o comportamento do sensor em relação a diferentes entradas, permitindo prever sua resposta em várias condições de operação (MacDonald, 2006).

Além disso, a modelagem pode abranger a integração do sensor de efeito Hall em sistemas mais amplos, em que os sinais de saída do sensor são processados por circuitos eletrônicos adicionais. Esses circuitos podem ser projetados para amplificar, filtrar e converter os sinais do sensor em formas mais adequadas para processamento posterior (Noltingk, 1985).

Um fenômeno relacionado ao efeito Hall é o chamado *efeito magnetorresistivo*. Trata-se de um fenômeno magnético de grande relevância nas áreas de materiais, eletrônica e sensores. Esse efeito descreve a alteração na resistência elétrica de um material em resposta à aplicação de um campo magnético externo (Pallàs-Areny, 2001). A descoberta desse fenômeno trouxe avanços significativos na fabricação de dispositivos magnéticos sensíveis e na indústria de armazenamento de dados.

A equação que descreve o efeito magnetorresistivo em materiais é a seguinte:

Equação 3.22

Cálculo da variação percentual da resistência em resposta ao campo magnético e às resistências do material

$$MR = \frac{R(H) - R(0)}{R(0)}$$

Nesse caso, MR representa a variação percentual da resistência em resposta ao campo magnético H em [A/m], R(H) e R(0) são a resistência do material sob influência do campo magnético e em ausência de campo magnético, respectivamente, em [Ω].

Existem diversos mecanismos que podem causar o efeito magnetorresistivo em diferentes materiais. Os mais comuns são o efeito anisotrópico de magnetorresistência (AMR), o efeito de magnetorresistência colossal (CMR) e o efeito túnel de magnetorresistência (TMR) (Vuolo, 1992).

O efeito AMR ocorre em materiais com anisotropia magnética, ou seja, que têm uma preferência de orientação magnética em suas estruturas. Quando um campo magnético é aplicado em uma direção específica, a resistência do material é reduzida em relação a outra direção perpendicular, resultando no efeito magnetorresistivo (Pallàs-Areny, 2001).

O efeito CMR é observado em materiais chamados *óxidos de manganês*, que apresentam uma transição de fase magnética entre um estado paramagnético e um estado ferromagnético. Nesse caso, a resistência elétrica é drasticamente alterada na presença de um campo magnético próximo à temperatura de transição, levando a um efeito magnetorresistivo colossal (Balbinot; Brusamarello, 2019).

O efeito TMR ocorre em estruturas de camadas finas que contêm uma barreira isolante entre duas camadas magnéticas. Quando uma orientação específica do magnetismo é atingida, ocorre um fenômeno de tunelamento de elétrons por meio da barreira, alterando a resistência elétrica da estrutura e gerando o efeito magnetorresistivo (Pallàs-Areny, 2001).

O efeito magnetorresistivo tem sido aplicado em diversas tecnologias, incluindo a fabricação de sensores de campo magnético e leitores de cabeçotes magnéticos em unidades de armazenamento de dados, bem como a produção de dispositivos de gravação magnética (Balbinot; Brusamarello, 2019). Sua versatilidade e sensibilidade o tornam uma ferramenta valiosa em muitas aplicações tecnológicas, permitindo melhorias significativas em diversas áreas da ciência e da indústria.

Exercícios resolvidos

1. Um sensor resistivo é construído a partir de um material homogêneo com resistividade ρ. O sensor tem um comprimento L e uma área de seção transversal A. Uma corrente elétrica I é aplicada através do sensor. Suponha que a tensão (V) através do sensor seja medida e registrada. Com base nas informações fornecidas, responda às seguintes questões:

    a) Escreva a expressão que relaciona a resistividade (ρ) do material, o comprimento (L) do sensor, a área de seção transversal (A) e a resistência elétrica (R) do sensor.

    b) Derive a expressão para a resistência elétrica (R) do sensor em termos de ρ, L e A.

c) Se a resistência elétrica (R) do sensor for de 100 ohms e a corrente elétrica (I) aplicada for de 0,5 A, calcule o potencial elétrico (V) através do sensor.

d) Como a resistência elétrica do sensor mudaria se seu comprimento fosse dobrado, mantendo a área de seção transversal constante?

e) Explique como a resistividade do material, o comprimento e a área do sensor afetam a sensibilidade do sensor como um sensor resistivo.

Dica: Use a lei de Ohm (V = IR) e a expressão da resistência elétrica para resolver as questões.

Solução:

a) A expressão que relaciona a resistividade (ρ) do material, o comprimento (L) do sensor, a área de seção transversal (A) e a resistência elétrica (R) do sensor é dada pela lei de Ohm: $R = \rho \cdot \frac{L}{A}$.

b) Para derivar a expressão para a resistência elétrica (R) do sensor em termos de ρ, L e A, podemos utilizar a mesma equação da lei de Ohm: $R = \rho \cdot \frac{L}{A}$.

c) Se a resistência elétrica (R) do sensor for de 100 ohms e a corrente elétrica (I) aplicada for de 0,5 A, podemos usar a lei de Ohm para calcular o potencial elétrico (V):

V = I · R

V = 0,5 A · 100 ohms

V = 50 Volts

Portanto, o potencial elétrico (tensão) através do sensor é de 50 Volts.

d) Se o comprimento (L) do sensor for dobrado, mantendo a área de seção transversal (A) constante, a resistência elétrica (R) do sensor será alterada. Usando a expressão da resistência: $R' = \rho \cdot \dfrac{2L}{A}$ (em que R' é a nova resistência), como o comprimento foi dobrado (2L), a resistência elétrica também será dobrada.

e) A sensibilidade do sensor resistivo está relacionada com sua resistividade (ρ), seu comprimento (L) e sua área de seção transversal (A). Quanto maior a resistividade, maior será a resistência elétrica para mesmo comprimento e mesma área, tornando o sensor mais sensível a mudanças de resistência. Aumentar o comprimento do sensor também aumenta sua sensibilidade, pois a resistência elétrica será maior. Da mesma forma, diminuir a área de seção transversal aumentará a sensibilidade. A sensibilidade pode ser quantificada como a variação da resistência (ou resistência elétrica) do sensor em relação a uma mudança na grandeza física que está sendo medida, como a deformação em um extensômetro. Quanto maior a variação da resistência para dada mudança, maior é a sensibilidade do sensor.

2. Um sensor bimetálico é construído com duas tiras de metais diferentes, A e B, unidas em suas extremidades para formar uma junção. A temperatura da junção é mantida a 200 °C. A tira A tem uma resistividade de $1{,}5 \cdot 10^{-7}$ Ω·m a 200 °C, e a tira B tem uma resistividade de $3{,}2 \cdot 10^{-7}$ Ω·m a 200 °C. Além disso, os coeficientes de Seebeck são 10 μV/°C para o metal A e –15 μV/°C para o metal B. Suponha que uma diferença de temperatura de 50 °C seja estabelecida entre as junções dos metais.

a) Determine a tensão termoelétrica gerada pela junção dos metais A e B.
b) Calcule a variação da tensão termoelétrica se a diferença de temperatura entre as junções for aumentada para 80 °C.
c) Explique o significado físico da derivada $\frac{dV_{AB}}{dT}$ em termos do efeito Seebeck e como ela está relacionada às propriedades dos materiais envolvidos.

Dica: Utilize a fórmula do teorema da termoeletricidade para calcular a tensão termoelétrica gerada pela junção dos metais. Lembre-se de considerar os coeficientes de Seebeck e as resistividades dos materiais.

Solução:

a) Determinação da tensão termoelétrica:

Utilizando a fórmula do teorema da termoeletricidade, temos:

$\frac{dV_{AB}}{dT} = \frac{dp_{AB}}{\Delta T} + (\mu_B - \mu_A)$, em que $\frac{dp_{AB}}{\Delta T}$ é a diferença entre os coeficientes de Seebeck dos metais A e B, e $(\mu_B - \mu_A)$ é a diferença dos potenciais químicos entre os dois metais. Portanto,

$$\frac{dV_{AB}}{dT} = (-15\mu V/°C - 10\mu V/°C) = -25\mu V/°C$$

Agora, aplicamos a fórmula da tensão termoelétrica:
$$V = \frac{dV_{AB}}{dT} \cdot \Delta T.$$
$V = -25\ \mu V/°C \cdot 50\ °C = -1250\ \mu V = -1{,}25\ mV.$

b) Variação da tensão termoelétrica:
Com uma diferença de temperatura de 80 °C, aplicamos a mesma fórmula da tensão termoelétrica, considerando a nova ΔT.
$V = -25\ \mu V/°C \cdot 80\ °C = -2000\ \mu V = -2\ mV.$

c) Significado da derivada $\frac{dV_{AB}}{dT}$:

A derivada $\frac{dV_{AB}}{dT}$ representa a taxa de variação da tensão termoelétrica em relação à temperatura. No contexto do efeito Seebeck, essa derivada indica como a tensão gerada na junção entre os metais A e B muda à medida que a temperatura varia. Ela está relacionada aos coeficientes de Seebeck dos materiais envolvidos e aos seus potenciais químicos. Valores maiores em magnitude indicam uma maior sensibilidade do sensor às variações de temperatura, o que é útil para medir com precisão essas mudanças térmicas.

3. Considere um sensor indutivo é construído com uma bobina de N espiras, em que N é o número de espiras da bobina. A bobina tem uma resistência elétrica R de 10 Ω. Durante um experimento, a taxa de variação do fluxo magnético através da bobina é de −0,05 T/s.

    a) Calcule a tensão induzida (V) na bobina, de acordo com a lei de Faraday.

b) A corrente elétrica (I) na bobina está variando a uma taxa de 0,02 A/s. Calcule a autoindutância (L) da bobina.

c) Calcule novamente a autoindutância (L) da bobina.

d) Compare os resultados obtidos nos itens (b) e (c). Eles estão de acordo com as expectativas teóricas? Explique.

Dica: Lembre-se de utilizar as unidades corretas ao fazer os cálculos e considere que o valor de N é fornecido como parte do problema. A lei de Faraday relaciona a variação do fluxo magnético com a tensão induzida na bobina, e as equações da autoindutância relacionam a tensão induzida com a taxa de variação da corrente e a resistência elétrica da bobina.

Solução:

a) Calculando a tensão induzida (V) na bobina usando a lei de Faraday:

$V = -N \cdot d\Phi/dt$

$V = -N \cdot (-0,05 \text{ T/s})$ [dado que a taxa de variação do fluxo é $-0,05$ T/s]

$V = 0,05N$ V

b) Calculando a autoindutância (L) da bobina usando a equação $L = V \cdot (dI/dt)^{-1}$:

$L = V / (dI/dt)$

$L = (0,05 \text{ N V}) / (0,02 \text{ A/s})$ [dado que a taxa de variação da corrente é 0,02 A/s]

$L = 2,5$ N H

c) Calculando a autoindutância (L) da bobina usando a equação $L = N^2/R$:

$L = N^2 / R$

$L = N^2 / 10\ \Omega$ [dado que a resistência elétrica da bobina é 10 Ω]

$L = 0{,}1\ N^2\ H$

d) Comparando os resultados obtidos nos itens (b) e (c): Os resultados não estão de acordo com as expectativas teóricas. O valor calculado para a autoindutância (L) no item (b) (2,5 N H) é diferente do valor calculado no item (c) (0,1 N^2 H). Isso sugere que há um erro em algum lugar dos cálculos ou nas unidades utilizadas.

Nota: As unidades corretas são importantes ao realizar os cálculos para garantir que as respostas estejam nas unidades adequadas (volts, ampéres e henrys).

Ampliando as medições

Para saber mais sobre efeito piezoelétrico, sensores indutivos e teoria do efeito Hall, assista aos vídeos indicados a seguir:

MUNDO DA ELÉTRICA. **Sensor indutivo NPN e PNP**: funcionamento e aplicação! 2015. Disponível em: <https://www.youtube.com/watch?v=oV4fZwlSpXI>. Acesso em: 5 jul. 2024.

PRADO JÚNIOR, H. **O que é efeito piezoelétrico?** 2015. Disponível em: <https://www.youtube.com/watch?app=desktop&v=nkolOMg1nQ8>. Acesso em: 5 jul. 2024.

TEORIA do efeito HALL em 2,5 minutos. 2022. Disponível em: <https://www.youtube.com/watch?v=Pmy7qZZ5TwY>. Acesso em: 5 jul. 2024.

Consulte os livros indicados a seguir para saber mais sobre o conteúdo abordado neste capítulo:

BENTLEY, J. P. **Principles of Measurement Systems**. 4. ed. London: Prentice Hall, 2005.

PALLÀS-ARENY, R.; WEBSTER, J. G. **Sensors and Signal Conditioning**. 2. ed. New York: John Willey & Sons, 2001.

Plataformas educacionais, como Coursera, edX e Udemy, oferecem cursos *on-line* sobre sensores, medições e instrumentação:

COURSERA. Disponível em: <https://www.coursera.org>. Acesso em: 5 jul. 2024.

EDX. Disponível em: <https://www.edx.org>. Acesso em: 5 jul. 2024.

UDEMY. Disponível em: <https://www.udemy.com/pt/>. Acesso em: 5 jul. 2024.

Recomendamos ainda a consulta ao seguinte *link*, que disponibiliza artigos científicos e pesquisas sobre sensores e suas aplicações:

SENSORS ONLINE. Disponível em: <https://www.mdpi.com/journal/sensors>. Acesso em: 5 jul. 2024.

Resumo das medições

O quadro a seguir sintetiza os principais assuntos tratados neste capítulo.

Quadro 3.1 – Quadro-resumo

Sensor	Princípio de funcionamento	Aplicações
Resistivo	Explora a resistividade dos materiais, alterando a resistência elétrica em resposta a deformações mecânicas.	Mensuração de tensões e compressões.
Termorresistências	Varia a resistência elétrica em resposta a alterações de temperatura.	Medições termoelétricas.
Capacitivo	Variações na capacitância entre superfícies paralelas em razão da proximidade de objetos.	Detecção de posicionamento e presença.
Bimetálico	Expansão e contração diferenciadas de lâminas de materiais distintos em mudanças térmicas.	Controle de temperatura, como termostatos.
Peizoelétrico	Gera carga elétrica em resposta a deformações mecânicas.	Detecção de pressão e vibração

(continua)

(Quadro 3.1 – conclusão)

Sensor	Princípio de funcionamento	Aplicações
Piroelétrico	Sensível a variações térmicas, induz carga elétrica em aquecimento e resfriamento.	Sistema de detecção de movimento.
Indutivo	Baseado na indução eletromagnética, identifica objetos ou mudanças em campos magnéticos.	Detecção de metais em processos industriais.
Efeito Hall	Avalia a tensão induzida em um condutor imerso em um campo magnético perpendicular.	Medição de corrente elétrica em presença de campo magnético.

Testes instrumentais

1) Para o extensômetro, que tipo de entrada seria considerada a temperatura?

2) Descreva o princípio subjacente ao efeito Peltier e como ele está relacionado ao fenômeno de transferência de calor.

3) A resistividade dos materiais é uma propriedade muito importante para a instrumentação e é definida como $\rho = E/J$, em que ρ é a resistividade ($\Omega \cdot m$), E é o

campo elétrico (V/m) e J é a densidade de corrente (A/m²). Considerando esse contexto, avalie as seguintes asserções e a relação proposta entre elas.

I) A resistividade de um material é relevante em problemas de instrumentação

Porque

II) Ela varia com algumas grandezas físicas que se deseja medir de maneira quantificável e repetitiva.

A respeito dessas asserções, assinale a opção correta:

a) As asserções I e II são proposições verdadeiras, e a II é uma justificativa da I.
b) As asserções I e II são proposições verdadeiras, mas a II não é uma justificativa da I.
c) A asserção I é uma proposição verdadeira, e a II é uma proposição falsa.
d) A asserção I é uma proposição falsa, e a II é uma proposição verdadeira.

4) Uma grandeza associada à resistividade é a resistência elétrica, que é propriedade de uma amostra do material, e não do material em si. Em outras palavras, podemos dizer que uma substância tem resistividade e uma amostra tem resistência. Nesse contexto, avalie as afirmações a seguir.

I) Um potenciômetro é basicamente um elemento resistivo cuja resistividade varia com a posição de um cursor.

II) Os extensômetros são elementos resistivos construídos de maneira a maximizar a variação de resistência com a deformação.

III) As termorresistências são dispositivos que utilizam a dependência entre a resistência de um material e a temperatura para indicar a temperatura.

É correto o que se afirma em:

a) I, apenas.
b) III, apenas.
c) I e III.
d) II e III.

5) Qual é o princípio de funcionamento dos sensores por indutância?

a) Detecção de luz visível para medição de propriedades físicas.
b) Conversão de sinais sonoros em sinais elétricos para detecção de movimento.
c) Variação do campo magnético e da indutância em resposta a mudanças em propriedades físicas.
d) Utilização de campos elétricos para medição de pressão atmosférica.

Ampliando o raciocínio

1) Como os princípios de expansão térmica em sensores bimetálicos podem ser aproveitados de maneira engenhosa na instrumentação eletrônica para criar dispositivos sensíveis a variações de temperatura,

garantindo medições precisas e estáveis no decorrer do tempo?

2) Como a escolha da configuração de ligação de sensores indutivos em um circuito pode impactar a sensibilidade, a precisão e a imunidade a interferências eletromagnéticas do sistema? Considere diferentes arranjos de conexão e discuta como cada um pode influenciar o desempenho dos sensores indutivos, levando em consideração os princípios de operação desses sensores e as características do ambiente de aplicação.

Amplificadores para instrumentação

4

Conteúdos do capítulo:

- Princípio de funcionamento e utilização de amplificadores bloqueadores de sinal.
- Equações fundamentais de amplificadores.
- Amplificadores operacionais.
- Amplificadores inversores e não inversores.
- Amplificador diferencial.
- Amplificador de instrumentação.
- Amplificador síncrono.

Após o estudo deste capítulo, você será capaz de:

1. descrever os passos básicos de operação de um amplificador;
2. calcular o ganho de amplificadores;
3. calcular a tensão de saída para diferentes amplificadores;
4. distinguir aplicabilidades em relação a diferentes tipos de amplificadores;
5. reconhecer um circuito com amplificadores;
6. desenhar um circuito contendo diferentes tipos de amplificadores;
7. estabelecer a relação entre tensão e resistência em amplificadores inversores;
8. definir o conceito de filtro passa-baixas;
9. calcular o valor de tensão de entrada como função da tensão em modo comum;
10. expressar numericamente o valor da taxa de rejeição de modo comum (CMRR).

Os tópicos abordados neste capítulo proporcionam uma compreensão abrangente sobre amplificadores e seu papel essencial nos sistemas eletrônicos. Desde os princípios básicos de funcionamento e equações fundamentais até a exploração dos diferentes tipos de amplificadores e suas aplicações, você será capaz de descrever os passos de operação, calcular ganhos e tensões de saída, reconhecer circuitos com amplificadores e estabelecer relações entre tensão e resistência. Ao conectar esse conhecimento com as práticas de utilização de amplificadores, como escolha adequada do tipo, conexão das entradas e saídas, alimentação e ajustes de controles, o leitor estará preparado para aplicar esses dispositivos de modo eficaz em uma variedade de contextos eletrônicos e de comunicação.

4.1 Como utilizar um amplificador

Os amplificadores desempenham um papel essencial na área de sistemas eletrônicos, permitindo a amplificação de sinais elétricos para uma variedade de aplicações. Esses dispositivos são amplamente utilizados em campos que vão desde eletrônica de áudio e comunicações até medições científicas e processamento de sinais (Balbinot; Brusamarello, 2019).

Um amplificador é um dispositivo eletrônico que amplifica um sinal de entrada para produzir um sinal de saída maior. Existem vários tipos de amplificadores, como amplificadores operacionais, amplificadores valvulados e amplificadores transistorizados, cada um com suas próprias características e regras de operação (Teixeira, 2017).

Para utilizar um amplificador, é necessário seguir alguns passos básicos:

1. Escolher o tipo de amplificador adequado para sua aplicação. É importante considerar a finalidade do amplificador e as especificações do dispositivo que recebe o sinal amplificado.
2. Conectar as entradas do amplificador aos sinais de entrada que se deseja amplificar. É importante garantir que as entradas estejam corretamente polarizadas e que os sinais de entrada estejam dentro da faixa de operação do amplificador.
3. Conectar a saída do amplificador ao dispositivo que recebe o sinal amplificado. Este pode ser um alto-falante, um fone de ouvido, um instrumento musical, entre outros.
4. Alimentar o amplificador com uma fonte de energia adequada. É importante verificar as especificações do amplificador para garantir que a fonte de energia seja compatível e que a polaridade esteja correta.
5. Ajustar os controles do amplificador para obter o som desejado. Isso pode incluir ajustar o volume, o ganho, a equalização, entre outros.

Além disso, é importante lembrar que cada tipo de amplificador tem suas próprias características e regras de operação. Portanto, é recomendável ler o manual do amplificador e seguir as instruções do fabricante para garantir um uso adequado e seguro do equipamento (Balbinot; Brusamarello, 2019).

4.1.1 Princípios de funcionamento dos amplificadores

Um amplificador é um dispositivo eletrônico projetado para aumentar a amplitude de um sinal elétrico de entrada, produzindo um sinal de saída amplificado. Em sua forma mais simples, um amplificador consiste em um circuito que utiliza transistores ou outros dispositivos semicondutores para controlar a corrente elétrica entre dois pontos. A relação entre o sinal de entrada e o sinal de saída é quantificada pelo ganho do amplificador, que é a razão entre as amplitudes do sinal de saída e do sinal de entrada (Pallàs-Areny, 2001).

O ganho de um amplificador (A) pode ser expresso matematicamente como:

Equação 4.1

Ganho de um amplificador e ganho de amplificador em dB

$$A = \frac{V_{saída}}{V_{entrada}}$$

$$A(dB) = 20 \cdot \log\left(\frac{V_{saída}}{V_{entrada}}\right)$$

Nessa expressão, $V_{saída}$ é a amplitude do sinal de saída e $V_{entrada}$ é a amplitude do sinal de entrada. Sempre que os valores do ganho A forem grandes, é útil utilizar a expressão do ganho em dB (Doebelin, 2003).

4.1.2 Tipos de amplificadores e suas aplicações

Existem diversos tipos de amplificadores, cada um com características específicas que se adequam a diferentes aplicações (Bolton, 1997). Alguns exemplos incluem:

- **Amplificadores de potência** – Projetados para amplificar sinais de alta potência, são amplamente utilizados em sistemas de áudio, transmissão de rádio e televisão, bem como em sistemas de controle industrial.
- **Amplificadores Operacionais (Amp-Ops)** – Amplificadores de propósito geral com ganho muito alto, são utilizados em circuitos de realimentação, filtros ativos, amplificação de precisão e outros sistemas de processamento de sinais.
- **Amplificadores de RF (radiofrequência)** – Projetados para amplificar sinais de radiofrequência, são aplicados em sistemas de comunicação sem fio, como rádio, televisão, telefonia móvel e redes *Wi-Fi*.
- **Amplificadores de instrumentação** – Utilizados para amplificar sinais de baixa amplitude e alta

precisão, são comuns em equipamentos de medição e sensores.

Ao utilizar amplificadores em sistemas eletrônicos, é fundamental considerar diversos aspectos, como faixa de frequência, ganho, estabilidade, linearidade e rejeição de ruído. O projeto de amplificadores envolve a seleção adequada de componentes, configuração de realimentação e técnicas de compensação para atender às especificações desejadas. A figura a seguir mostra alguns exemplos de amplificadores.

Figura 4.1 – Exemplos de (a) amplificador de potência, (b) amplificador operacional, (c) amplificador de RF, (d) amplificador de instrumentação

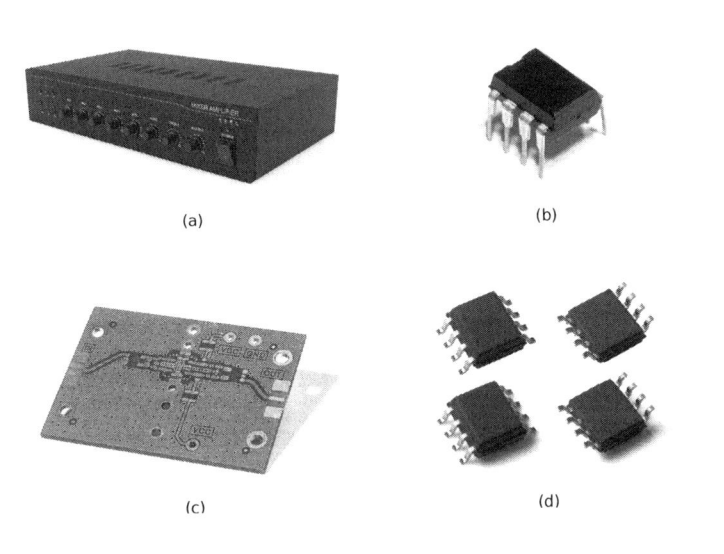

(a)

(b)

(c)

(d)

doomu; Pesique; Audrius Merfeldas e Dmitry S. Gordienko/Shutterstock

4.2 Amplificador operacional (Amp-Op)

O Amp-Op é um dispositivo eletrônico que opera como um amplificador de alto ganho, projetado para amplificar a diferença de potencial entre suas entradas. Ele é tipicamente composto por vários transistores e componentes eletrônicos que permitem amplificar um sinal de entrada em uma proporção específica para produzir um sinal de saída amplificado.

As características distintivas do Amp-Op incluem um alto ganho de tensão, elevada impedância de entrada e baixa impedância de saída (Alexander; Sadiku, 2000).

O Amp-Op é representado por um símbolo icônico que consiste em um triângulo invertido com entradas (+) e (−) e uma saída (Figura 4.2).

Figura 4.2 – Representação de um Amp-Op ideal

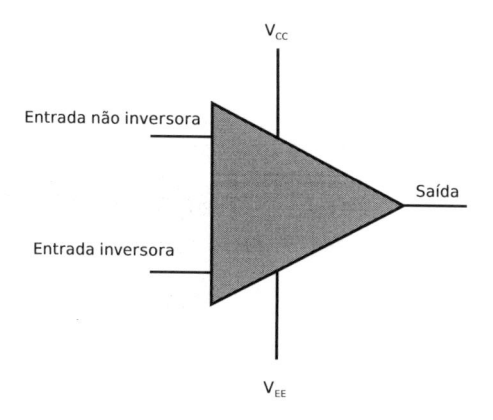

O sinal de entrada é aplicado entre as entradas (+) e (–), ao passo que o sinal amplificado é gerado na saída. A alta impedância de entrada permite que o Amp-Op tenha um efeito mínimo no circuito ao qual está conectado, e a baixa impedância de saída garante que ele possa fornecer um sinal amplificado sem grande perda de energia (Doebelin, 2003).

O Amp-Op apresenta duas terminações para suprir o circuito interno do dispositivo, conhecidas como V_{cc} e V_{ee}. Essas entradas também estabelecem os extremos da faixa de tensão da saída. Isso significa que a variação da tensão de saída fica restrita entre V_{ee} e V_{cc}, em que V_{ee} representa o valor mínimo e V_{cc}, o valor máximo. Nesse contexto, V_{cc} representa uma tensão positiva, e V_{ee} assume um valor negativo.

É essencial reiterar a necessidade de um ponto de referência (terra), um elemento presente em todo circuito. Além disso, as tensões (tanto de entrada quanto de saída) são medidas em relação a esse ponto de referência (Alexander; Sadiku, 2000; Doebelin, 2003).

O Amp-Op pode operar em diferentes modos, dependendo da configuração dos terminais de entrada e saída (Noltingk, 1985). Os modos mais comuns são os seguintes:

- **Amplificação de tensão** – O Amp-Op amplifica a diferença de tensão entre as entradas (+) e (–) por um fator determinado pelo ganho do Amp-Op.

- **Amplificação de corrente** – O Amp-Op amplifica a corrente de entrada, convertendo-a em uma tensão de saída.
- **Seguidor de tensão** – O Amp-Op opera como um seguidor de tensão, em que a tensão de saída é igual à tensão de entrada.

O Amp-Op é usado em uma variedade de aplicações, como as seguintes:

- **Amplificação de sinais** – Ele é amplamente empregado para aumentar a amplitude de sinais fracos, como em circuitos de áudio.
- **Filtros ativos** – É utilizado na implementação de filtros de frequência, que são cruciais em sistemas de comunicação e processamento de sinais.
- **Comparadores** – Pode ser usado como um comparador para verificar se um sinal é maior ou menor do que um valor de referência.
- **Geradores de onda** – Pode ser utilizado para gerar diferentes tipos de formas de onda, como ondas senoidais, quadradas ou triangulares.

O cálculo do ganho em um Amp-Op ideal é dado pela Equação 4.2:

Equação 4.2

Cálculo do ganho em um Amp-Op

$$V_{saída} = A \cdot (V_{e+} - V_{e-})$$

Nessa expressão, V_{e+} é o valor da tensão de entrada não inversora e V_{e-} é o valor de tensão de entrada inversora, respectivamente em Volts [V]. Definido de maneira invariável, o fator A permanecerá positivo, e toda vez que a diferença entre V_1 e V_2 for negativa, a tensão de saída resultará em sinal negativo, ou vice-versa (Teixeira, 2017).

4.3 Amplificadores inversos e não inversos

Um amplificador inversor típico consiste em um Amp-Op conectado de maneira específica. Sua configuração básica envolve uma entrada não inversora (+) e uma entrada inversora (−), juntamente a uma entrada de realimentação.

O sinal de entrada é aplicado à entrada inversora, e a entrada não inversora é conectada a um ponto de referência, geralmente o terminal terra (Teixeira, 2017; Vuolo, 1992). Isso cria uma diferença de potencial entre as duas entradas, conforme a Figura 4.3.

Nesse circuito, a relação entre as tensões de saída e entrada é a seguinte:

Equação 4.3

Relação das tensões pela resistência em um amplificador inversor

$$\frac{V_{saída}}{V_{entrada}} = -\frac{R_2}{R_1}$$

A designação *inversor* é atribuída à característica singular de que a polaridade da tensão resultante é contrária àquela da tensão de entrada, como observado na Equação 4.3. A impedância de entrada do amplificador inversor ilustrado na Figura 4.3 é R_1, uma vez que, em uma análise idealizada, o "terra virtual" está no ponto inversor do Am-Op (Bolton, 1997; Teixeira, 2017).

Figura 4.3 – Configuração de um Amp-Op

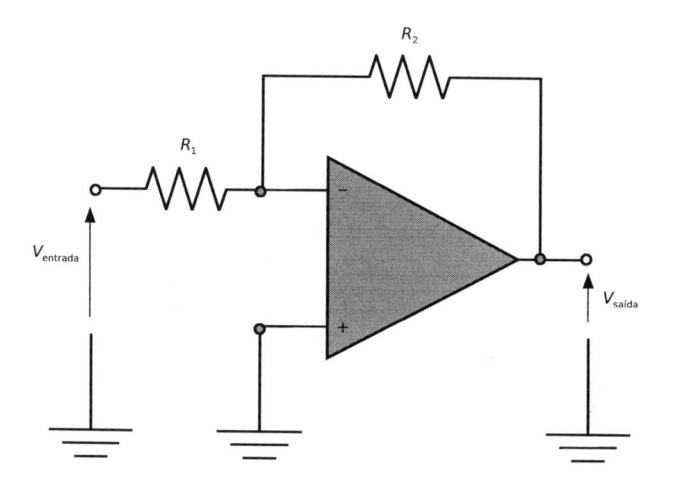

Fazendo a análise de um circuito não inversor em condições ideais, a equação anterior pode ser escrita como:

Equação 4.4

Cálculo da tensão de entrada e saída com mesma polaridade

$$V_{saída} = \left(\frac{R_2}{R_1} + 1\right) \cdot V_{entrada}$$

As disposições inversora e não inversora têm ampla aplicação na realização de tarefas elementares, como a soma de sinais, conforme ilustrado na Figura 4.4, a seguir.

Figura 4.4 – Representação de um somador não inversor

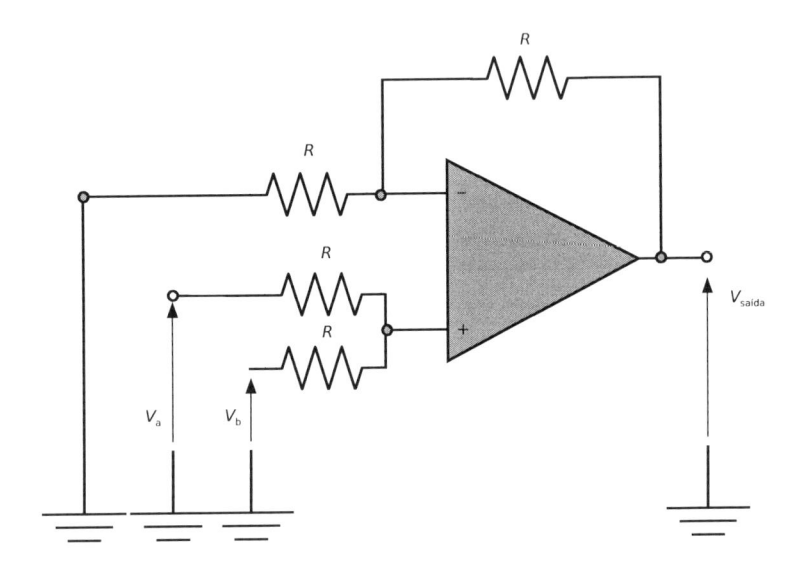

No contexto específico de um somador, a relação entre as tensões de entrada e saída é expressa da seguinte forma: $V_{saída} = V_a + V_b$.

Se inserirmos um capacitor na representação de configuração inversora, passamos a tratar o modelo como a de um circuito diferenciador ou integrador, como mostrado na Figura 4.5, a seguir.

Figura 4.5 – Exemplos de (a) amplificador diferenciador e (b) amplificador integrador

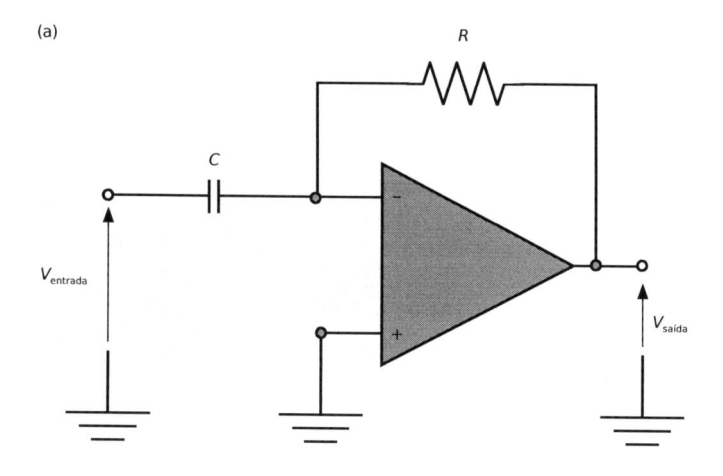

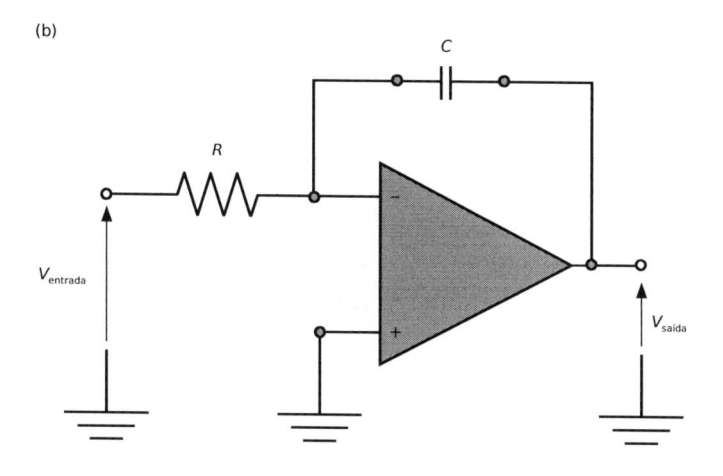

Para o circuito que representa o amplificador diferenciador, na Figura 4.5, item (a), a tensão de saída é dada como indicado na Equação 4.5.

Uma atenção é necessária para esse tipo de circuito, uma vez que os ruídos de alta frequência são amplificados em circuitos diferenciadores (Teixeira, 2017).

Equação 4.5

Cálculo da tensão de saída de um amplificador diferenciador

$$V_{saída} = -R \cdot C \cdot \frac{dV_{entrada}}{dt}$$

Para o circuito que representa um amplificador integrador, na Figura 4.5, item (b), a tensão de saída é dada pela Equação 4.6.

Equação 4.6

Cálculo da tensão de saída de um amplificador integrador

$$V_{saída} = -\frac{1}{R \cdot C} \int_{-\infty}^{t} V_{entrada} dt$$

Para circuitos que apresentam essa configuração, o amplificador opera atenuando o sinal de entrada para frequências mais altas e, assim, passa a atuar como um **filtro passa-baixas**. O circuito integrador é útil para acumular e somar as variações lentas de um sinal de entrada no decorrer do tempo, proporcionando uma saída que reflete a área sob a curva da tensão de entrada (Soloman, 2012).

Uma particularidade dos amplificadores inversores e não inversores reside no fato de que o sinal de entrada representa uma tensão em relação ao terminal terra. Todavia, em cenários de instrumentação, é frequente que a tensão a ser amplificada seja uma tensão diferencial. Isso ocorre, por exemplo, na saída de uma ponte de Wheatstone, na qual nenhum dos terminais de saída da ponte está conectado ao referencial de terra (Balbinot; Brusamarello, 2019; Bolton, 1997; Teixeira, 2017).

4.4 Amplificador diferencial

O amplificador diferencial é um dispositivo eletrônico projetado para amplificar a diferença entre dois sinais de entrada. Ele se destaca por sua capacidade de rejeitar sinais em comum (ruídos com a mesma amplitude em ambas as entradas) enquanto amplifica sinais diferenciais, resultando em maior imunidade a interferências e maior precisão na amplificação (Aguirre, 2013).

O amplificador diferencial é comumente construído com transistores bipolares ou **MOSFETs**, proporcionando uma gama de aplicações versáteis. Normalmente V_1 e V_2 não estão conectados ao terra, conforme mostra a Figura 4.6.

> **Atenção às medidas!**
>
> Os MOSFETs (do inglês, *Metal-Oxide-Semiconductor Field-Effect Transistors*, em português, Transistores de Efeito de Campo Metal-Oxide-Semiconductor) representam uma classe importante de dispositivos semicondutores amplamente empregados na eletrônica moderna.

Figura 4.6 – Circuito de um amplificador diferencial

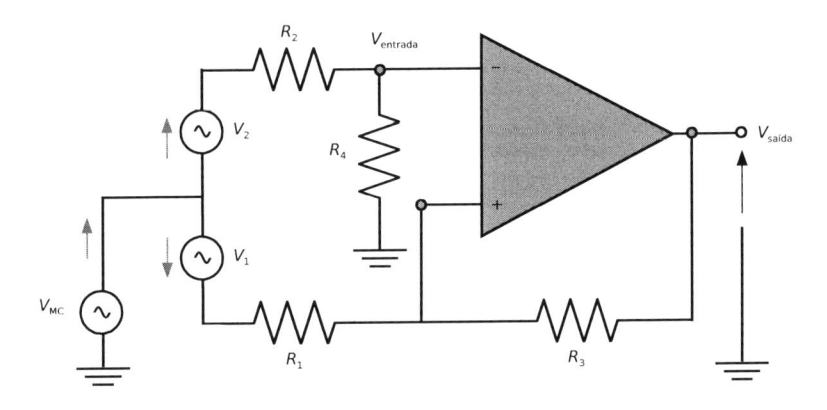

A tensão V_{mc} representa a componente em **modo comum**, que se sobrepõe às tensões V_1 e V_2. Normalmente, o que se busca medir é a diferença entre essas tensões, ou seja, $V_2 - V_1$ (Noltingk, 1985; Teixeira, 2017).

Usando as Equações 4.3 e 4.4 e assumindo um comportamento linear dos parâmetros, é possível encontrar uma expressão para as tensões de entrada e saída de um amplificador diferencial, conforme as Equações 4.7 e 4.8:

Equação 4.7

Tensão de entrada para um amplificador diferencial

$$V_{entrada} = \left(\frac{R_4}{R_2 + R_4}\right) \cdot \left(V_{MC} + V_2\right)$$

Equação 4.8

Tensão de saída para um amplificador diferencial

$$V_{saída} = -\frac{R_3}{R_1}\left(V_{MC} + V_1\right) + \left(\frac{R_3}{R_1} + 1\right) \cdot V_{entrada}$$

Fazendo a substituição da Equação 4.6 na Equação 4.7, e após alguns algebrismos, temos que $\frac{R_4}{R_2} = \frac{R_3}{R_1}$, e a tensão de saída passa a ser definida como indicado na Equação 4.9:

Equação 4.9

Tensão resultante na saída do amplificador diferencial

$$V_{saída} = \frac{R_3}{R_1} \cdot \left(V_2 - V_1\right)$$

De maneira mais precisa, a saída do amplificador diferencial se manifesta como uma tensão diretamente proporcional à discrepância entre as tensões de entrada. O coeficiente de proporcionalidade é o ganho intrínseco do amplificador, que, nesse contexto, é expresso como R_3/R_1. Assim, para empregar a Equação 4.8, é convencional adotar $R_1 = R_2$ e $R_3 = R_4$, o que implica que R_1 e R_2

devem englobar a resistência de saída proveniente da fonte do sinal responsável por gerar a diferença entre V_2 e V_1 (Sydenham, 1983).

A Equação 4.8 é formulada considerando a hipótese de que os canais de entrada do amplificador diferencial apresentam ganhos precisamente iguais. Entretanto, na prática, a obtenção de ganhos idênticos não é sempre viável. Portanto, é imperativo dispor de uma medida que quantifique a discrepância entre os ganhos dos canais de entrada do amplificador diferencial (Aguirre, 2013; Alexander; Sadiku, 2000; Teixeira, 2017).

A igualdade desses ganhos é descrita pela taxa de rejeição de modo comum (CMRR, do termo em inglês *common-mode rejection ratio*), que pode ser expressa pela Equação 4.10:

Equação 4.10

Cálculo da taxa de rejeição de modo comum (CMRR)

$$CMRR = \frac{A_d}{A_c}$$

Nessa expressão, $A_d = V_{saída}/V_d$ é o ganho de tensão do amplificador para sinais diferenciais, $A_C = \frac{V_{saída}}{V_c}$ é o ganho de tensão do amplificador para sinais de **modo comum**, assumindo que $V_d = V_{e+} - V_{e-}$ e, ainda, $V_C = V_{e+} - V_{e-}$ são, respectivamente, as tensões diferencial e de **modo comum** de entrada no amplificador diferencial (Doebelin, 2003). Em unidades decibéis [dB], CMRR é expresso como:

Equação 4.11

Cálculo da taxa de rejeição de modo comum em dB

$$CMRR = 20 \cdot \log\left(\frac{A_d}{A_c}\right)$$

O ganho efetivo do amplificador diferencial é influenciado tanto pela diferença quanto pela soma dos sinais de entrada. Isso significa que a saída do amplificador diferencial pode ser descrita de modo mais abrangente utilizando uma expressão matemática que leva em consideração esses dois componentes (Teixeira, 2017). Essa relação pode ser apresentada na forma da seguinte equação:

Equação 4.12

Cálculo da tensão de saída como função da diferença e da soma dos sinais de entrada

$$V_{saída} = A_d \cdot \left(V_{e+} - V_{e-}\right) + \frac{A_c}{2} \cdot \left(V_{e+} + V_{e-}\right) = A_d \cdot V_d + A_c \cdot V_c$$

Nessa equação, $V_{saída}$ é a tensão de saída do amplificador diferencial, A_d é o ganho diferencial do amplificador, A_c é o ganho em modo comum, V_{e+} é a tensão de entrada positiva e V_{e-} é a tensão de entrada negativa (Teixeira, 2017).

Essa expressão evidencia como o ganho real do amplificador diferencial é influenciado pela diferença e pela soma das tensões de entrada. O termo $A_d \cdot (V_{e+} - V_{e-})$ reflete o ganho associado à diferença entre as tensões de entrada, ao passo que o termo $\dfrac{A_c}{2} \cdot (V_{e+} + V_{e-})$ considera o ganho relacionado à soma das tensões de entrada. Portanto, o amplificador diferencial atua como um dispositivo que combina esses dois componentes para produzir a saída desejada com a devida amplificação e considerando ambos os modos de entrada (Noltingk, 1985).

Vejamos um exemplo de aplicação de um amplificador diferencial.

Medições amostrais

Considere um sinal de entrada de modo comum de 1 V produzindo saída no terminal do amplificador diferencial de 0,05 V. Usando a relação $A_d = \dfrac{V_{saída}}{V_d}$, tem-se $A_d = \dfrac{0,05}{1} = 0,05$. Agora, considere um sinal diferencial de 0,1 V com saída de 10 V. Usando a relação $A_C = \dfrac{V_{saída}}{V_c}$, tem-se $A_C = \dfrac{10}{0,1} = 100$.

Usando a Equação 4.9, temos $CMRR = \dfrac{100}{0,05} = 2000$.

Vimos que, conforme a Equação 4.10, o CMRR normalmente pode ser expresso em dB. No entanto, pela propriedade de logaritmos, uma divisão torna-se uma subtração, de modo que os ganhos podem ser expressos em dB, desta forma:

$CMRR_{dB} = A_c - A_d = 100 - 0,05 = 99,95$ dB.

Outro exemplo prático de aplicação de um amplificador diferencial em um ambiente de laboratório é a medição precisa de pequenas diferenças de tensão em circuitos experimentais ou na caracterização de sensores de baixo sinal, como sensores de temperatura ou pressão.

Imagine um experimento de laboratório em que se deseja medir com precisão uma pequena variação de temperatura em um dispositivo sensível. Nesse cenário, um amplificador diferencial é usado para amplificar a diferença de tensão gerada pelo sensor de temperatura em resposta às mudanças de temperatura. O sensor de temperatura gera um sinal muito fraco, que é proporcional à variação de temperatura. Esse sinal é, então, aplicado aos terminais de entrada de um amplificador diferencial.

O amplificador diferencial amplifica a diferença de tensão entre os terminais de entrada, rejeitando o ruído e as interferências comuns que podem afetar ambos os terminais de entrada igualmente. Isso resulta em uma saída amplificada que é altamente sensível às variações de temperatura, permitindo medições precisas.

4.5 Amplificador de instrumentação

O amplificador de instrumentação é uma configuração especializada de Amp-Ops utilizada em diversas aplicações que requerem alta precisão e sensibilidade na amplificação de sinais. Sua concepção visa superar algumas limitações inerentes aos amplificadores diferenciais convencionais, como a questão da impedância de entrada e a rejeição de sinais de modo comum (Balbinot; Brusamarello, 2019).

Uma das características notáveis que frequentemente se encontra em amplificadores diferenciais é sua impedância de entrada, que é influenciada pela configuração dos resistores conectados ao Amp-Op (Bolton, 1997). Entretanto, essa impedância pode não ser apropriada para aplicações em que se deseja minimizar o efeito da carga sobre o sinal de entrada. Para contornar essa limitação, uma abordagem comumente empregada é a criação de um circuito denominado *amplificador de instrumentação*, o qual consiste na conexão de dois Amp-Ops adicionais na entrada do Amp-Op principal (Aguirre, 2013).

Ao implementar esse arranjo, os Amp-Ops adicionais servem para prover uma alta impedância de entrada, assegurando que o sinal de entrada seja minimamente afetado. Essa configuração permite que o amplificador de instrumentação alcance uma sensibilidade significativamente maior, tornando-o adequado para aplicações que envolvem sinais de baixa amplitude (Teixeira, 2017).

Uma vantagem adicional desse tipo de amplificador é sua capacidade de utilizar um projeto adequado para que o resistor de ganho (R_G) atue como um componente de controle de ganho. Com isso, é possível ajustar e otimizar o ganho do circuito conforme necessário. Além disso, o projeto do amplificador de instrumentação é capaz de eliminar ou reduzir os efeitos de sinais de modo comum, já que um sinal idêntico presente nas duas entradas resulta em uma corrente nula no resistor de ganho (Balbinot; Brusamarello, 2019).

Existem duas formas de configuração para o amplificador de instrumentação, ambas derivadas uma da outra (Teixeira, 2017). A Figura 4.7 mostra um esquema de um amplificador de instrumentação.

Figura 4.7 – Circuito de um amplificador de instrumentação

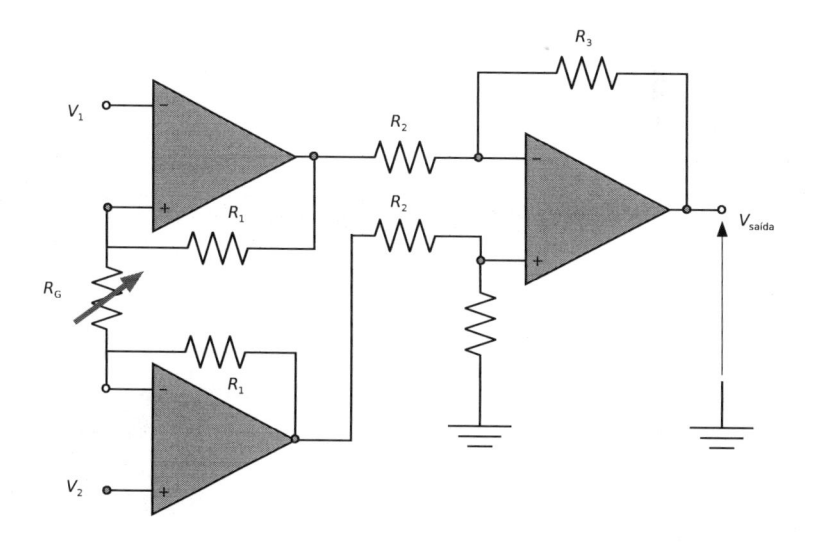

A equação que descreve a tensão de saída ($V_{saída}$) de um amplificador de instrumentação que utiliza um resistor do tipo R_G para controlar o ganho do circuito, com três resistores (R) conectados em série e um sinal diferencial em Volts [V] aplicado à entrada, conforme mostra a Figura 4.7, pode ser representada da seguinte forma:

Equação 4.13

Relação entre a entrada e a
saída do amplificador de instrumentação

$$V_{saída} = \frac{R_3}{R_2} \cdot \left(1 + \frac{2R_1}{R_G}\right) \cdot (V_2 - V_1)$$

Nessa expressão, V_1 e V_2 são as tensões de entrada nos terminais não inversor e inversor do amplificador, respectivamente. Os resistores R representam os três resistores conectados em série e R_G é o valor do resistor de ganho que determina o ganho total do circuito (Balbinot; Brusamarello, 2019).

É importante notar que essa é uma equação simplificada que descreve o funcionamento básico do amplificador de instrumentação. Em implementações reais, outros fatores, como resistências internas, características dos amplificadores operacionais e componentes adicionais, podem afetar o desempenho e a precisão do circuito (Sydenham, 1983).

4.6 Amplificador síncrono

Os amplificadores síncronos, também conhecidos como *amplificadores bloqueadores de sinal*, *amplificadores sensíveis à fase*, *amplificadores coerentes*, ou, simplesmente, *detectores ou amplificadores lock-in*, são dispositivos fundamentais na área da eletrônica e das comunicações. Esses amplificadores desempenham um papel crucial em aplicações que envolvem a amplificação de sinais de alta frequência com precisão e eficiência (Alexander; Sadiku, 2000).

Sua aplicação básica é "detectar" um sinal de largura de faixa em uma frequência conhecida (f_o) e transportá-lo a uma frequência zero. Então, é possível usar filtros passa-baixas com altos fatores de qualidade, mais altos que os de **filtros passa-faixas** de mesma ordem (Aguirre, 2013).

Na medida

Filtros passa-faixas – São dispositivos utilizados em sistemas de processamento de sinais para permitir a passagem de frequências em determinada faixa de valores enquanto atenuam ou bloqueiam as frequências fora dessa faixa. Esses filtros são projetados para serem seletivos em relação à frequência, passando apenas os sinais que estejam dentro de uma banda específica de frequência, conhecida como *banda passante*, enquanto rejeitam as frequências abaixo e acima dessa faixa. O princípio de funcionamento dos filtros passa-faixas baseia-se na combinação de componentes reativos, como capacitores e indutores, para criar um circuito que ofereça uma resposta de frequência desejada. Esses filtros encontram ampla aplicação em diversas áreas, incluindo telecomunicações, processamento de áudio, processamento de imagens, entre outros, em que é necessário isolar ou extrair sinais em uma faixa específica de frequência.

Com relação ao princípio de funcionamento, o amplificador síncrono baseia-se na utilização de osciladores controlados para modular a amplificação de sinais. O sinal de entrada é multiplicado por um sinal de referência, normalmente proveniente de um oscilador local, em um misturador ou multiplicador. Esse processo resulta em duas componentes: uma frequência somada e uma frequência subtraída. A componente de interesse, que corresponde à frequência somada ou subtraída do sinal original, é selecionada e amplificada. A modulação síncrona entre o sinal de entrada e o sinal de referência permite uma amplificação precisa e seletiva da frequência desejada (MacDonald, 2006; Pallàs-Areny, 2001).

A tensão de saída ($V_{saída}$) de um amplificador síncrono pode ser expressa pela equação indicada a seguir:

Equação 4.14

Tensão de saída em [V] em um amplificador síncrono

$$V_{saída} = A \cdot V_{entrada} \cdot \cos(2 \cdot \pi \cdot f_{RF} \cdot t +)$$

Nessa expressão, A é o ganho de amplificação do dispositivo, $V_{entrada}$ é a amplitude do sinal de entrada em Volts [V], f_{RF} é a frequência da portadora de referência, em Hertz [Hz], t é o tempo em segundos [s] e Φ é a fase entre o sinal de entrada e o sinal de referência.

Os amplificadores síncronos apresentam várias vantagens em relação a outros tipos de amplificadores, como amplificadores operacionais e amplificadores de potência (Teixeira, 2017). Algumas dessas vantagens incluem:

1. alta precisão e baixo ruído;
2. baixa distração harmônica;
3. alta eficiência energética;
4. capacidade de amplificar sinais de baixa frequência com alta precisão.

4.7 Amplificadores bloqueadores de sinal

Os amplificadores bloqueadores de sinal, também conhecidos como *jammers*, são dispositivos que têm a capacidade de bloquear ou interferir em sinais de comunicação, como sinais de rádio, televisão, telefonia celular, entre outros. Esses dispositivos são ilegais em muitos países, incluindo o Brasil, e podem causar interferências em serviços de emergência, como socorros e bombeiros, além de prejudicar a qualidade dos serviços de telecomunicações (Thompson; Taylor, 2008).

É importante destacar que os amplificadores bloqueadores de sinal não devem ser confundidos com amplificadores de sinal, que são dispositivos que amplificam sinais de comunicação para melhorar a qualidade do sinal recebido. Amplificadores de sinal são amplamente utilizados em antenas de televisão, rádio e celular para melhorar a qualidade do sinal recebido (Noltingk, 1985).

Os amplificadores bloqueadores de sinal são ilegais porque interferem em serviços de telecomunicações regulamentados pelo governo e podem prejudicar a segurança pública. Além disso, esses dispositivos podem ser perigosos, pois podem causar interferência em equipamentos médicos e de segurança, como marca-passos e sistemas de alarme (Sydenham, 1983).

Exercícios resolvidos

1. Em um Amp-Op ideal, quando dois sinais da mesma amplitude, frequência e fase são aplicados às entradas inversora e não inversora, eles devem se cancelar e nenhuma saída deve ocorrer. Nesse contexto, complete as lacunas a seguir:
Para isso acontecer, os canais de entrada do Amp-Op deveriam ter exatamente o mesmo ganho. Na prática, porém, não é possível obter ganhos idênticos. A medida do desequilíbrio entre os ganhos de entradas dos Amp-Ops é a _____ (_____).

Quanto maior for a _____ de um Amp-Op, _____ será a taxa de rejeição da parcela de tensão de modo comum na saída.

Agora, assinale a alternativa que apresenta a resposta correta:

a) taxa de amplificação de modo comum; CMAR; CMAR; melhor.
b) taxa de rejeição de modo comum; CMRR; CMRR; pior.
c) taxa de amplificação de modo comum; CMAR; CMAR; pior.
d) taxa de rejeição de modo comum; CMRR; CMRR; melhor.
e) taxa de rejeição de modo comum; CMRR; tensão; melhor.

Solução:
A alternativa correta é a letra *b*.

2. Um Amp-Op é configurado como amplificador inversor, com resistência de entrada $R_{entrada} = 10\ k\Omega$ e resistência de referência $R_f = 20\ k\Omega$. Calcule o ganho de tensão (A) desse amplificador inversor. Suponha que uma tensão de entrada ($V_{entrada}$) de 2 V seja aplicada à entrada não inversora do Amp-Op. Calcule a razão das tensões ($V_{saída} / V_{entrada}$) para esse amplificador inversor.

Solução:
O ganho de tensão (A) para um amplificador inversor é dado pela relação entre as resistências de referência e de entrada:

$$A = -R_{referência}/R_{entrada}$$

Substituindo os valores das resistências, teremos:

$$A = -20\ k\Omega/10\ k\Omega = -2$$

A razão das tensões ($V_{saída}$ / $V_{entrada}$) também é igual ao ganho de tensão (A) para um amplificador inversor:

$$V_{saída}/V_{entrada} = A = -2$$

Portanto, a razão das tensões para esse amplificador inversor é –2. Isso significa que a tensão de saída é o dobro (com sinal negativo) da tensão de entrada.

3. Um amplificador diferencial é projetado com uma constante de tempo (RC) de 1 ms e uma resistência de entrada (R) de 10 kΩ. Se uma variação na entrada ($dV_{entrada}$) de 2 V ocorre em um intervalo de 0,5 ms, calcule a tensão de saída ($V_{saída}$).

Solução:

Dado que:
R = 10 kΩ
RC = 1 ms
$dV_{entrada}$ = 2 V
dt = 0,5 ms = 0,0005 s

Substituindo esses valores na Equação 4.5, resulta em:
$V_{saída} = -(10\ k\Omega) \cdot (0,001\ s) \cdot (2\ V/0,0005\ s)$
$V_{saída} = -40\ V$

4. Um amplificador de instrumentação é projetado com resistências $R_1 = 5\ k\Omega$, $R_2 = 10\ k\Omega$, $R_3 = 15\ k\Omega$ e uma tensão diferencial de entrada ($V_2 - V_1$) de 2 V. A tensão

de saída ($V_{saída}$) é medida como 10 V. Utilizando a equação para a tensão de saída de amplificadores de instrumentação, calcule a resistência de ganho (R_G) do amplificador.

Solução:

Dado que:

$R_1 = 5\ k\Omega$

$R_2 = 10\ k\Omega$

$R_3 = 15\ k\Omega$

$V_{saída} = 10\ V$

$V_2 - V_1 = 2\ V$

Usando a Equação 4.12, rearranjamos a equação para isolar R_G, de modo que:

$$\frac{R_3}{R_2} \cdot \left(1 + \frac{2R_1}{R_G}\right) = \frac{V_{saída}}{(V_2 - V_1)}$$

$$1 + \frac{2R_1}{R_G} = \frac{R_2}{R_3} \cdot \frac{V_{saída}}{(V_2 - V_1)}$$

$$\frac{2R_1}{R_G} = \frac{R_2}{R_3} \cdot \frac{V_{saída}}{(V_2 - V_1)} - 1$$

$$\frac{R_G}{2R_1} = \frac{1}{\left(\frac{V_{saída}}{(V_2 - V_1)} \cdot \frac{R_2}{R_3} - 1\right)}$$

$$\frac{R_G}{(2) \cdot (5\ k\Omega)} = \frac{1}{\left(\frac{10\ V}{(2\ V)} \cdot \frac{10\ k\Omega}{15\ k\Omega} - 1\right)}$$

$$\frac{R_G}{10\ k\Omega} = \frac{1}{\left(\frac{10}{2} \cdot \frac{10}{15} - 1\right)}$$

$$R_G = 10\,k\Omega \cdot \frac{15}{5}$$
$$R_G = 30\,k\Omega$$

Ampliando as medições

Consulte os *sites* e materiais indicados a seguir para saber mais sobre o conteúdo apresentado neste capítulo:

ELECTRONICS Tutorials. Disponível em: <https://www.electronics-tutorials.ws>. Acesso em: 5 jul. 2024.

KHAN Academy. **Electrical Engineering**. Disponível em: <https://www.khanacademy.org/science/electrical-engineering>. Acesso em: 5 jul. 2024.

REDDIT. **r/Electronics**. Disponível em: <https://www.reddit.com/r/electronics>. Acesso em: 5 jul. 2024.

SEABRA, A. C. **Eletrônica Aplicada – Aula 08 – Amplificadores**. Univesp – Universidade Virtual do Estado de São Paulo, 14 out. 2016. Disponível em: <https://www.youtube.com/watch?v=dc0bCNTkp74>. Acesso em: 5 jul. 2024.

Resumo das medições

O quadro a seguir sintetiza os principais assuntos tratados neste capítulo.

Quadro 4.1 – Quadro-resumo

Os amplificadores são dispositivos eletrônicos essenciais que amplificam sinais elétricos para uma variedade de aplicações. Amplamente utilizados em eletrônica, telecomunicações, áudio, instrumentação e outras áreas, eles operam com base em princípios de eletrônica e utilizam componentes como transistores, resistores e capacitores para aumentar o sinal de entrada. Existem vários tipos de amplificadores, cada um projetado para atender a requisitos específicos de aplicação.	
Amplificador operacional (Amp-Op)	É universal e altamente utilizado em razão de seu alto ganho de tensão, alta impedância de entrada e baixa impedância de saída. Encontrado em circuitos de processamento de sinais, instrumentação e controle, é extremamente versátil.
Amplificadores inversos e não inversos	São projetados para amplificar sinais de entrada, invertendo ou não uma fase do sinal. São comumente usados em aplicações de áudio, como amplificadores de som e amplificadores de potência.

(continua)

(Quadro 4.1 – conclusão)

Amplificador diferencial	Amplifica a diferença de tensão entre duas entradas e é amplamente utilizado em aplicações de comunicação e processamento de sinais, como moduladores e demoduladores.
Amplificador de instrumentação	É projetado para amplificar sinais de baixa amplitude e alta precisão, sendo comumente utilizado em aplicações de medição e instrumentação, como sensores e transdutores.
Amplificador síncrono	Utiliza um sinal de referência para sincronizar a amplificação do sinal de entrada, sendo ideal para aplicações que exigem alta precisão e baixo ruído, como em instrumentação, comunicação e processamento de sinais.
Amplificadores bloqueadores de sinal	Conhecidos como *jammers*, interferem em sinais de comunicação, como rádio, televisão e telefone celular, e são proibidos em muitos países, pois há riscos de interferência em serviços essenciais.

Testes instrumentais

1) Explique sucintamente o princípio de funcionamento de amplificadores. Como eles conseguem amplificar sinais elétricos sem distorcê-los? Quais são os principais parâmetros que definem o comportamento

de um amplificador e como eles influenciam em sua operação?

2) Descreva brevemente dois tipos de amplificadores e suas aplicações específicas. Como esses amplificadores diferem em termos de configuração, princípios de funcionamento e vantagens em relação a outras soluções de amplificação?

3) Qual das seguintes afirmações sobre Amp-Ops está correta?
   a) Um Amp-Op tem apenas uma entrada.
   b) O ganho de um Amp-Op não pode ser ajustado.
   c) Amp-Ops são frequentemente usados para operações de amplificação, integração e diferenciação de sinais.
   d) Amp-Ops têm uma impedância de entrada baixa e uma impedância de saída alta.

4) Qual das seguintes afirmações é verdadeira em relação aos amplificadores inverso e não inverso?
   a) Amplificadores inversos não têm ganho de tensão.
   b) Amplificadores não inversos têm sempre um ganho menor do que 1.
   c) Amplificadores inversos têm um ganho de tensão positivo, e amplificadores não inversos têm um ganho de tensão negativo.
   d) Amplificadores inversos invertem a fase do sinal de saída em relação ao sinal de entrada, e amplificadores não inversos mantêm a fase.

5) Indique se as seguintes afirmações sobre amplificadores diferenciais são verdadeiras (V) ou falsas (F).

( ) Um amplificador diferencial amplifica a diferença entre duas entradas, rejeitando sinais de modo comum.

( ) Amplificadores diferenciais têm apenas uma entrada e uma saída.

( ) A rejeição de modo comum é uma característica indesejada em amplificadores diferenciais.

( ) Amplificadores diferenciais são comumente usados em aplicações onde a rejeição de modo comum é importante, como em sistemas de medição de sensores.

Agora, assinale a alternativa que apresenta a sequência correta:

a) V, F, F, V.
b) V, V, V, V.
c) F, F, F, F.
d) F, V, V, F.

Ampliando o raciocínio

1) Imagine que você está projetando um sistema de monitoramento de sinais biológicos, como eletrocardiograma (ECG) ou eletroencefalograma (EEG), em um ambiente hospitalar. Um dos desafios é adquirir esses sinais de modo preciso e livre de interferências, garantindo a qualidade das medições. Nesse contexto, como os amplificadores de instrumentação poderiam desempenhar um papel fundamental na melhoria da qualidade dos sinais adquiridos?

2) Imagine que você está projetando um sistema de aquisição de dados para medir a intensidade de luz em um ambiente externo que varia no decorrer do dia. As variações de luz podem ser rápidas e ocorrer em uma frequência específica. Nesse contexto, como os amplificadores síncronos podem ser úteis para melhorar a precisão e a sensibilidade das medições de intensidade de luz?

Conversores D/A e A/D, sensores e atuadores inteligentes

5

Conteúdos do capítulo:

- Conversores D/A.
- Sinais digitais e suas características.
- Sinais analógicos e suas características.
- Conversores A/D e sua aplicação.
- Atuadores inteligentes.
- Tipos de atuadores inteligentes.
- Operacionalização de atuadores inteligentes, conversores A/D e D/A e sensores.

Após o estudo deste capítulo, você será capaz de:

1. distinguir a aplicabilidade de conversores D/A e A/D;
2. classificar sinais digitais e sinais analógicos;
3. reconhecer as principais características de sinais digitais e analógicos;
4. delimitar valores de entrada e de referência para conversores;
5. aplicar modelagem matemática em conversores A/D;
6. saber escolher o conversor adequado para medidas;
7. diferenciar os atuadores inteligentes de atenuadores;
8. saber configurar a mensurabilidade de um fenômeno por tais dispositivos.

Os conteúdos abordados neste capítulo oferecem uma compreensão abrangente sobre a conversão de sinais digitais para analógicos e vice-versa, bem como o funcionamento e a aplicação de atuadores inteligentes. Após o estudo desses temas, será possível distinguir a aplicabilidade dos conversores D/A e A/D, classificar sinais digitais e analógicos, reconhecer suas principais características e delimitar valores de entrada e referência para os conversores. Além disso, será possível aplicar modelagem matemática em conversores A/D, escolher o conversor adequado para suas medidas e diferenciar os atuadores inteligentes de atenuadores. Desenvolvendo essas habilidades, você estará preparado para a operacionalização eficaz de dispositivos de medição e controle. Ao abordar o próximo tópico a respeito dos conversores D/A, podemos aprofundar nosso entendimento sobre como esses dispositivos realizam a conversão precisa de sinais digitais em informações analógicas, fornecendo uma base sólida para o desenvolvimento e a aplicação de sistemas de controle e automação.

5.1 O que são conversores D/A?

O conversor digital-analógico (D/A) é componente fundamental em uma variedade de aplicações que demandam a conversão precisa e flexível de sinais digitais em informações analógicas (National, 1994).

Nesse contexto, um sinal digital, representado por uma palavra composta por "n" *bits*, é inserido no conversor D/A, que posteriormente emite um sinal analógico em forma de tensão ou corrente. Cada código de entrada é meticulosamente mapeado para um valor de tensão específico na saída, mesmo que a forma resultante seja subsequentemente refinada por meio de filtragem para garantir uma variação suave e coerente entre níveis adjacentes de saída (Noltingk, 1985; Teixeira, 2017).

Observe a figura a seguir.

Figura 5.1 – Exemplo de um modelo que converte áudio digital **S/PDIF** coaxial e óptico em áudio analógico estéreo

somphol yothawong/Shutterstock

> **Na medida**
>
> **S/PDIF** (*Sony/Philips Digital Interface Format*, em português, Formato de Interface Digital Sony/Philips): Trata-se de um padrão de interface digital de áudio utilizado para transmitir sinais de áudio digital entre dispositivos eletrônicos, como CD *players*, consoles de *videogame*, decodificadores de TV a cabo, receptores de áudio/vídeo, entre outros.

Porém, antes de iniciar o estudo de conversores, é necessário que saibamos como definir os tipos de sinais que serão processados, os sinais digitais e analógicos, respectivamente.

5.1.1 Sinais digitais

Os sinais digitais são uma base fundamental na era da eletrônica e da comunicação moderna. Eles permitem a representação, a transmissão e o processamento eficiente de informações por meio de símbolos discretos, desempenhando um papel crucial em uma variedade de aplicações.

Os sinais digitais são representados por sequências discretas de valores, geralmente binários, em que cada valor é conhecido como *amostra*. Suponha que tenhamos um sinal digital x(n), em que n é o índice da amostra, conforme a Equação 5.1 e a Figura 5.2, indicadas a seguir:

Equação 5.1

Representação matemática de um sinal digital discreto

$$x(n) = \{x[0], x[1], x[2], ..., x[N-1]\}$$

Nessa expressão, N é o número total de amostras e x[n] é o valor da amostra no índice *n*.

Figura 5.2 – Representação de um sinal binário em formato paralelo mudando com a variação do tempo

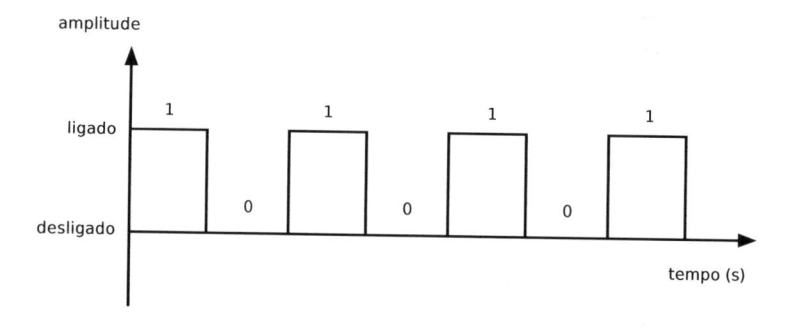

O entendimento da conversão de sinais analógicos para digitais demanda uma compreensão dos processos de amostragem e quantização. A amostragem implica a captura periódica dos valores do sinal analógico em intervalos discretos de tempo, e a quantização atribui valores discretos aos níveis de amplitude das amostras, convertendo o sinal contínuo em um sinal discreto. Esses processos estão diretamente relacionados à taxa de amostragem, medida em [Hz], que determina a quantidade de amostras coletadas por segundo, e à resolução do sinal digital, influenciada pelo número de *bits* utilizados para representar cada amostra.

Contudo, é importante reconhecer que a quantização introduz um erro, conhecido como *erro de quantização*, resultante da impossibilidade de representar todas as nuances do sinal analógico original na forma discreta, aspecto essencial para a completa compreensão da conversão de sinais analógicos para digitais.

As características fundamentais dos sinais digitais são as seguintes:

- **Amostragem e quantização** – A conversão de sinais analógicos para digitais envolve dois processos principais, amostragem e quantização. A amostragem envolve a captura periódica dos valores do sinal analógico em intervalos de tempo discretos, enquanto a quantização atribui valores discretos aos níveis de amplitude das amostras, transformando o sinal contínuo em um sinal discreto (Doebelin, 2003).

- **Taxa de amostragem (Fs)** – A taxa de amostragem, geralmente medida em Hertz (Hz), determina quantas amostras são coletadas por segundo. De acordo com o teorema de Nyquist-Shannon, para evitar a perda de informação, a taxa de amostragem deve ser pelo menos o dobro da frequência mais alta presente no sinal original, $F_s \geq 2 \cdot F_{max}$, sendo F_{max} a frequência máxima presente no sinal analógico (Doebelin, 2003).

- **Resolução** – A resolução de um sinal digital é a menor diferença entre dois valores adjacentes que podem ser representados. Ela está diretamente relacionada ao número de *bits* usados para representar cada amostra. Quanto maior o número de *bits*, maior a resolução e a capacidade de representar variações finas no sinal (Doebelin, 2003).

- **Quantização e erro de quantização** – O processo de quantização introduz um erro conhecido como *erro de quantização*. Isso ocorre porque a representação discreta não pode capturar todas as nuances do sinal analógico original. O erro de quantização é a diferença entre o valor quantizado e o valor real do sinal, indicado como $Erro(n) = x(n) - x_q(n)$, em que $x_q(n)$ é o valor quantizado da amostra no índice n (Doebelin, 2003).

5.1.2 Sinais analógicos

Os sinais analógicos constituem a base das comunicações e dos sistemas eletrônicos, permitindo a transmissão contínua de informações em uma ampla gama de aplicações. Nesta seção, exploraremos as características fundamentais dos sinais analógicos, sua representação matemática por meio de funções contínuas e algumas propriedades essenciais.

Os sinais analógicos apresentam características essenciais que os distinguem: continuidade e variação suave da amplitude no decorrer do tempo. Essa natureza contínua permite representar uma ampla gama de valores e detalhes, tornando-os ideais para aplicações que demandam precisão e fidelidade. Além disso, os sinais analógicos são descritos pela sua amplitude, que representa a intensidade do sinal, e pelo tempo, indicando quando essa amplitude ocorre, proporcionando uma relação modelada por uma função contínua.

As características fundamentais dos sinais analógicos são as seguintes:

- **Continuidade** – Uma característica distintiva dos sinais analógicos é sua natureza contínua, em que a amplitude do sinal pode variar suavemente no decorrer do tempo. Isso permite representar uma gama infinita de valores e detalhes, tornando-os ideais para aplicações que exigem precisão e fidelidade (Holman, 2000).

- **Amplitude e tempo** – Um sinal analógico é tipicamente descrito por sua amplitude, que representa a intensidade do sinal, e pelo tempo, que indica quando essa amplitude ocorre. A relação entre a amplitude (A) e o tempo (t) pode ser modelada por uma função contínua, conforme indicado na Equação 5.2 e na Figura 5.3:

Equação 5.2

Modelo matemático de uma função contínua

$$x(t) = A \cdot \cos\left(2 \cdot \pi \cdot f \cdot t + \phi\right)$$

Nessa expressão, x(t) é o valor do sinal no instante de tempo t, f é a frequência do sinal e Φ é a fase inicial.

- **Frequência e período** – O sinal analógico tem uma frequência, cujo sinal são ciclos completos em um segundo, que é medida em Hertz (Hz). O período (T) é o inverso da frequência e representa o intervalo de tempo para um ciclo completo do sinal ($f = 1/T$).

Figura 5.3 – Representação de um sinal analógico de 20 Volts [V] pico a pico com uma tensão que muda senoidalmente

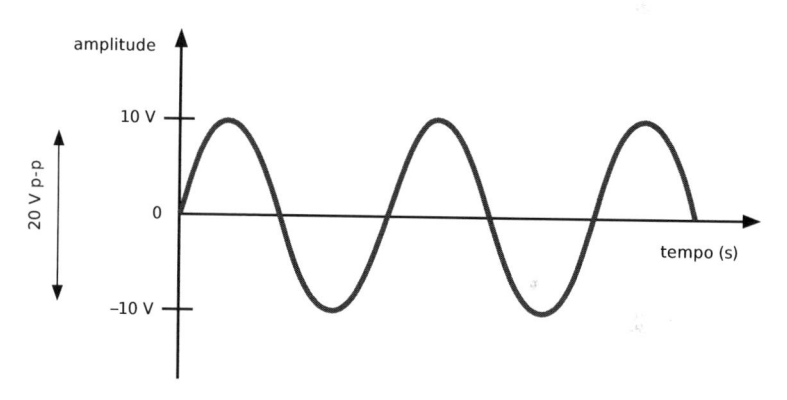

- **Amostragem e digitalização** – Para processar sinais analógicos em sistemas digitais, são necessárias a amostragem e a conversão em formato digital. A amostragem envolve a captura de valores do sinal a intervalos regulares de tempo, e a digitalização transforma essas amostras em números discretos, permitindo a manipulação em sistemas digitais (Soloman, 2012).

- **Sinais contínuos e sinais discretos** – Sinais analógicos contrastam com sinais digitais, que são discretos e compostos por valores distintos. Ao passo que os sinais analógicos têm infinitas possibilidades de valores, os sinais digitais são representados por sequências finitas de números discretos (Soloman, 2012).

5.1.3 Conversores D/A

As saídas analógicas são utilizadas para enviar sinais elétricos que variam continuamente em amplitude, e as saídas digitais enviam sinais elétricos que variam em níveis discretos. Para converter um sinal digital em um sinal analógico, é necessário utilizar um conversor D/A (Doebelin, 2003; Holman, 2000).

Os **conversores D/A** são componentes essenciais na interconexão entre sistemas digitais e dispositivos analógicos. Sua função primordial é transformar sinais digitais discretos em sinais analógicos contínuos, permitindo a comunicação eficiente e eficaz entre esses dois domínios distintos da eletrônica.

A seguir, analisaremos o funcionamento, os tipos e as aplicações dos conversores D/A.

Existem várias categorias de conversores D/A, cada uma com suas características distintas:

- **Conversores D/A de resistência R-2R** – Esses conversores utilizam redes de resistores R e 2R para criar um circuito que atenua a corrente conforme o valor do *bit*. Isso permite uma implementação mais simples e eficiente (National, 1994).
- **Conversores D/A por troca de carga** – Essa técnica envolve a transferência de carga entre capacitores controlados por lógica digital, convertendo a carga em uma tensão analógica (National, 1994).
- **Conversores D/A segmentados** – Esses conversores dividem a conversão em etapas menores, melhorando a precisão geral e reduzindo a sensibilidade a erros individuais de *bit* (National, 1994).
- **Conversores D/A de tensão com comutação** – Conversores dessa categoria usam interruptores eletrônicos para conectar uma série de fontes de corrente à saída, ajustando a tensão resultante (National, 1994).

Atenção às medidas!

Em conversores D/A de resistência R-2R, **R-2R** refere-se à topologia da rede de resistores utilizada para realizar a conversão de digital para analógico. Nesse tipo de conversor, a rede de resistores é configurada de modo que as resistências tenham os valores de R e 2R, em que R é uma resistência de referência e 2R é o dobro desse valor. Essa configuração específica permite uma implementação eficiente e econômica do conversor D/A, fornecendo uma saída analógica proporcional aos valores digitais de entrada. A técnica R-2R é amplamente utilizada em conversores D/A, em razão de sua simplicidade de implementação e precisão adequada para muitas aplicações.

Os conversores D/A visam reconstruir a série contínua de amostras de origem, permitindo a regeneração precisa do sinal analógico original. Isso é alcançado por meio de um processo intrincado, em que cada código de entrada é mapeado para uma tensão específica de saída, obedecendo a uma relação preestabelecida (Teixeira, 2017).

Flexibilidade na interface e controle

Uma característica notável dos conversores D/A é a capacidade que eles têm de ajustar e controlar a saída de maneira adaptável. Esse aspecto é particularmente vantajoso em situações em que a adequação do sinal de saída às necessidades específicas é crucial. Por exemplo, ao utilizar uma interface A/D (analógico-digital) e D/A em um sistema de controle de processo, é possível modular o sinal de saída para corresponder às exigências específicas da aplicação. Isso é alcançado sem comprometer a integridade do sinal analógico original, garantindo que as nuances e informações contidas no sinal original sejam preservadas (Balbinot; Brusamarello, 2019).

Potencial de variação na tensão de referência

Embora seja possível argumentar que a variação na tensão de referência poderia potencialmente alterar o comportamento do conversor D/A, é crucial destacar que a calibração adequada e o ajuste da tensão de referência podem ser aplicados para garantir a precisão e a linearidade da conversão. Portanto, um controle cuidadoso da tensão de referência pode ser empregado para atender a requisitos específicos de aplicação (Bolton, 1997).

A definição da resolução, ou seja, a capacidade de detecção delicada, em um conversor D/A está relacionada com a menor mudança identificável na tensão de saída em resposta a uma alteração de um único *bit* no código de entrada. O lapso de tempo necessário para a estabilização corresponde ao período que transcorre desde o instante em que o código digital é introduzido na entrada do conversor até o momento em que a saída atinge o nível analógico correspondente (Noltingk, 1985).

A margem dinâmica é encarregada de estabelecer os limites extremos nos quais o sinal analógico de saída pode variar. Em outras palavras, ela delimita os valores extremos da variação do sinal analógico. Nessa conjuntura, o erro de desvio se relaciona com a intensidade da tensão ou corrente na saída quando a palavra digital de entrada corresponde ao valor analógico zero. Por outro lado, o erro de escala final refere-se à discrepância que ocorre na saída em comparação com seu valor ideal, pois há variações intrínsecas nos componentes utilizados no procedimento de conversão (Doebelin, 2003).

A Figura 5.4 ilustra um diagrama simplificado de um conversor D/A.

Figura 5.4 – Representação de um conversor D/A básico

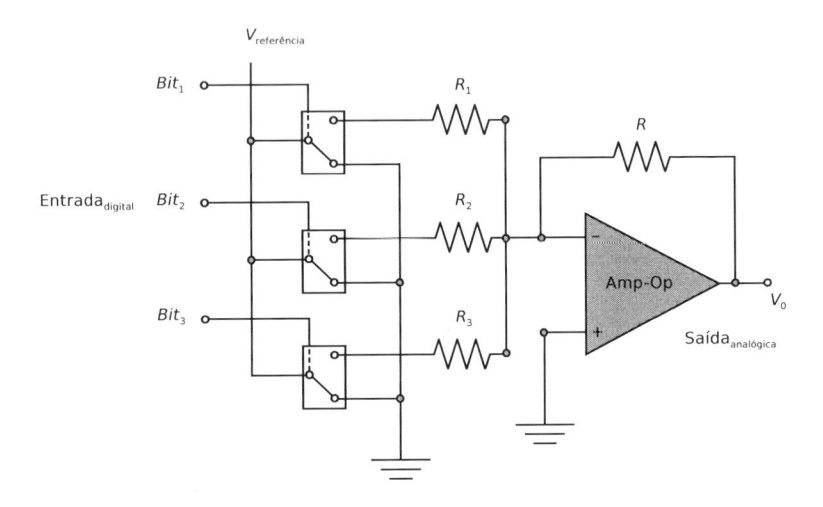

Nesse arranjo, um conjunto de comutadores eletrônicos é acionado por meio de tensão enquanto um conjunto de resistências gera uma corrente associada a cada *bit* de entrada. Isso, por sua vez, ativa o amplificador operacional na saída, que opera como um somador e emite um sinal analógico proporcional ao dado de entrada (Soloman, 2012).

5.2 O que são conversores A/D?

Em sua essência, um conversor A/D opera por meio de dois estágios principais: amostragem e quantização. Durante a amostragem, o sinal analógico contínuo é discretizado em instantes específicos, obtendo-se amostras discretas do sinal.

A quantização subsequente atribui valores discretos às amplitudes das amostras, geralmente representados em formato binário, conforme indicado na Figura 5.6.
A resolução do conversor A/D, expressa pelo número de *bits* usados na quantização, determina a menor variação de amplitude que pode ser representada (National, 1994).

Figura 5.5 – Exemplo de um conversor D/A

Figura 5.6 – Representação de um conversor A/D em comparação com o sistema operacional de um conversor D/A

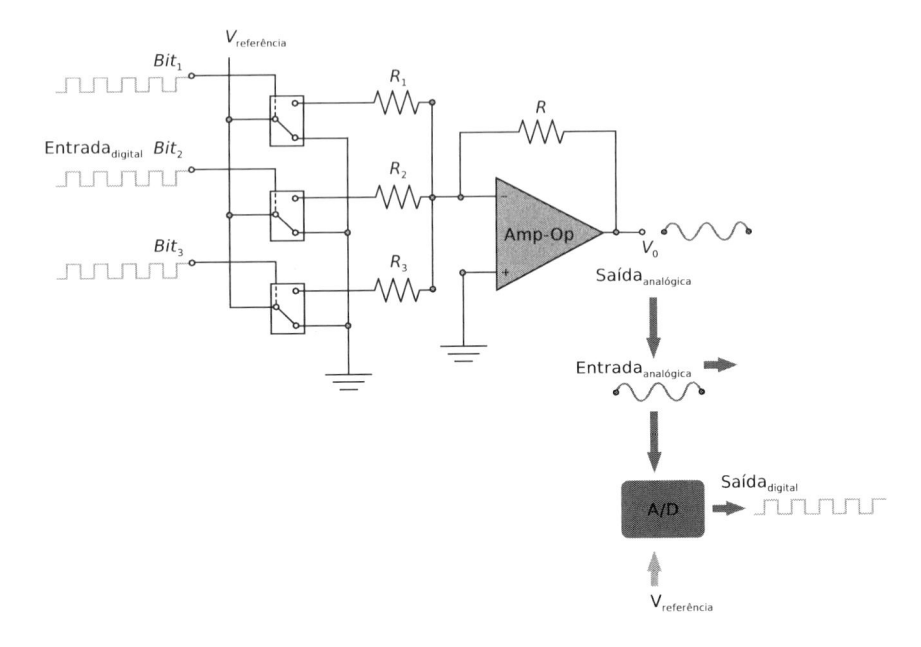

5.2.1 Modelagem matemática

Um conversor A/D pode ser modelado por meio de uma função matemática que descreve a relação entre o sinal analógico de entrada x(t) e sua representação digital $x_d[n]$, em que n é o índice da amostra (Bolton, 1997). Uma abordagem comum para representar essa relação é por meio da seguinte equação:

Equação 5.3

Modelagem matemática de um conversor A/D

$$x_d[n] = Q \cdot \left(\frac{x \cdot (n \cdot T_s)}{V_{ref}} \right)$$

Nessa expressão, Q é a função de quantização, T_s é o período de amostragem, V_{ref} é a tensão de referência do conversor A/D, e $x(n \cdot T_s)$ é o valor amostrado do sinal analógico.

5.2.2 Aplicações dos conversores A/D

Os conversores A/D têm aplicações amplas e variadas, incluindo as seguintes, de acordo com Soloman (2012):

- **Processamento de sinais** – Permitem a análise precisa de sinais analógicos em sistemas de processamento de áudio, vídeo e comunicações.
- **Instrumentação e controle** – São utilizados na aquisição de dados em sistemas de controle industrial, permitindo a supervisão e a regulação de processos.
- **Medicina e biologia** – Auxiliam na captura e na análise de sinais biomédicos, como eletrocardiogramas (ECGs) e eletroencefalogramas (EEGs), para diagnóstico e pesquisa.
- **Comunicações digitais** – Facilitam a transmissão eficiente de dados em redes digitais, convertendo informações analógicas em *bits* para transmissão e decodificação.

A seleção de um *hardware* de conversão A/D é de extrema importância para assegurar a precisão e a confiabilidade na captura de sinais analógicos e sua subsequente representação digital. Diversos fatores devem ser minuciosamente avaliados na escolha de um conversor A/D, uma vez que suas características têm impacto direto na qualidade e na integridade dos dados adquiridos (Noltingk, 1985).

A seguir, apresentamos as características mais relevantes a serem consideradas durante o processo de seleção de um conversor A/D:

- **Resolução** – A resolução do conversor A/D é uma característica fundamental, indicando o número de valores discretos que o conversor é capaz de representar ao converter um sinal analógico para digital. Uma maior resolução, expressa em *bits*, permite a representação mais precisa de sinais analógicos em forma digital. Conversores de alta resolução (por exemplo, 12, 16, 24 *bits*) são capazes de capturar variações sutis nos sinais de entrada (Holman, 2000).

- **Taxa de amostragem** – A taxa de amostragem, medida em Hertz (Hz), determina a frequência com que o conversor A/D realiza a leitura do sinal analógico para gerar os valores digitais correspondentes. É vital que a taxa de amostragem seja adequada ao sinal sendo capturado para evitar a perda de informações relevantes. Para capturar sinais de alta frequência, como em sistemas de comunicação, é crucial utilizar conversores com altas taxas de amostragem (Holman, 2000).

- **Precisão** – A precisão do conversor A/D é a capacidade de representar de maneira fiel o valor analógico real como um valor digital. Isso inclui a minimização de erros de ganho, *offset* e não linearidades. Uma alta precisão é essencial para assegurar que os valores digitais sejam uma representação precisa dos sinais analógicos originais (Holman, 2000).
- **Relação sinal-ruído (do inglês *Signal-to-Noise Ratio* – SNR)** – A relação sinal-ruído é um parâmetro crucial para avaliar a qualidade da conversão. Um alto SNR indica que o conversor é capaz de capturar os sinais desejados enquanto minimiza a influência de ruídos indesejados. Isso é especialmente importante quando se lida com sinais de baixa amplitude (Balbinot; Brusamarello, 2019).
- **Número de canais** – O número de canais do conversor A/D refere-se à quantidade de entradas analógicas que o conversor pode capturar simultaneamente. A escolha do número de canais depende das necessidades específicas da aplicação e do número de fontes de sinal que precisam ser amostradas (Haykin; Van Veen, 2001).
- **Interface e compatibilidade** – A interface de comunicação do conversor A/D, como SPI (*Serial Peripheral Interface*, ou Interface Serial Periférica, em português) ou I2C (*Inter-Integrated Circuit*, ou Circuito

Inter-Integrado, em português), deve ser compatível com o sistema em que o *hardware* será integrado. A facilidade de integração com o sistema é essencial para garantir a eficiência do processo de aquisição de dados (Haykin; Van Veen, 2001).

- **Consumo de energia** – Para dispositivos com restrições de energia, como dispositivos móveis ou sistemas alimentados por bateria, o consumo de energia do conversor A/D é um fator crítico a ser considerado para otimizar a eficiência energética (Holman, 2000).

- **Linearidade** – A linearidade do conversor A/D é essencial para garantir que os valores digitais de saída sejam proporcionais aos valores analógicos de entrada, sem introduzir distorções significativas (Holman, 2000).

A Figura 5.7 apresenta uma relação sinal-ruído em um exemplo clássico do sistema massa-mola na física experimental.

Figura 5.7 – Exemplo de um sinal de 450 Hz a 500 Hz

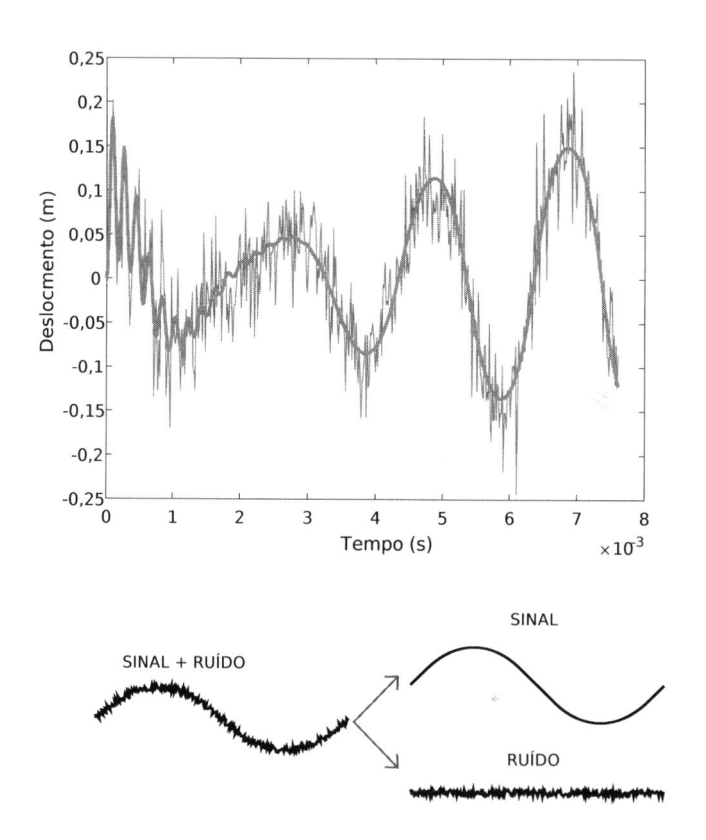

Fonte: Rogers et al., 2019, p. 7.

Nesse exemplo do sistema massa-mola, adotou-se uma resolução de 5 Hz para um sistema massa-mola (massa de 0,1 kg) oscilando em frequência natural de 500 Hz, com taxa de amortecimento de 0,05 e ruído de medição igual a 50% **RMS** do sinal adicional.

> **Na medida**
>
> **RMS (*Root Mean Square*)** – É o valor quadrático médio. Trata-se de uma medida estatística que representa a magnitude eficaz de uma quantidade variável no decorrer do tempo, comumente usada em sinais de onda alternada para indicar o nível médio de potência.

Ao serem consideradas essas características de maneira cuidadosa, é possível selecionar um *hardware* de conversão A/D que atenda às exigências específicas da aplicação, garantindo a precisão e a confiabilidade na aquisição de sinais analógicos para fins de processamento e análise digital (Holman, 2000; National, 1994; Sydenham, 1983).

A habilidade de controlar a atenuação de maneira precisa oferece vantagem significativa em termos de otimização de desempenho e eficiência dos sistemas de instrumentação. Um atenuador é um dispositivo que reduz a amplitude de um sinal, como um sinal de áudio ou um sinal elétrico (National, 1994; Soloman, 2012). A principal função de um atenuador é diminuir a intensidade de um sinal sem distorcê-lo significativamente.

O princípio de funcionamento dos **atenuadores inteligentes** varia, mas um dos métodos mais comuns é baseado no uso de **elementos optoeletrônicos controlados eletronicamente**. Esses elementos podem ser controlados por sinais elétricos para ajustar a atenuação do sinal óptico que passa por eles. Isso pode ser realizado por meio de dispositivos como moduladores eletro-ópticos, materiais eletro-ópticos ou estruturas baseadas em tecnologias MEMS (*Microelectromechanical Systems*, ou "Sistemas Microeletromecânicos", em português) (Holman, 2000).

A atenuação controlada eletronicamente (ACE), também conhecida como *Electronic Control of Attenuation* (ECA), é uma técnica fundamental no domínio das comunicações e que desempenha um papel crucial na manipulação e na modulação de sinais elétricos. Essa técnica é comumente expressa em decibéis (dB), uma unidade de medida logarítmica amplamente utilizada para quantificar a relação entre a potência de saída e a potência de entrada de um sinal.

A técnica de atenuação controlada eletronicamente é frequentemente empregada em dispositivos eletrônicos, como amplificadores, moduladores e demoduladores, para garantir que os sinais sejam transmitidos de maneira eficaz e adaptativa, de acordo com as condições de canal e as exigências da aplicação.

A medida em decibéis, também conhecida como *escala logarítmica*, é particularmente valiosa na análise de sistemas de comunicação, uma vez que permite a representação de uma ampla faixa de valores de atenuação em uma escala compacta e de fácil interpretação.

> **Na medida**
>
> **Elementos optoeletrônicos controlados eletronicamente** – São dispositivos que combinam funcionalidades ópticas e eletrônicas e podem ser controlados por sinais elétricos. Isso inclui componentes como LEDs (diodos emissores de luz) e fotodetectores (como fotodiodos e fototransistores), que podem emitir, detectar ou modular luz com base em sinais elétricos aplicados. Esses dispositivos são amplamente utilizados em aplicações que envolvem comunicações ópticas, detecção de luz, controle de iluminação e outras áreas em que a interação entre luz e eletricidade é essencial.

5.3 O que são atuadores inteligentes?

Atuadores inteligentes e atenuadores inteligentes são conceitos diferentes, embora ambos estejam relacionados a sistemas de controle e manipulação de sinais (Pallàs-Areny, 2001).

5.3.1 Atenuadores inteligentes

Também conhecidos como *atenuadores controlados eletronicamente* ou *atenuadores digitais*, **atenuadores inteligentes** são dispositivos avançados usados na área de comunicações e óptica para ajustar com precisão o nível de potência de sinais ópticos, por exemplo.

Diferentemente dos atenuadores passivos tradicionais, que reduzem uniformemente a intensidade do sinal, os atenuadores inteligentes oferecem a capacidade de ajustar a atenuação de maneira dinâmica e controlada (Pallàs-Areny, 2001; Soloman, 2012). Isso permite a otimização da potência de sinal em sistemas de transmissão óptica, redes de fibra, sensores ópticos e outras aplicações.

Um dos principais atributos dos atenuadores inteligentes é sua capacidade de ajuste em tempo real. Isso é essencial em cenários em que a potência do sinal de entrada pode variar devido a fatores como alterações na distância de transmissão do sinal, mudanças na topologia da rede ou em sistemas de monitoramento que exigem respostas dinâmicas (Holman, 2000).

A Figura 5.8 apresenta a escala de valores em decibéis.

Figura 5.8 – Escala de valores em decibéis

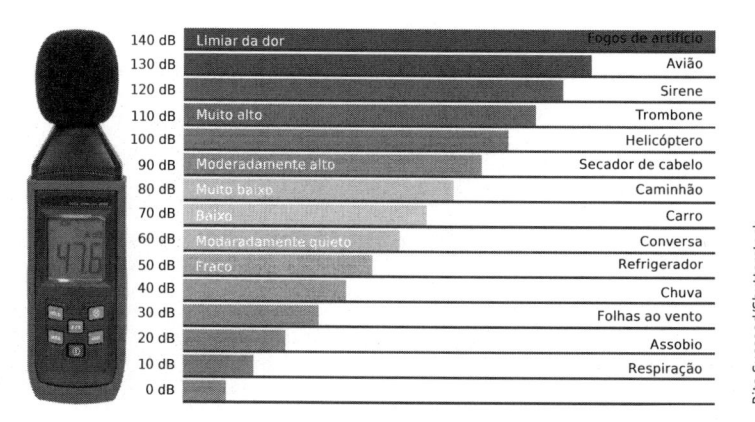

dB	Descrição	Fonte
140 dB	Limiar da dor	Fogos de artifício
130 dB		Avião
120 dB		Sirene
110 dB	Muito alto	Trombone
100 dB		Helicóptero
90 dB	Moderadamente alto	Secador de cabelo
80 dB	Muito baixo	Caminhão
70 dB	Baixo	Carro
60 dB	Moderadamente quieto	Conversa
50 dB	Fraco	Refrigerador
40 dB		Chuva
30 dB		Folhas ao vento
20 dB		Assobio
10 dB		Respiração
0 dB		

Rito Succeed/Shutterstock

A atenuação é um processo de redução da amplitude do sinal, cuja expressão logarítmica em decibéis facilita a compreensão das mudanças relativas na potência do sinal, uma vez que cada um dos dB representa uma proporção específica entre a potência de saída e a potência de entrada. A atenuação é indicada conforme a seguinte equação:

Equação 5.4

Cálculo da atenuação em dB

$$\text{Atenuação (dB)} = 10 \cdot \log\left(\frac{P_{entrada}}{P_{saída}}\right)$$

Nessa expressão, $P_{entrada}$ é a potência de entrada do sinal e $P_{saída}$ é a potência de saída após a atenuação.

A aplicação dos atenuadores inteligentes é vasta. Eles são usados para equalizar a potência em sistemas de redes de fibra óptica, evitar saturação em detectores, permitir a monitorização precisa de sinais em sistemas de teste e medição e adaptar a potência de sinal em sistemas de transmissão óptica de longa distância, em que o controle dinâmico é fundamental para otimizar a qualidade da transmissão (Holman, 2000).

5.3.2 Atuadores inteligentes

Um *atuador* é um dispositivo que converte um sinal de controle (geralmente elétrico) em uma ação física, como movimento, pressão ou força (Pallàs-Areny, 2001).

Um atuador inteligente é um tipo de atuador que dispõe de recursos avançados de controle, processamento e **feedback**. Ele é capaz de tomar decisões ou ajustar suas ações com base em informações do ambiente ou de sensores.

> **Na medida**
>
> **Feedback** – É a informação ou resposta fornecida a um sistema para ajustar ou melhorar seu desempenho.

Os atuadores inteligentes exercem um papel essencial em diversos campos da engenharia e da automação, permitindo o controle preciso e adaptativo de sistemas mecânicos, elétricos e fluidos. Esses dispositivos, diferentemente dos atuadores tradicionais, têm capacidade de resposta em tempo real e são capazes de ajustar suas ações com base em sinais e entradas específicos (Sydenham, 1983).

Os atuadores inteligentes encontram aplicações em áreas diversas, como robótica, sistemas de controle, aeroespacial, medicina e muitas outras (Holman, 2000; National, 1994; Pallàs-Areny, 2001; Soloman, 2012).

Alguns dos principais tipos de atuadores inteligentes disponíveis atualmente são os seguintes:

- **Atuadores piezoelétricos** – Os atuadores piezoelétricos são conhecidos por sua resposta rápida e alta precisão. Eles funcionam com base no efeito piezoelétrico, em que um material piezoelétrico, como o quartzo ou materiais cerâmicos, gera movimento quando submetido a um campo elétrico. Esses atuadores são amplamente usados em microposicionamento, ajuste fino em sistemas ópticos, sistemas de injeção de fluidos de alta precisão e em dispositivos biomédicos, como transdutores de ultrassom (National, 1994).

- **Atuadores eletromagnéticos** – Os atuadores eletromagnéticos são controlados por campos magnéticos gerados por correntes elétricas. Eles oferecem uma combinação de força, curso e velocidade, o que os torna ideais para aplicações que requerem um movimento mais vigoroso. Esses atuadores são comuns em sistemas de controle de válvulas, dispositivos de acionamento em sistemas mecânicos e em atuadores de precisão (National, 1994).

- **Atuadores eletrotérmicos** – Atuadores eletrotérmicos utilizam o efeito Joule, em que a passagem de corrente elétrica por meio de um material resistivo gera calor e, consequentemente, uma expansão térmica que resulta em movimento. Esses atuadores são frequentemente usados em microatuadores, como aqueles presentes em microespelhos para ajuste óptico, e em sistemas de microfluidos para controle de fluxo (Bolton, 1997).

- **Atuadores eletro-hidráulicos e eletropneumáticos** – Esses tipos de atuadores convertem sinais elétricos em movimento mecânico por meio da geração de pressão hidráulica ou pneumática. Eles são amplamente empregados em sistemas industriais de grande porte, como máquinas-ferramenta, prensas hidráulicas e sistemas de automação industrial, casos em que a força e o desempenho são essenciais (National, 1994).

- **Atuadores SMA (*Shap Memory Alloy*, ou ligas com memória de forma, em português)** – As ligas com memória de forma são materiais que exibem uma mudança reversível em sua forma quando submetidos a variações de temperatura. Atuadores baseados em SMA são utilizados em aplicações como implantes médicos, dispositivos de microatuadores e sistemas de controle adaptativo, casos em que a capacidade de retornar à forma original depois de serem deformados é uma característica valiosa (Holman, 2000).

- **Atuadores pneumáticos inteligentes** – Esses atuadores combinam o uso de elementos pneumáticos tradicionais com controle eletrônico avançado. Eles são empregados em sistemas de automação industrial, robótica e até mesmo em dispositivos de assistência médica. Sua natureza ajustável e resposta rápida permitem uma variedade de aplicações em ambientes dinâmicos (National, 1994).

- **Atuadores baseados em polímeros eletroativos** – Esses atuadores são fabricados com polímeros eletroativos, que mudam de forma quando submetidos a um campo elétrico. São frequentemente utilizados em dispositivos biomédicos, como microrrobôs para entrega de medicamentos ou sistemas de estimulação neuromuscular (National, 1994).

5.4 Como operacionar atuadores inteligentes, conversores D/A e A/C e sensores?

O funcionamento eficaz de sistemas de automação e controle requer a compreensão detalhada de como operar atuadores inteligentes, conversores D/A e A/D e sensores. Cada componente desempenha um papel fundamental na interação entre o mundo digital e o mundo físico, permitindo o controle e o monitoramento de variáveis físicas (Holman, 2000; Soloman, 2012).

Nas seções a seguir, verificaremos os passos necessários para operacionar esses dispositivos.

5.4.1 Atuadores inteligentes

Os atuadores inteligentes são responsáveis por converter um sinal de controle, muitas vezes um sinal elétrico, em movimento mecânico ou em alguma ação física. Eles são amplamente usados em sistemas de controle de precisão e automação. Um exemplo comum de atuador é o atuador piezoelétrico, que é capaz de responder rapidamente a sinais elétricos. A operação de atuadores inteligentes envolve o envio de um sinal de controle para mover o atuador na direção desejada (Sydenham, 1983).

A operação de atuadores inteligentes deve considerar os seguintes passos:

1. **Conexão elétrica** – Conectar o atuador a uma fonte de alimentação adequada, respeitando as especificações de tensão e corrente.
2. **Sinal de controle** – Enviar um sinal de controle apropriado para o atuador. Este pode ser uma tensão, uma corrente ou um sinal digital, dependendo do tipo de atuador. Certificar-se de que o sinal esteja dentro dos limites operacionais do atuador.
3. **Monitoramento e *feedback*** – Alguns atuadores inteligentes têm sistemas de *feedback* que fornecem informações sobre posição, velocidade ou força. Utilizar esses sistemas para monitorar o desempenho do atuador e ajustar o sinal de controle, se necessário.
4. **Calibração** – Em muitos casos, é importante calibrar o atuador para garantir que sua resposta esteja alinhada com as necessidades da aplicação. Isso pode envolver ajustes de ganho, limites de curso ou outros parâmetros.

5.4.2 Conversores D/A

Os conversores D/A desempenham um papel crucial na conversão de dados digitais em sinais analógicos. Isso é especialmente importante quando um sistema digital precisa interagir com um sistema analógico, como em sistemas de áudio, controle de velocidade de motores ou em instrumentação de medição (Soloman, 2012). A operação de um conversor D/A envolve a conversão de um número digital em um valor de tensão ou corrente analógica, seguindo a resolução do conversor. Essa conversão é realizada por meio da Equação 5.5:

Equação 5.5

Cálculo da tensão de saída para um conversor D/A

$$V_{saída} = V_{ref} \cdot \left(\frac{Valor_{digital}}{2^n - 1} \right)$$

Nessa expressão, V_{ref} é a tensão de referência em Volts [V], $Valor_{digital}$ é o valor digital a ser convertido e n é o número de *bits* de resolução do conversor D/A.

5.4.3 Conversores A/D

Os conversores A/D são essenciais para medir grandezas analógicas e convertê-las em dados digitais que podem ser processados por sistemas computacionais. Eles são amplamente utilizados em sistemas de controle, monitorização e aquisição de dados (National, 1994). A operação de um conversor A/D envolve a amostragem do sinal analógico e a conversão da amplitude do sinal em um valor digital, com determinada resolução, conforme a Equação 5.6:

Equação 5.6

Cálculo do valor digital para um conversor A/D

$$Valor_{digital} = \left[\frac{V_{entrada} - V_{min}}{Escala_{total}} \cdot (2^n - 1) \right]$$

Nessa expressão, $V_{entrada}$ é a tensão analógica a ser convertida, V_{min} é a tensão mínima que o conversor pode medir, $Escala_{total}$ é a amplitude total do sinal que o conversor pode medir e n é o número de *bits* de resolução do conversor A/D.

A operação de conversores A/D deve considerar os seguintes passos:

1. **Entrada/saída de sinal** – Para operar um conversor D/A, é necessário fornecer um valor digital à entrada do conversor. Este pode ser um número binário representando o valor desejado na saída analógica. No caso de um conversor A/D, a entrada será um sinal analógico que se deseja digitalizar.
2. **Referência** – Muitos conversores A/D requerem uma tensão de referência que define a faixa de valores possíveis para a digitalização. É importante configurar

a referência de acordo com o intervalo do sinal analógico de entrada.

3. **Resolução** – Configurar a resolução do conversor A/D, ou seja, o número de *bits* que ele usará para representar o sinal analógico. Uma resolução maior resulta em uma representação mais precisa, mas requer mais recursos computacionais.

Medições amostrais

Para calcular a resolução em graus Celsius (°C) imposta pelo sistema, considerando um conversor analógico para digital (ADC – *Analog to Digital Converter*) de 8 *bits* com uma faixa de entrada de 0 a 5 V e um termômetro linear que utiliza um **sensor PT100** condicionado, cuja saída varia linearmente de 0 a 1 V para uma variação de temperatura de 0 a 100 °C, podemos utilizar a Equação 5.5, dada anteriormente:

$$V_{saída} = 1V \cdot \left(\frac{5V}{2^8 - 1} \right) = \frac{5}{255} = 0{,}0196 \text{ V/bit}$$

Nesse contexto experimental do exemplo, a faixa de tensão de saída varia de 0 1 V, tendo essa tensão de saída uma relação linear com a faixa de variação da temperatura, que é de 0 a 100 °C. Portanto, para calcular a resolução da temperatura em °C, basta usarmos uma regra de proporcionalidade simples:

$$1\ V \Rightarrow 100\ °C$$

$$0{,}0196 \Rightarrow X_{oC}$$

Fazendo o cálculo, obtemos a resolução imposta pelo sistema: 1,96 °C.

Na medida

Sensor PT100 – É um tipo de termorresistor que é amplamente utilizado para medir a temperatura em uma variedade de aplicações industriais e científicas. Ele é construído com um material de platina e segue a curva de resistência da platina em função da temperatura. *PT* significa "platina" (Pt) e *100* refere-se à resistência a 0 °C, que é de 100 ohms. Quando a temperatura aumenta, a resistência do sensor PT100 também aumenta de maneira previsível, permitindo uma medição precisa da temperatura. Em razão de sua alta precisão e estabilidade no decurso do tempo, os sensores PT100 são amplamente utilizados em aplicações em que a precisão da temperatura é crítica, como em laboratórios e indústrias farmacêuticas, alimentícias e automotivas.

5.4.4 Sensores

Os sensores são dispositivos que convertem grandezas físicas, como temperatura, pressão, luz, entre outras, em sinais elétricos ou digitais. Eles são amplamente usados em sistemas de monitorização e automação para coletar informações do ambiente físico. A operação de um sensor envolve a detecção da grandeza física, a conversão dessa grandeza em um sinal elétrico ou digital e, em alguns casos, a amplificação ou o processamento desse sinal para torná-lo adequado para análise (Sydenham, 1983). A saída do sensor pode ser conectada a um conversor A/D para que as informações analógicas sejam digitalizadas e processadas pelo sistema (Bolton, 1997; Holman, 2000; National, 1994).

A operação de sensores deve considerar os seguintes passos:

1. **Instalação** – Posicionar o sensor no local apropriado para capturar a grandeza física que se deseja medir. Certificar-se de que o sensor esteja protegido de interferências e devidamente fixado.
2. **Conexão** – Conectar o sensor ao circuito de aquisição de dados ou controle, seguindo as especificações do fabricante.
3. **Calibração** – Realizar a calibração do sensor, se necessário, para garantir que os valores medidos estejam corretos. Isso pode envolver o ajuste de ganho, *offset* ou outros parâmetros.

4. Aquisição de dados – Configurar o sistema para adquirir dados do sensor e interpretar esses dados conforme necessário para sua aplicação. Isso pode incluir a conversão do sinal do sensor para unidades físicas.

A Figura 5.9 resume e mostra um sistema eletrônico de processamento de sinal considerando uma conexão com sensores e atuadores.

Figura 5.9 – Representação das diversas maneiras pela qual um fenômeno pode ser mensurável por meio da utilização de sensores, conversores e atuadores

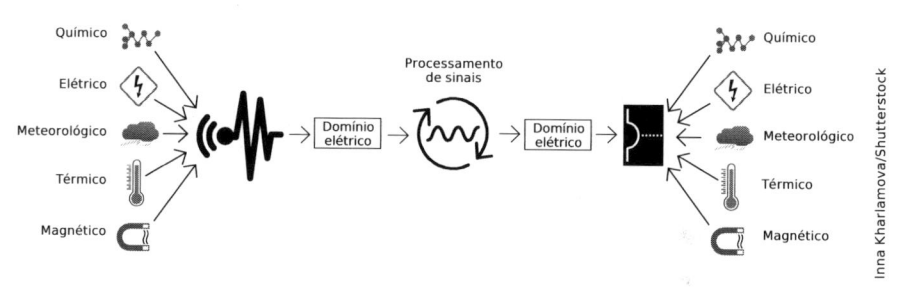

Inna Kharlamova/Shutterstock

A seguir, vamos explorar a interconexão dinâmica entre os processos de processamento de sinais, a função vital desempenhada pelos sensores na coleta de dados essenciais, a distinção entre sinais analógicos e digitais e sua relevância para a transmissão de informações, além da importância das interfaces de comunicação na integração harmoniosa entre os componentes do sistema. Analisaremos como o controlador processa os dados sensoriais para tomar decisões inteligentes e, finalmente, como os atuadores transformam essas decisões em ações concretas e impactantes.

Nesse intrincado tecido de relações, cada elemento desempenha um papel essencial, colaborando para o funcionamento suave e eficaz de sistemas modernos e complexos:

- **Processamento de sinais** – Dispositivo central que processa as informações e controla o sistema. Pode ser programado para ler dados dos sensores e enviar sinais para os atuadores.
- **Sensores** – Os sensores, como sensores de temperatura, pressão, luz etc., estão conectados a um microcontrolador ou computador. Cada sensor envia informações sobre uma grandeza física específica ao controlador (Soloman, 2012).
- **Sinais analógicos ou digitais** – Dependendo do tipo de sensor, os sinais enviados podem ser analógicos (uma faixa contínua de valores) ou digitais (valores discretos). O microcontrolador ou computador deve ser compatível com os tipos de sinais dos sensores (Sydenham, 1983).
- **Interfaces de comunicação** – Para permitir a conexão entre os sensores e o controlador, podem ser usados protocolos de comunicação como **I2C**, **SPI**, **UART** (serial) ou conexões analógicas diretas.
- **Processamento** – O controlador processa os dados recebidos dos sensores. Dependendo da lógica

programada, ele pode tomar decisões com base nesses dados.

- **Atuadores** – Os atuadores, como motores, **solenoides** ou relés, também estão conectados ao controlador. O controlador envia sinais de controle para os atuadores com base nas informações dos sensores e na lógica de controle.
- **Feedback** – Alguns sistemas incluem *feedback* dos atuadores para o controlador, permitindo que o sistema verifique se as ações desejadas foram executadas com sucesso.
- **Fonte de alimentação** – Todos os componentes (sensores, atuadores, microcontrolador etc.) são alimentados por uma fonte de energia adequada.

Na medida

Protocolo I2C (*Inter-Integrated Circuit*) – É uma tecnologia-chave na comunicação entre dispositivos eletrônicos em sistemas de controle e automação. Ele permite que múltiplos dispositivos compartilhem informações em um barramento usando apenas duas linhas de comunicação (Soloman, 2012).

Protocolo SPI (*Serial Peripheral Interface*) – É um padrão para a comunicação serial entre dispositivos eletrônicos, especialmente em aplicações que exigem alta velocidade e transmissão precisa de dados. O SPI permite que um mestre controle vários dispositivos escravos, sendo especialmente eficiente em sistemas de baixa complexidade. Sua flexibilidade permite operações full-duplex e configurações de número de *bits* variáveis, tornando-o uma escolha popular para periféricos, sensores e dispositivos de memória. Operações full-duplex referem-se à transmissão simultânea de dados em ambas as direções em um sistema de comunicação, garantindo comunicação bidirecional contínua, comum em sistemas de telefonia, redes de computadores e comunicações de rádio (Holman, 2000).

Protocolo UART (*Universal Asynchronous Receiver-Transmitter*) – É uma técnica de comunicação serial que viabiliza a troca de dados entre dispositivos eletrônicos. Operando com apenas duas linhas, a transmissão (TX) e a recepção (RX), essa técnica permite a comunicação assíncrona, em que os dispositivos podem transmitir e receber dados sem a necessidade de um sinal de *clock* compartilhado. Um sinal de *clock* é uma forma de sinal digital utilizado para sincronizar operações entre dispositivos em sistemas digitais. Ele fornece uma referência de tempo regular para garantir que as operações ocorram no momento correto, sendo essencial em muitas aplicações digitais, como processadores de computador e comunicações seriais (Soloman, 2012).

Solenoide – É um dispositivo eletromecânico que consiste em um enrolamento de fio condutor, geralmente em formato helicoidal, em torno de um núcleo ferromagnético. Quando uma corrente elétrica é aplicada ao enrolamento, um campo magnético é gerado, resultando em um movimento mecânico, como o deslocamento de um êmbolo ou a abertura de uma válvula, dependendo do projeto específico do solenoide. Os solenoides são comumente usados em uma variedade de aplicações, como válvulas de controle, travas de porta, motores elétricos e equipamentos industriais e automotivos.

A configuração exata pode variar, dependendo da aplicação específica, dos tipos de sensores e atuadores usados e das interfaces de comunicação disponíveis. É importante seguir as especificações dos fabricantes e garantir que todos os componentes estejam corretamente conectados e configurados para garantir o funcionamento seguro e eficaz do sistema (Gooday, 2010; Teixeira, 2017).

Vejamos um exemplo sobre conversor A/D.

Medições amostrais

Considere a necessidade de proceder com o monitoramento de temperatura em uma caldeira de uma pequena metalúrgica. A caldeira pode chegar a uma temperatura de até 650 °C. Para conduzir o monitoramento, é utilizado um **termopar tipo J** (com erro de 0,75 % para faixa de operação entre 227 °C e 750 °C) com um conversor A/D de 8 *bits*, de modo que a temperatura possa ser monitorada da caldeira por um computador. Considerando o erro do termopar tipo J, um ajuste no fundo de escala do conversor deve ser feito, de modo que a resolução seja, no mínimo, igual ao erro do termopar.

Dessa forma, o erro do termopar pode ser expresso por:

$$\text{Erro} = 0{,}75\,\% \cdot 650\,°C = 4{,}875\,°C$$

Assim, é necessário ajustar o fundo de escala (F_{escala}) do conversor A/D, de modo que a sensibilidade do conversor A/D seja igual ao erro de medida do termopar:

Sensibilidade = 4,875 °C

O que resulta em:

$$\text{Sensibilidade} = 1/2^N \cdot F_{escala}$$

$$F_{escala} = 4{,}875 \cdot 2^8$$

$$F_{escala} = 1248$$

Portanto, o fundo de escala (F_{escala}) do conversor A/D deve ser configurado para o valor de 1248.

? Na medida

Termopar tipo J – É um tipo específico de sensor de temperatura que consiste em dois fios condutores de metais diferentes, geralmente ferro e constantan, que são unidos em uma das extremidades. Quando uma diferença de temperatura é aplicada entre as duas extremidades do termopar, uma diferença de potencial elétrico é gerada devido ao efeito Seebeck. O valor dessa diferença de potencial está diretamente relacionado à temperatura e pode ser medido para determinar a temperatura no ponto de junção do termopar. O termopar tipo J é comumente usado em uma variedade de aplicações industriais devido à sua faixa de temperatura operacional ampla e à boa estabilidade ao longo do tempo.

Exercícios resolvidos

1. Um conversor D/A está sendo utilizado para gerar um sinal analógico a partir de uma sequência digital de valores. Suponha que a sequência digital é a seguinte: [0, 1, 2, 3, 4, 5]. Cada valor na sequência representa a amplitude da onda senoidal que será gerada. Dado que a amplitude A = 3, a frequência f = 100 Hz e a fase Φ = π/3 radianos, calcule o valor da onda senoidal gerada pelo conversor D/A no tempo t = 0,02 segundos.
Solução:

$$x(t) = 3 \cdot \cos\left(2 \cdot \pi \cdot 100 \cdot 0{,}02 + \frac{\pi}{3}\right) \approx 3 \cdot \cos\left(13 \cdot \frac{\pi}{3}\right)$$

Calculando o valor exato de $\cos\left(13 \cdot \frac{\pi}{3}\right)$, usando as propriedades do círculo trigonométrico, teremos:

$$\cos\left(13 \cdot \frac{\pi}{3}\right) = \cos\left(4 \cdot 2 \cdot \pi + \frac{\pi}{3}\right) = \cos\left(\frac{\pi}{3}\right) = 0{,}5$$

Portanto, o valor da onda senoidal gerada pelo conversor D/A no tempo t = 0,02 s é aproximadamente:
$$x(0{,}02) \approx 3 \cdot 0{,}5 = 1{,}5$$

2. Suponhamos que você está trabalhando em um laboratório de processamento de sinais e é responsável por projetar um conversor A/D para medir a temperatura ambiente em um sistema de controle de temperatura em uma sala. Você tem um sensor de temperatura que gera um sinal analógico proporcional à temperatura medida e precisa converter esse sinal analógico em um valor digital usando um conversor A/D. Admita que você tem um sensor de temperatura que mede a temperatura ambiente em graus Celsius. O sensor gera um sinal analógico contínuo que varia de 0 a 5 V, em que 0 V corresponde a –10 °C e 5 V corresponde a 40 °C. Você deseja converter esse sinal em um valor digital de 10 *bits* usando um conversor A/D com uma resolução de 1/1024 do intervalo total. Qual é o valor digital correspondente à temperatura medida de 25 °C?

Solução:

Primeiro, precisamos determinar o valor analógico correspondente à temperatura de 25°C usando a relação linear entre temperatura e tensão do sensor.

Substituindo os valores das resistências, teremos:
$$\text{Tensão} = \frac{\text{Temperatura} - (-10)}{40 - (-10)} \cdot 5$$

Substituindo a temperatura de 25 °C na equação anterior, teremos:

$$\text{Tensão} = \frac{25-(-10)}{40-(-10)} \cdot 5 \approx 2{,}6596 \text{ V}$$

Agora, podemos usar a equação do conversor A/D para calcular o valor digital correspondente:

$$x_d[n] = Q \cdot \left(\frac{x \cdot (n \cdot T_s)}{V_{ref}}\right)$$

Dado que o conversor tem 10 *bits*, ele pode representar $2^{10} = 1024$ valores distintos.

Agora, aplicamos a equação:

$$x_d[n] = \frac{1}{1024} \cdot \left(\frac{2{,}6596}{5}\right) \approx 5{,}33$$

Portanto, o valor digital correspondente à temperatura medida de 25 °C é, aproximadamente, 5,33.

3. Imagine que você está trabalhando em um projeto de comunicação de alta velocidade, em que é necessário controlar a potência do sinal para evitar saturação dos receptores. Você utiliza um atenuador inteligente, que é capaz de ajustar sua atenuação de acordo com a potência do sinal de entrada. Nesse cenário, estamos interessados em entender como a atenuação do atenuador inteligente pode ser calculada em termos da potência de entrada e saída. Suponha que você tem um atenuador inteligente que recebe um sinal com potência de entrada de 10 mW (milésimos de *watt*) e o ajusta para uma potência de saída de 1 μW (*microwatt*). Qual é a atenuação em decibéis (dB) que o atenuador inteligente está aplicando a esse sinal?

Solução:

Vamos usar a equação de atenuação em decibéis para calcular o valor da atenuação.

Como a potência de entrada é 10 mW e a potência de saída é 1 µW, precisamos primeiro garantir que ambas as potências estejam na mesma unidade.

1 mW = 10^{-3} W.

1 µW = 10^{-6} W

Portanto, é necessário converter 1 µW para mW, de modo que as unidades estejam consistentes.

1 µW = 1 × 10^{-6} W = 0,001 mW.

Substituindo esses valores na equação de atenuação (Equação 5.4), temos:

$$\text{Atenuação (dB)} = 10 \cdot \log\left(\frac{P_{entrada}}{P_{saída}}\right)$$

$$\text{Atenuação (dB)} = 10 \cdot \log\left(\frac{10 \cdot 10^{-3} \text{ mW}}{0,001 \text{ mW}}\right) = 10 \cdot \log(10)$$

Agora, vamos calcular o valor numérico da atenuação:

Atenuação (dB) ≅ 10 · 1 ≅ 10 dB

Portanto, o atenuador inteligente está aplicando uma atenuação de, aproximadamente, 10 dB a esse sinal. Isso significa que a potência do sinal foi reduzida em um fator de 10, ou seja, em dez vezes, pela ação do atenuador.

4. Suponha que você está usando um conversor D/A de 12 *bits* (ou seja, n = 12) com uma tensão de referência de 5 V. Você deseja converter um valor digital de 5000 em uma tensão analógica. Qual é a tensão analógica de saída correspondente para o valor digital de 5000?

Solução:

Vamos utilizar a Equação 5.5:

$$V_{saída} = V_{ref} \cdot \left(\frac{Valor_{digital}}{2^n - 1} \right)$$

$$V_{saída} = 5 \cdot \left(\frac{5000}{2^{12} - 1} \right) = 5 \cdot \left(\frac{5000}{4095} \right) \approx 6{,}0976 \text{ V}$$

Portanto, a tensão analógica de saída correspondente ao valor digital de 5000 é, aproximadamente, 6,0976 V.

Ampliando as medições

Consulte os *sites* e materiais indicados a seguir para saber mais sobre o conteúdo apresentado neste capítulo:

AULA 19: Conversão AD e DA – Técnicas. Disponível em: <https://www.dsif.fee.unicamp.br/~elnatan/ee610/19a%20Aula.pdf>. Acesso em: 5 jul. 2024.

PASCHOALIN, T. **Sistemas Digitais – Aula 25: Conversores D/A**. 2021. Disponível em: <https://www.youtube.com/watch?v=EJJXinc1VHI>. Acesso em: 5 jul. 2024.

PASCHOALIN, T. **Sistemas Digitais – Aula 26: Conversores A/D**. 2021. Disponível em: <https://www.youtube.com/watch?v=YSII567zzzc>. Acesso em: 5 jul. 2024.

A Stack Exchange é uma comunidade de perguntas e respostas focada em eletrônica, em que muitos engenheiros e entusiastas discutem tópicos relacionados a conversores, circuitos e eletrônica em geral:

STACK EXCHANGE. **Electrical Engineering**. Disponível em: <https://electronics.stackexchange.com>. Acesso em: 5 jul. 2024.

O fórum associado ao canal do YouTube EEVblog, administrado por um engenheiro eletrônico, cobre uma ampla gama de tópicos em eletrônica, incluindo conversores:

EEVBLOG ELETRONICS COMMUNITY FORUM. Disponível em: <https://www.eevblog.com/forum/index.php>. Acesso em: 5 jul. 2024.

All About Circuits é um fórum e comunidade educacional dedicado à eletrônica. Há seções específicas sobre conversores, nas quais você pode encontrar discussões e materiais educativos:

ALL ABOUT CIRCUITS. Disponível em: <https://www.allaboutcircuits.com>. Acesso em: 5 jul. 2024.

Eng-Tips é um fórum voltado para engenheiros e abrange muitos tópicos de engenharia, incluindo eletrônica e conversores:

ENG-TIPS. Disponível em: <https://www.eng-tips.com>. Acesso em: 5 jul. 2024.

Comunidade e fóruns, ou "Subreddits", do Reddit, como r/electronics e r/AskElectronics, são lugares em que você pode fazer perguntas sobre conversores e receber respostas de uma comunidade ativa de entusiastas e profissionais:

REDDIT. **r/AskEletronics**. Disponível em: <https://www.reddit.com/r/AskElectronics>. Acesso em: 5 jul. 2024.

REDDIT. **r/eletronics**. Disponível em: <https://www.reddit.com/r/electronics>. Acesso em: 5 jul. 2024.

Resumo das medições

O quadro a seguir sintetiza os principais assuntos tratados neste capítulo.

Quadro 5.1 – Quadro-resumo

Tópico	Resumo
Conversores D/A (Digital-Analógico)	• Desempenham papel crucial na conversão de sinais digitais em analógicos. • Permitem comunicação eficaz entre dispositivos digitais e analógicos.
Sinais digitais	• Representações discretas de dados em formato binário (0s e 1s). • Amplamente utilizados em sistemas digitais como computadores.
Sinais analógicos	• Representações contínuas de informações. • Prevalecem em sistemas analógicos como circuitos eletrônicos.
Conversores A/D (Analógico-Digital)	• Convertem sinais analógicos em digitais. • Essenciais na comunicação entre dispositivos analógicos e digitais.
Atuadores inteligentes	• Transformam sinais elétricos em movimento mecânico. • Executam tarefas específicas, como controle de válvulas.

(continua)

(Quadro 5.1 – conclusão)

Tópico	Resumo
Operação de atuadores inteligentes	• Requer fornecimento de sinal de controle adequado, muitas vezes gerado por conversores D/A.
Conversores D/A, A/D e sensores	• Conversores D/A facilitam comunicação entre dispositivos digitais e analógicos. • Conversores A/D são essenciais em sistemas de aquisição de dados. • Sensores convertem grandezas físicas em sinais elétricos, frequentemente exigindo conversores A/D para processamento digital.

Testes instrumentais

1) Qual é a principal função dos conversores D/A em sistemas eletrônicos?

2) Quais são as características fundamentais dos sinais digitais em comparação com os sinais analógicos em sistemas eletrônicos?

3) Considere o exemplo apresentado sobre o cálculo da resolução em graus Celsius (°C) de um sistema utilizando um conversor analógico para digital (ADC) de 8 *bits* e um termômetro linear com um sensor PT100. Avalie as afirmações a seguir como verdadeiras (V) ou falsas (F).

( ) A faixa de entrada do ADC é de 0 a 1 V.

( ) A resolução da temperatura é de 1,96 °C.

( ) O ADC tem 256 *bits* de resolução.

Assinale a alternativa que apresenta a sequência correta:

a) V, F, F.
b) F, V, V.
c) V, V, F.
d) F, F, V.

4) Uma grandeza associada à resistividade é a resistência elétrica, que é propriedade de uma amostra do material, e não do material em si. Em outras palavras, podemos dizer que uma substância tem resistividade e uma amostra tem resistência. Nesse contexto, avalie as afirmações a seguir.

I) Um potenciômetro é basicamente um elemento resistivo cuja resistividade varia com a posição de um cursor.

II) Os extensômetros são elementos resistivos construídos de maneira a maximizar a variação de resistência com a deformação.

III) As termorresistências são dispositivos que utilizam a dependência entre a resistência de um material e a temperatura para indicar a temperatura.

É correto o que se afirma em:

a) I, apenas.
b) III, apenas.
c) I e III.
d) I, II e III.

5) Os sensores capacitivos podem medir uma variedade de movimentos, composições químicas, campo elétrico e, indiretamente, outras variáveis que possam ser convertidas em movimento ou constante dielétrica, tais como pressão, aceleração, nível e composição de fluidos. Nesse contexto, avalie as afirmações a seguir.

I) Os sensores capacitivos são projetados de maneira que sua capacitância varie com a grandeza a ser medida.

II) A capacitância é a propriedade elétrica que existe entre um condutor que separa dois dielétricos.

III) A quantidade de carga armazenada em um capacitor depende de sua geometria e das propriedades dielétricas do isolante.

Estão corretas as afirmativas:

a) I e II.
b) II e III.
c) I e III.
d) I, II e III.

Ampliando o raciocínio

1) Como a indutância elétrica está relacionada ao funcionamento dos sensores indutivos? Explique detalhadamente.

2) Explique a relação entre o efeito piezoelétrico e o efeito piroelétrico em materiais cristalinos.

Perturbações nos sistemas de medidas

6

Conteúdos do capítulo:

- Tipos e características dos ruídos.
- Tipos de interferências.
- Alternativas para reduzir a interferência.
- Blindagem e seus diversos modelos.
- Acoplamento capacitivo e indutivo.
- Eficiência da blindagem em sistemas eletrônicos.
- Filtragem analógica e os tipos de resposta.
- Tipos de filtragem analógica.
- Filtragem discreta e os tipos de resposta.
- Métodos de implementação de filtragem discreta.

Após o estudo deste capítulo, você será capaz de:

1. classificar e modelar os diversos tipos de ruídos;
2. classificar e modelar os diversos tipos de interferência por acoplamento;
3. indicar alternativas para redução de interferências;
4. estabelecer modelos matemáticos para redução de interferências;
5. caracterizar blindagem e acoplamentos;
6. solucionar problemas de acoplamentos capacitivo e indutivo;
7. relacionar formas eficientes de blindagem;
8. reconhecer os tipos de filtros analógicos e discretos;
9. diferenciar resposta em frequência e função transferência.

Considerando a discussão prévia sobre a tipologia e as propriedades dos ruídos em sistemas diversos, é viável estabelecer uma transição coerente para a próxima seção do texto. A seguir, investigaremos os diferentes tipos de ruídos encontrados em contextos físicos, eletrônicos, comunicativos e biológicos. Por meio dessa análise minuciosa, serão delineadas as características distintivas de cada tipo de ruído, desde o ruído branco até os fenômenos de interferência, destacando suas implicações cruciais para a qualidade e a confiabilidade dos sistemas.

6.1 Tipos de ruídos

Os ruídos são fenômenos ubíquos em sistemas, sejam eles físicos, sejam eles eletrônicos, comunicativos ou biológicos. Em um contexto científico e acadêmico, a compreensão dos diferentes tipos de ruídos e os mecanismos pelos quais eles se infiltram nos sistemas é de extrema importância. Este texto busca fornecer uma análise abrangente desses aspectos, enfocando suas características, seus tipos e os mecanismos subjacentes à sua introdução nos sistemas (Bolton, 1997; Doebelin, 2003).

6.1.1 Características dos ruídos

Ruídos são perturbações indesejadas que afetam a qualidade, a confiabilidade e o desempenho dos sistemas. Eles podem ser representados por sinais aleatórios ou interferências, introduzindo incertezas e variabilidades que, muitas vezes, são indesejáveis. Uma característica fundamental dos ruídos é sua natureza estocástica, ou seja, eles são imprevisíveis e não determinísticos. Isso torna essencial o estudo estatístico e probabilístico dos ruídos em diferentes contextos (Holman, 2000).

Os ruídos podem ser categorizados em várias classes, cada uma com características específicas (Madsen, 2008; Soloman, 2012; Teixeira, 2017). Os principais tipos de ruídos incluem os seguintes, mas não se restringem a apenas estes: ruído branco; ruído gaussiano; ruído colorido; ruído de quântica; ruídos de interferência; e ruído aleatório.

O **ruído branco**, o tipo mais simples de ruído, é caracterizado por uma densidade espectral constante em todas as frequências. Ele tem propriedades matemáticas interessantes, como ser estatisticamente independente em diferentes instantes de tempo. Um exemplo é o ruído térmico em eletrônica. Em termos matemáticos, a densidade espectral de potência do ruído branco, representada por $S(f)$, é constante:

Equação 6.1

Definição da densidade espectral de potência de um ruído branco

$$S(f) = \text{constante} \; \forall f$$

Isso implica que a potência total do ruído branco é distribuída igualmente em todas as faixas de frequência.

Esse tipo de ruído é frequentemente encontrado em processos estocásticos naturais, como o ruído térmico em sistemas eletrônicos e o ruído atmosférico em comunicações de rádio (Haykin; Van Veen, 2001).

Também conhecido como *ruído normal*, o **ruído gaussiano** tem uma distribuição de probabilidade gaussiana. Esse tipo de ruído é amplamente encontrado na natureza, como em processos de difusão, e é frequentemente usado para modelar incertezas. Em equações, a densidade de probabilidade de ocorrência P(x) de um ruído gaussiano é representada pela função gaussiana:

Equação 6.2

Definição de probabilidade de ocorrência de um ruído gaussiano

$$P(x) = \frac{1}{\sqrt{2\pi\sigma^2}} \cdot e^{-\frac{(x-\mu)^2}{2\sigma^2}}$$

Nessa equação, μ é a média e σ^2 é a variância do ruído. Esse tipo de ruído é amplamente utilizado para modelar incertezas em diversas aplicações, como em análises estatísticas, simulações e previsões.

Diferentemente do ruído branco, o **ruído colorido** apresenta uma densidade espectral que varia com a frequência. Um exemplo é o ruído introduzido em sistemas de comunicação devido a interferências seletivas em determinadas faixas de frequência.

A equação da densidade espectral S(f) para ruído colorido pode ser modelada de maneira geral como:

Equação 6.3

Definição da densidade espectral de um ruído colorido

$$S(f) = \frac{1}{f^\alpha}$$

Nessa expressão, f é a frequência [Hz] e α é a expoente que determina como a densidade espectral muda com a frequência. O ruído colorido é especialmente relevante em sistemas de comunicação, em que a interferência em faixas específicas de frequência pode degradar significativamente a qualidade dos sinais (Haykin; Van Veen, 2001).

O **ruído de quântica** ocorre em sistemas digitais e analógicos, cuja natureza discreta das quantidades físicas também pode introduzir ruído. Esse tipo de ruído é intrínseco a processos de discretização, como a conversão analógico-digital (Pallàs-Areny, 2001). Em termos matemáticos, esse ruído pode ser representado como o erro de quantização:

Equação 6.4

Definição de um erro de quantização

$$e[n] = x[n] - \text{round}(x[n])$$

Nessa expressão, x[n] é o valor contínuo e *round*(x[n]) é o valor quantizado. Esse tipo de ruído é essencial na determinação da precisão e da faixa dinâmica de sistemas de medição e processamento.

Os **ruídos de interferência**, também conhecidos como *ruídos determinísticos*, são caracterizados por serem influenciados por fontes externas identificáveis e previsíveis. Esses ruídos podem ser causados por interferências eletromagnéticas, processos de modulação, **crosstalk** em circuitos eletrônicos, entre outros fatores (Pallàs-Areny, 2001).

> **Na medida**
>
> **Crosstalk** – Em circuitos eletrônicos, é a interferência indesejada entre componentes ou condutores adjacentes. Isso pode resultar na transferência de sinal entre circuitos, causando distorção ou corrupção dos sinais transmitidos. Para mitigar o *crosstalk*, técnicas como isolamento físico, blindagem e roteamento cuidadoso dos sinais são utilizadas. Essas medidas visam garantir a integridade dos sinais e o funcionamento adequado dos circuitos.

Alguns pontos importantes a considerar são os seguintes:

- **Fontes identificáveis** – As fontes de ruídos de interferência podem ser mapeadas e quantificadas. Isso permite a aplicação de técnicas de filtragem e mitigação específicas para minimizar seu impacto (Sydenham, 1983).

- **Componentes determinísticos** – Ruídos de interferência muitas vezes possuem componentes determinísticos, o que significa que eles podem ser modelados matematicamente. Isso torna possível o desenvolvimento de estratégias de correção baseadas em modelos (Sydenham, 1983).
- **Interferência em sistemas de comunicação** – Um exemplo clássico é o ruído de interferência em sistemas de comunicação, em que sinais de diferentes fontes podem se sobrepor, gerando distorções nos dados transmitidos (Sydenham, 1983).

O **ruído aleatório**, também conhecido como *ruído estocástico*, é caracterizado por ser imprevisível e não determinístico. Ele está presente em muitos sistemas naturais e processos, frequentemente modelados como processos estocásticos (Soloman, 2012). Alguns aspectos relevantes do ruído aleatório incluem os seguintes:

- **Natureza estocástica** – O ruído aleatório não tem padrões identificáveis, o que o torna difícil de prever com precisão. Ele é geralmente modelado por distribuições probabilísticas, como a distribuição normal (gaussiana).
- **Componente inerente** – Em sistemas físicos, o ruído aleatório muitas vezes surge em decorrência de processos fundamentais, como o **movimento**

browniano em partículas suspensas em fluidos ou as flutuações quânticas.

Na medida

Movimento browniano em partículas suspensas em fluidos – Refere-se ao movimento aleatório e caótico dessas partículas decorrente dos impactos das moléculas do fluido em seu entorno. Descrito pela primeira vez por Robert Brown em 1827, esse fenômeno é uma evidência do movimento molecular aleatório nos fluidos e é fundamental para entender a difusão e o comportamento de partículas em suspensão.

- **Efeitos na medição e análise** – O ruído aleatório pode introduzir incerteza em medições experimentais e afetar a análise de dados, o que deve ser considerado em experimentos científicos.
- **Ruído térmico** – O ruído térmico, também conhecido como *ruído de agitação* ou *ruído de Johnson-Nyquist*, é uma fonte intrínseca de flutuações elétricas que surge em razão da agitação térmica dos elétrons em um condutor. Essas flutuações aleatórias de carga geram um sinal elétrico que é observado como ruído em circuitos eletrônicos.

Equação 6.5

Definição de um ruído térmico

$$N_0 = 4 \cdot k \cdot T \cdot B$$

Nessa expressão, N_0 é a densidade espectral de potência do ruído térmico, k é a constante de Boltzmann ($1{,}380649 \cdot 10^{-23}$ J/K), que relaciona a temperatura com a energia térmica, T é a temperatura absoluta em Kelvin e B é a largura de banda da faixa de frequências em Hertz (Soloman, 2012).

Essa equação revela que a densidade de potência do ruído térmico é diretamente proporcional à temperatura e à largura de banda (Doebelin, 2003).

Quanto maior a temperatura, maior a energia térmica dos elétrons, levando a uma maior agitação térmica e, consequentemente, maior densidade de potência do ruído térmico. Da mesma forma, quanto maior a largura de banda, mais frequências estão sendo consideradas, o que resulta em uma maior densidade de potência (Haykin; Van Veen, 2001).

A tensão de ruído para determinada largura de banda pode ser calculada pela Equação 6.6:

Equação 6.6

Cálculo da tensão de ruído térmico

$$V_n = \sqrt{4 \cdot k \cdot R \cdot T \cdot B}$$

Nessa expressão, R é a resistência do material [Ω].

O ruído térmico é um fenômeno fundamental que afeta muitos aspectos da eletrônica e das comunicações. Em projetos de dispositivos de alta sensibilidade ou sistemas de baixo ruído, é necessário considerar e mitigar os efeitos do ruído térmico por meio de técnicas como amplificação diferencial, filtros e resfriamento controlado, conforme demonstra a figura a seguir.

Figura 6.1 – Representação do ruído térmico produzindo flutuações em torno de uma tensão (V) média que está distribuída gaussianamente no domínio do tempo

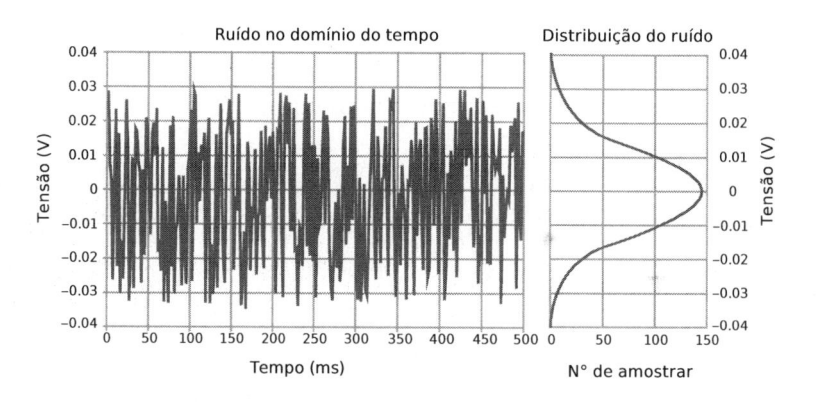

Fonte: Peterson, 2019, tradução nossa.

A equação de Nyquist-Shannon é uma ferramenta essencial para quantificar e compreender a natureza do ruído térmico em circuitos eletrônicos (Doebelin, 2003).

6.1.2 Tipos de interferências

A interferência de ruídos e sinais indesejados é uma questão central em diversas áreas da ciência e da engenharia, uma vez que pode comprometer o desempenho e a confiabilidade de sistemas complexos (Madsen, 2008). Vamos examinar, agora em profundidade, algumas formas de interferência, incluindo acoplamento galvânico, acoplamento indutivo, acoplamento capacitivo, terras múltiplos, acoplamento por radiofrequência (RF) ou micro-ondas, interferência eletromagnética (*Electromagnetic Interference* – EMI), *crosstalk* e interferência de sinal. Compreender esses fenômenos é essencial para mitigar seus efeitos indesejados em uma ampla gama de aplicações (Balbinot; Brusamarello, 2019).

Na medida

Terras múltiplos – Refere-se à situação em que um sistema elétrico ou eletrônico tem mais de uma conexão à terra, ou seja, mais de um ponto de referência elétrico conectado ao solo. Esses pontos de aterramento múltiplos podem levar a problemas de interferência, como *loops* de terra, em que correntes indesejadas fluem entre diferentes partes do sistema em razão das diferenças de potencial entre os pontos de terra. Isso pode resultar em EMI e *crosstalk*, afetando o desempenho e a confiabilidade do sistema.

O **acoplamento galvânico** ocorre quando dois ou mais circuitos compartilham uma conexão física comum, geralmente por meio de fios condutores. Essa forma de acoplamento pode introduzir ruído e interferência nos circuitos, afetando os sinais transmitidos. A equação que descreve o acoplamento galvânico pode ser representada pelo efeito da resistência em série entre os circuitos:

Equação 6.7

Definição de interferência por acoplamento galvânico

$$V_{resultado} = V_1 - i \cdot R$$

Nessa expressão, $V_{resultado}$ é o sinal resultante, V_1 é o sinal de entrada, i é a corrente de acoplamento e R é a resistência do condutor.

O **acoplamento indutivo** ocorre quando há um acoplamento mútuo de fluxo magnético entre dois circuitos, o que pode induzir correntes indesejadas e interferência. A equação que descreve o acoplamento indutivo é dada pela lei da indução eletromagnética de Faraday:

Equação 6.8

Definição de interferência por acoplamento indutivo

$$V_{induzida} = -N \cdot \frac{d\Phi}{dt}$$

Nessa expressão, $V_{induzida}$ é a tensão induzida, N é o número de espiras no circuito, Φ é o fluxo magnético e $\frac{d\Phi}{dt}$ é a taxa de variação do fluxo magnético com o tempo.

O **acoplamento capacitivo** ocorre quando dois circuitos estão separados por uma capacitância parasita, permitindo o fluxo de corrente alternada entre eles.

O problema de **terras múltiplos** ocorre quando diferentes componentes de um sistema compartilham distintos pontos de referência de terra, resultando em diferenças de potencial entre esses pontos e criando caminhos indesejados para a corrente. A equação que descreve as diferenças de potencial entre pontos de terra pode ser representada por:

Equação 6.9

Definição da diferença de potencial (DDP)
entre pontos de terra

$$V_{terra} = V_1 - V_2$$

Nessa expressão, V_{terra} é a diferença de potencial de terra [V], e V_1 e V_2 são os potenciais de terra de diferentes componentes.

O **acoplamento por RF ou micro-ondas** ocorre quando sinais eletromagnéticos de alta frequência interferem em circuitos próximos, causando distorções e perdas de sinal. A equação que descreve a propagação de ondas eletromagnéticas pode ser representada por:

Equação 6.10

Definição da DDP entre pontos de terra

$$E = E_o \cdot e^{-j(kz - \omega t)}$$

Nessa expressão, E é o campo elétrico [V/m], E_o é a amplitude da onda [V/m], j é a unidade imaginária, k é o número de onda, z é a coordenada espacial [m], ω é a frequência angular [rad/s] e t é o tempo [s].

A **interferência eletromagnética (EMI)** ocorre quando sistemas eletrônicos são afetados por radiações eletromagnéticas provenientes de fontes externas, como equipamentos de rádio, transmissores, motores elétricos, entre outros. A equação que descreve a EMI pode ser representada pelo acoplamento do campo eletromagnético:

Equação 6.11

Definição de acoplamento eletromagnético

$$V_{induzida} = k \cdot \frac{dE}{dt}$$

Nessa expressão, $V_{induzida}$ é a tensão induzida [V], k é a constante de acoplamento e $\frac{dE}{dt}$ é a taxa de variação do campo eletromagnético [V/m·s].

O **crosstalk**, ou *diafonia*, ocorre quando sinais de um canal interferem em outro canal adjacente, resultando em distorções nos dados transmitidos. O *crosstalk* é particularmente relevante em sistemas de comunicação e pode ser modelado como:

Equação 6.12

Definição de *crosstalk*

$$V_{crosstalk} = C \cdot \frac{di}{dt}$$

Nessa expressão, $V_{crosstalk}$ é a tensão de crosstalk [V], C é a capacitância parasita entre os canais [F] e *i* é a corrente de sinal [A].

A **interferência de sinal** ocorre quando sinais de diferentes fontes se sobrepõem, levando a distorções ou cancelamento de partes do sinal original. Isso pode ser representado pela soma de sinais com diferentes amplitudes e fases. A equação na sequência apresenta a definição de interferência de um sinal como função da tensão:

Equação 6.13

Definição de interferência de sinal

$$V_{resultado} = V_1 + V_2$$

Nessa expressão, $V_{resultado}$ é o sinal resultante, V_1 e V_2 são os sinais de entrada [V].

6.1.3 Alternativas para redução de interferência

A obtenção de medidas precisas é um objetivo primordial em uma ampla gama de aplicações científicas e técnicas, porém, frequentemente, a presença de interferências pode prejudicar a exatidão e a confiabilidade dessas medidas. Para enfrentar esse desafio, diversos métodos têm sido desenvolvidos para reduzir as interferências em sistemas de medição (Alexander; Sadiku, 2000; Bazanella; Silva Jr., 2005; Gooday, 2010). Entre esses métodos, destacamos os seguintes: utilização de pares trançados; grade eletrostática; cabos blindados; terra único; filtragem do sinal; utilização de isolação galvânica; amplificadores diferenciais e de instrumentação.

A **utilização de pares trançados** é uma estratégia eficaz para minimizar a interferência em sistemas de medida. Ao conectar os elementos do sistema com pares trançados, o ruído induzido pode ser cancelado em virtude da direção das correntes, uma vez que os campos induzidos tendem a se anular.

Isso é especialmente valioso em aplicações sensíveis a ruídos, como sistemas de comunicação e transmissão de dados, conforme representa a figura a seguir.

Figura 6.2 – Efeito dos cabos pares trançados no processo de anular o acoplamento magnético

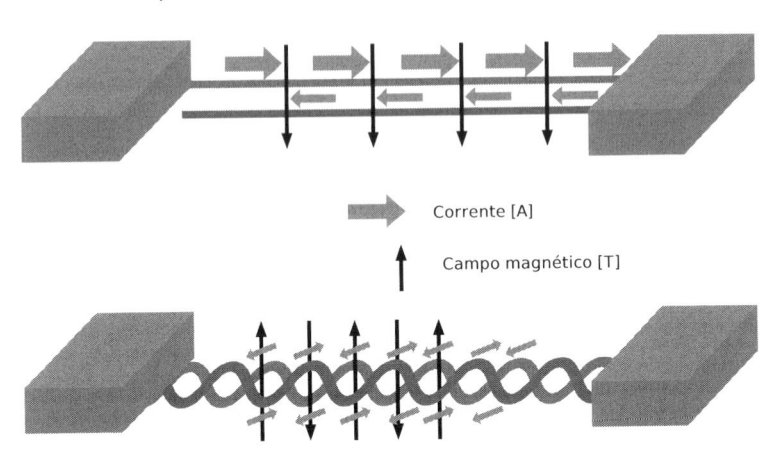

Corrente [A]
Campo magnético [T]

A equação que descreve a atenuação de ruído em pares trançados pode ser representada como:

Equação 6.14

Cálculo para atenuação de ruído em pares trançados

$$SNR_{trançado} = 10 \cdot \log\left(\frac{P_{sinal}}{P_{ruído}}\right)$$

Nessa expressão, $SNR_{trançado}$ é a relação sinal ruído melhorada em decorrência do uso de pares trançados, P_{sinal} é a potência do sinal [W] e $P_{ruído}$ é a potência do ruído [W].

A utilização de uma **grade eletrostática**, em que o sistema de medida é cercado por uma grade metálica aterrada, é uma estratégia eficaz para evitar acoplamentos capacitivos e magnéticos indesejados. No entanto, esse método pode apresentar o desafio de múltiplos terras, que precisa ser gerenciado cuidadosamente para evitar problemas de referência. A grade eletrostática é especialmente útil em ambientes com interferências eletromagnéticas intensas (Madsen, 2008).

A utilização de **cabos blindados** é uma extensão do método da grade eletrostática aplicado à transmissão das informações. Cabos com blindagem metálica envolvendo os condutores internos protegem o sinal de interferências externas. Isso é comumente empregado em sistemas de alta frequência e transmissão de dados sensíveis, em que a proteção contra interferências é crucial para a qualidade do sinal (Madsen, 2008).

Definir um **único ponto de terra** no sistema de medida é uma estratégia eficaz para evitar os problemas associados a terras múltiplos, que podem introduzir diferenças de potencial e correntes parasitas, comprometendo as medidas. O uso de um terra único é importante em sistemas de alta precisão e em ambientes em que a interferência de terra é uma preocupação (Madsen, 2008).

A **filtragem do sinal** é uma técnica valiosa para reduzir a interferência, ajustando a largura de banda do sistema de medida para rejeitar o sinal de interferência. Isso é particularmente útil quando a interferência está concentrada em uma faixa específica de frequência

(Madsen, 2008). A equação que descreve a função de transferência de um filtro pode ser representada como:

Equação 6.15

Cálculo para função de transferência de um filtro

$$H(f) = \frac{1}{\sqrt{1 + \left(\dfrac{f}{f_c}\right)^{2n}}}$$

Nessa expressão, H(f) é a função de transferência do filtro, f é a frequência [Hz], f_c é a frequência de corte [Hz] e n é a ordem do filtro.

A **utilização de isolação galvânica** permite o desacoplamento de dois circuitos, evitando certos tipos de interferências que podem ocorrer quando há conexões diretas entre os circuitos. Isso é particularmente valioso em aplicações em que a interferência por correntes parasitas é uma preocupação, como em sistemas de controle de alta precisão (Soloman, 2012). A utilização de **amplificadores diferenciais e de instrumentação** é uma abordagem eficaz para eliminar a interferência quando ela se encontra em modo comum. Amplificadores diferenciais amplificam a diferença de potencial entre dois terminais, rejeitando interferências comuns presentes em ambos os terminais. Essa técnica é amplamente empregada em sistemas de medição sensíveis (Holman, 2000).

6.2 Blindagem

A EMI é uma questão central na engenharia eletromagnética, especialmente no contexto de sistemas sensíveis que operam em ambientes com múltiplas fontes de perturbação (Noltingk, 1985). O acoplamento capacitivo e indutivo entre circuitos próximos é uma fonte significativa de EMI, introduzindo componentes indesejados nos sinais desejados e prejudicando a integridade do sistema.

    Uma ação eficaz para abordar essa problemática reside na utilização de técnicas de blindagem, as quais têm como objetivo minimizar a interferência eletromagnética, garantindo a robustez do sistema em face das perturbações externas (Balbinot; Brusamarello, 2019).

    A blindagem pode ser conceituada como a aplicação estratégica de materiais condutores de baixa resistência e baixa indutância em torno de componentes ou circuitos, criando uma barreira que atenua e desvia as perturbações eletromagnéticas, conforme apresentado na figura a seguir.

Figura 6.3 – Esquema de blindagem a partir de materiais com propriedades específicas para garantir a minimização de interferência eletromagnética

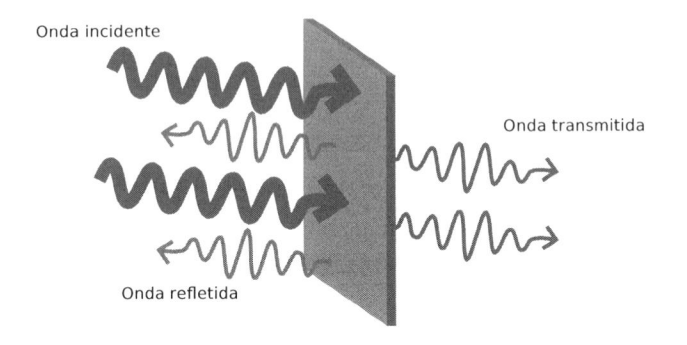

Essa abordagem é particularmente adequada para mitigar o acoplamento capacitivo e indutivo, os quais decorrem da interação entre campos elétricos e magnéticos gerados por circuitos próximos. A seleção criteriosa de materiais condutores e a disposição precisa da blindagem permitem controlar o fluxo de campos e minimizar a influência de sinais indesejados (Balbinot; Brusamarello, 2019).

No que tange ao acoplamento capacitivo, a implementação de blindagem age como um condutor que neutraliza o campo elétrico gerado por circuitos vizinhos. A equação que rege esse acoplamento é mencionada na Seção 3.2.1 deste livro, conforme revisamos a seguir:

Equação 6.16

Cálculo da capacitância para capacitores cilíndricos

$$C = \frac{(2 \cdot \pi \cdot \varepsilon \cdot L)}{\ln\left(\frac{r_2}{r_1}\right)}$$

A inserção de uma blindagem competente reduz a capacitância entre os circuitos, diminuindo consequentemente o acoplamento capacitivo (Holman, 2000).

No contexto do acoplamento indutivo, a blindagem proporciona uma redução na interação entre os campos magnéticos gerados por circuitos adjacentes. A relação entre tensão e indutância é mostrada pela Equação 3.19, que vimos no Capítulo 3.

A incorporação de uma blindagem adequada interrompe a propagação dos campos magnéticos, diminuindo assim o acoplamento indutivo (Balbinot; Brusamarello, 2019).

Entretanto, é relevante destacar que, em frequências muito baixas, como 60 Hz, as soluções baseadas em blindagem enfrentam limitações práticas. Tendo em vista as dimensões envolvidas, a espessura necessária para oferecer uma blindagem eficaz seria impraticavelmente elevada. Nesse contexto, outras abordagens, como técnicas de filtragem, estratégias de aterramento apropriado e modulação, podem ser adotadas para garantir a adequada *performance* do sistema (Holman, 2000).

Na ampla categoria da blindagem, destaca-se a blindagem eletrostática, que compreende o uso de revestimentos condutores ou malhas metálicas para criar um invólucro que redireciona os campos elétricos e minimiza a interferência eletromagnética. Além disso, a blindagem magnética emprega materiais ferromagnéticos para bloquear os campos magnéticos, e a blindagem eletromagnética combina características das duas abordagens anteriores, protegendo contra ambas as formas de acoplamento (Balbinot; Brusamarello, 2019; Gooday, 2010).

6.2.1 Acoplamento capacitivo

O acoplamento capacitivo é uma técnica fundamental em circuitos eletrônicos que permite a transferência de sinais elétricos entre diferentes partes de um circuito, mantendo um isolamento galvânico entre elas. Esse método de acoplamento é amplamente utilizado para transmitir sinais de alta frequência, permitindo a comunicação eficiente entre estágios de amplificação, filtragem e processamento em sistemas eletrônicos complexos (Balbinot; Brusamarello, 2019).

Princípios do acoplamento capacitivo

O acoplamento capacitivo envolve a transferência de carga elétrica entre dois circuitos através de um capacitor. Um *capacitor* é um dispositivo que armazena energia na forma de carga elétrica em suas placas, separadas por um material isolante dielétrico (Haykin; Van Veen,

2001). Quando duas partes de um circuito são conectadas por um capacitor, a carga acumulada em uma placa do capacitor causa uma diferença de potencial, ou *tensão*, que é transferida para a outra parte do circuito (Figura 6.4).

Figura 6.4 – Representação física simplificada do acoplamento capacitivo entre dois condutores

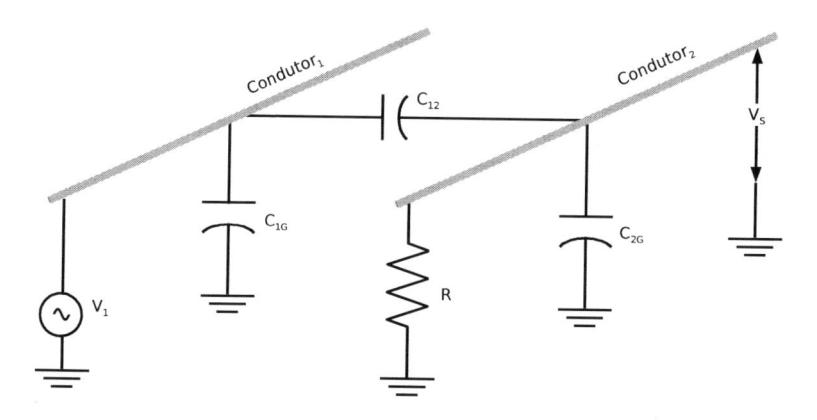

A transferência de sinal ocorre devido à capacidade do capacitor de passar correntes alternadas de alta frequência enquanto bloqueia correntes contínuas. Isso permite que sinais de alta frequência fluam de um circuito para outro enquanto o isolamento proporcionado pelo dielétrico mantém as partes de corrente contínua separadas (Balbinot; Brusamarello, 2019).

O modelo circuital referente ao acoplamento capacitivo foi desenvolvido considerando a tensão elétrica V_1 no condutor 1 como a fonte geradora de interferência e o condutor 2 como o circuito receptor afetado por essa interferência. Baseando-se nos princípios da **teoria de circuitos**, a tensão de ruído V_N gerada entre o condutor 2 e a referência pode ser expressa de maneira simplificada, negligenciando a influência da capacitância C_{1G} em virtude da fonte de tensão V_1.

> **(?) Na medida**
>
> **Teoria de circuitos** – É um ramo da engenharia elétrica que estuda o comportamento e as propriedades dos circuitos elétricos. Essa disciplina se concentra na análise e no projeto de sistemas elétricos que incluem componentes como resistores, capacitores, indutores, fontes de alimentação e semicondutores. A teoria de circuitos abrange uma variedade de tópicos, incluindo análise de circuitos em corrente contínua (CC) e corrente alternada (CA), análise de circuitos lineares e não lineares, teoria de redes, circuitos digitais, filtros, amplificadores, osciladores e muitos outros. Esses conceitos são fundamentais para o desenvolvimento e a compreensão de uma ampla gama de dispositivos eletrônicos e sistemas de controle, e são essenciais para engenheiros eletricistas, engenheiros de telecomunicações e outros profissionais da área.

Isso ocorre porque a mencionada capacitância não exerce efeito significativo no processo de acoplamento, conforme demonstra a equação a seguir:

Equação 6.17

Cálculo da tensão de ruído num acoplamento capacitivo em [V]

$$V_N = \frac{j \cdot \omega \cdot \left[\frac{C_{12}}{C_{12} + C_{2G}} \right]}{j \cdot \omega + \frac{1}{R \cdot (C_{12} + C_{2G})}} \cdot V_1$$

Nessa expressão, C_{12} é a capacitância parasita presente entre os condutores 1 e 2 em [F], C_{1G} é a capacitância entre a referência e o condutor 1 em [F], C_{2G} é a capacitância total entre o condutor 2 e a referência e de possíveis efeitos de qualquer circuito equivalente que esteja conectado ao conector 2, em [F], ω é a frequência angular ($\omega = 2 \cdot \pi \cdot f$) em [rad/s] e R é a resistência do circuito 2 com relação à referência, que resulta do circuito conectado ao condutor 2, em [Ω] (Madsen, 2008).

Se considerarmos casos particulares, como se R admitisse uma impedância de valor muito pequeno, temos que:

Equação 6.18

Equação que relaciona a impedância

$$R \ll \frac{1}{j \cdot \omega \cdot (C_{12} + C_{2G})}$$

E a equação da tensão ruído V_N pode ser escrita como:

Equação 6.19

Equação da tensão de ruído

$$V_N = j \cdot \omega \cdot R \cdot C_{12} \cdot V_1$$

Essa expressão representa o **acoplamento capacitivo entre dois condutores**.

Se considerarmos R uma impedância de valor muito grande, temos que:

Equação 6.20

Equação da impedância com valor muito grande

$$R \gg \frac{1}{j \cdot \omega \cdot (C_{12} + C_{2G})}$$

Nesse caso, a equação da tensão ruído pode ser reescrita como:

Equação 6.21

Equação da tensão ruído

$$V_N = \left(\frac{C_{12}}{C_{12} + C_{2G}} \right) \cdot V_1$$

Imagine agora que uma **blindagem** foi colocada ao redor do condutor 2, conforme indicado na Figura 6.5, com um R de valor infinito (Madsen, 2008).

Figura 6.5 – Representação do acoplamento capacitivo com blindagem no condutor 2

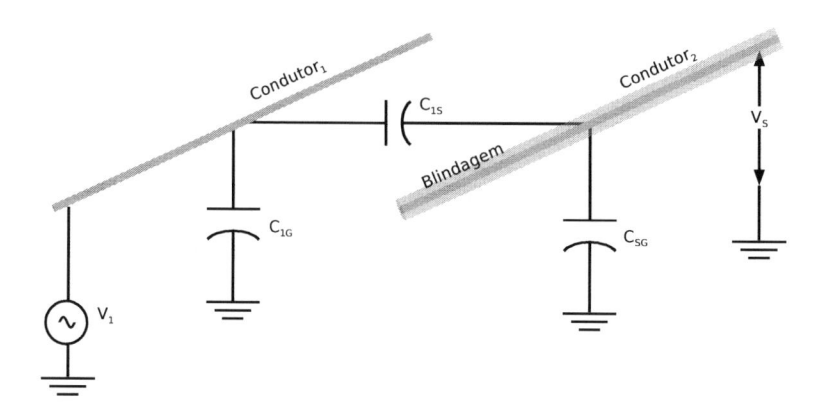

Para esse caso, a expressão para a tensão de ruído V_N é dada por:

Equação 6.22

Equação geral da tensão de ruído

$$V_S = \left(\frac{C_{1S}}{C_{1S} + C_{SG}}\right) \cdot V_1$$

Dado que não há corrente fluindo através de C_{2S}, que é a capacitância entre o condutor 2 e a blindagem, então, a tensão no condutor 2 será: $V_N = V_S$.

O caso de **blindagem ideal** seria ter uma tensão $V_S = 0$ e tensão de ruído $V_N = 0$. Todavia, para garantir uma blindagem eficaz do campo elétrico, é imperativo seguir duas medidas essenciais. Primeiramente, é necessário reduzir ao máximo o comprimento do condutor central que extrapola a região de blindagem (Madsen,

2008). Em segundo lugar, é fundamental assegurar um aterramento adequado para a blindagem. Ao passo que uma conexão simples com a referência proporciona um aterramento satisfatório para cabos cujo comprimento não ultrapasse cerca de 1/20 do comprimento de onda, a situação se torna mais complexa para cabos mais longos, podendo demandar múltiplas referências de aterramento para uma efetiva neutralização (Noltingk, 1985).

Se considerarmos R finito e bem menor do que o seguinte:

$$R \ll \frac{1}{j \cdot \omega \cdot (C_{12} + C_{2G} + C_{2S})}$$

Logo, a tensão ruído de acoplamento seria dada por:

Equação 6.23

Equação de tensão ruído de acoplamento

$$V_N = j \cdot \omega \cdot R \cdot C_{12} \cdot V_1$$

Essa é a mesma expressão para o caso do cabo sem aterramento, mas com capacitância presente entre os condutores 1 e 2.

Medições amostrais

Um exemplo comum de acoplamento capacitivo é encontrado em amplificadores de áudio. O sinal de áudio que precisa ser amplificado é acoplado ao estágio de amplificação seguinte por meio de um capacitor. Isso permite que o sinal de áudio flua através do capacitor enquanto a **componente DC** é bloqueada, evitando assim distorções indesejadas no sinal amplificado.

Outra aplicação está nos circuitos de comunicação sem fio. Um exemplo é o acoplamento entre a antena de um transmissor e um circuito de modulação. O sinal de alta frequência modulado é acoplado capacitivamente para a antena, permitindo a transmissão do sinal modulado enquanto mantém o isolamento da tensão contínua (Haykin; Van Veen, 2001).

Na medida

Componente DC – É um dispositivo projetado para operar com corrente contínua (CC ou DC – *Direct Current*), fluindo em uma única direção. Exemplos incluem resistores, capacitores e indutores, essenciais para diversos circuitos elétricos.

6.2.2 Acoplamento indutivo

O acoplamento indutivo é uma técnica essencial na engenharia de circuitos eletrônicos, permitindo a transferência de energia e sinais entre diferentes partes de um sistema por meio do uso de campos magnéticos. Essa abordagem de acoplamento desempenha um papel crucial em uma ampla gama de aplicações, desde transformadores e indutores até sistemas de comunicação sem fio e transmissão de energia sem fio (Balbinot; Brusamarello, 2019).

Princípios do acoplamento indutivo

Quando uma corrente I flui através de um circuito fechado, um campo magnético é gerado ao seu redor (Balbinot; Brusamarello, 2019).

Esse campo magnético é quantificado pelo fluxo magnético, representado por Φ [W], que é diretamente proporcional à corrente elétrica [A]. Essa relação de proporcionalidade é expressa pela Equação 6.24:

Equação 6.24

Cálculo do fluxo magnético em Weber [W]

$$\varnothing = L \cdot I$$

Nessa expressão, L é a indutância do circuito em [H]. A constante de proporcionalidade L é uma característica fundamental do circuito e depende de sua geometria e propriedades magnéticas do material.

A indutância L desempenha um papel crucial no acoplamento indutivo. Quanto maior a indutância, maior será o fluxo magnético gerado por uma corrente dada, resultando em um acoplamento mais eficaz entre circuitos (Balbinot; Brusamarello, 2019; Alexander; Sadiku, 2000). Esse é o caso da **indutância mútua** entre os circuitos 1 e 2 (representada na Figura 6.6), cuja expressão é dada pela Equação 6.25.

Figura 6.6 – Representação simplificada de um acoplamento indutivo entre dois circuitos

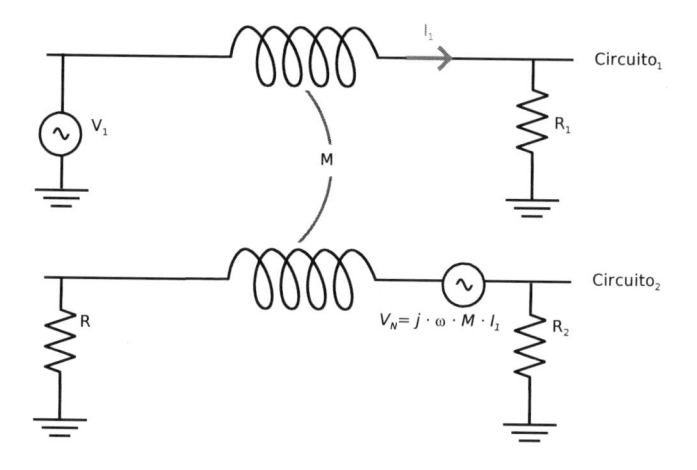

Equação 6.25

Cálculo da indutância mútua entre dois circuitos

$$M_{12} = \frac{\varnothing_{12}}{I_1}$$

Nessa expressão, Φ_{12} é o fluxo magnético no circuito 2 devido à corrente no circuito 1 (I_1) dado em [W].

A indutância também influencia a quantidade de energia armazenada em um campo magnético quando a corrente varia no decorrer do tempo (Alexander; Sadiku, 2000). Isso é particularmente importante em dispositivos como indutores, em que a energia pode ser armazenada temporariamente no campo magnético e depois liberada novamente (Bazanella; Silva Jr., 2005).

Considerando um circuito fechado tal qual aquele descrito pela lei de Faraday, a tensão induzida V_{ind} nesse circuito pode ser expressa como:

Equação 6.26

Cálculo da tensão induzida em um circuito fechado de área A [m²] considerando um campo magnético de densidade de fluxo B [T]

$$V_N = j \cdot \omega \cdot B \cdot A \cdot \cos(\theta)$$

Nessa expressão, $B \cdot A \cdot \cos(\theta)$ representa o fluxo magnético total, ou Φ_{12}, acoplado ao circuito receptor. Após alguns algebrismos, é possível representar a tensão por acoplamento indutivo como:

Equação 6.27

Cálculo da tensão por acoplamento indutivo

$$V_N = j \cdot \omega \cdot M \cdot I_1 = M \frac{di_1}{dt}$$

Nessa expressão, I_1 é a corrente no circuito (fonte de ruído) em [A] e M é a indutância mútua entre os dois circuitos.

Com o intuito de atenuar a tensão de ruído V_N, é necessário proceder a reduções dos parâmetros A, $\cos(\theta)$ ou B.

Para diminuir a densidade de fluxo magnético B, alternativas incluem a separação física dos circuitos ou a técnica de entrelaçamento dos fios na fonte. Isso permite que uma corrente flua pelo par entrelaçado sem passar pelo plano de terra (Bazanella; Silva Jr., 2005; Holman, 2000).

Já para diminuir $\cos(\theta)$, é possível realizar uma orientação apropriada entre a fonte e os circuitos receptores. A área do circuito receptor também pode ser minimizada por meio da implementação de condutores entrelaçados, conhecidos como *pares trançados*.

Observa-se, pela Figura 6.8, que a introdução de uma blindagem não magnética não afetará o acoplamento magnético. Ademais, um aterramento acrescido à blindagem não surtirá efeito, uma vez que as propriedades magnéticas do meio não são alteradas.

Considerando o cenário de um cubo unidirecional, a indutância mútua entre a blindagem e o condutor central do cabo é igual à indutância da própria blindagem (Balbinot; Brusamarello, 2019). Nesse caso, o circuito equivalente entre a blindagem e o condutor central é ilustrado na Figura 6.7.

Figura 6.7 – Representação de um circuito equivalente do condutor blindado

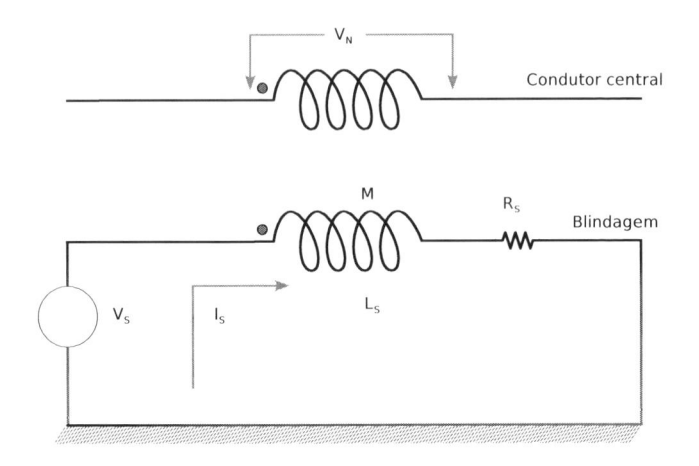

Admitindo um cabo coaxial para esse caso, podemos afirmar que a indutância mútua entre a blindagem e o condutor do centro do cabo será igual à indutância da blindagem (Figura 6.4), de tal modo que a tensão de ruído induzido pelo circuito, de acordo com Balbinot e Brusamarello (2019), pode ser calculada por:

Equação 6.28

Cálculo da tensão induzida em um circuito equivalente com condutor blindado

$$V_N = \left(\frac{j \cdot \omega}{j \cdot \omega + \dfrac{R_S}{L_S}} \right)$$

A equação descreve como a tensão de saída V_N é afetada pela frequência angular ω, pela resistência R_S e pela indutância L_S. À medida que a frequência aumenta, o termo R_S/L_S se torna mais significativo e a relação entre a parte imaginária ($j\omega$) e a parte real (R_S/L_S) afeta a atenuação do sinal de acordo com a resposta do filtro passa-baixas. Lembrando que V_N é a tensão de saída do circuito, que representa o sinal que passou pelo filtro passa-baixas.

A inclusão de *j* na equação indica a presença de componentes complexos em razão da resposta em frequência do filtro, e ω é a frequência angular do sinal elétrico (Balbinot; Brusamarello, 2019). Ela é relacionada à frequência *f* em [Hz] pela equação $\omega = (2 \cdot \pi \cdot f)$. R_S é a resistência da fonte de sinal [Ω]. Essa resistência está relacionada à impedância da fonte, afetando a resposta em frequência do circuito. L_S é a indutância da fonte de sinal [H].

A indutância é uma medida da oposição que um componente oferece à mudança de corrente elétrica. Nesse caso, ela afeta a atenuação do sinal à medida que a frequência aumenta (Balbinot; Brusamarello, 2019).

Para proporcionar a mais eficaz proteção em frequências baixas, a abordagem ideal consiste em empregar a própria blindagem como condutor do sinal, mantendo um dos lados do circuito isolado do aterramento. A comparação entre cabo coaxial e par trançado revela duas opções notavelmente úteis em diversas aplicações (Balbinot; Brusamarello, 2019).

Pares trançados blindados demonstram grande utilidade em faixas de frequência de até 100 kHz, salvo algumas exceções, visto que acima de 1 MHz ocorre um aumento considerável nas perdas da blindagem do par. Em contrapartida, os cabos coaxiais apresentam características de impedância mais uniformes e perdas menores. Eles atendem a uma faixa que vai desde frequências **VHF**, por volta de 100 MHz, até aplicações especiais que alcancem 10 GHz.

Na medida

VHF (*Very High Frequency*, ou Frequência Muito Alta) – Refere-se a uma faixa de frequência de rádio entre 30 MHz e 300 MHz. É amplamente utilizada em comunicações de rádio e televisão, além de aplicações militares, aeronáuticas e de radiodifusão. Em virtude de sua capacidade de transmitir sinais em longas distâncias e penetrar em obstáculos, é uma escolha comum para comunicações de médio alcance. Entretanto, um par trançado ostenta uma capacitância superior em relação ao cabo coaxial. Como resultado, ele não se destaca em altas frequências ou em circuitos de alta impedância. Por outro lado, um cabo coaxial aterrado em um ponto específico proporciona um nível efetivo de proteção contra efeitos capacitivos. Todavia, caso uma corrente de ruído percorra a blindagem, isso resultará em uma tensão de ruído, cuja magnitude equivale à corrente na blindagem multiplicada pela resistência da corrente, de acordo com a Lei de Ohm (Balbinot; Brusamarello, 2019).

Dado que a blindagem faz parte do trajeto do sinal, essa tensão de ruído se manifesta como ruído em série com o sinal de entrada. A utilização de uma dupla blindagem, conhecida como *triaxial*, com um espaço isolante entre as duas camadas de blindagem pode, efetivamente, eliminar o ruído gerado pela resistência da blindagem, resultando em uma melhoria no desempenho do sistema.

6.3 Como tornar mais eficiente a blindagem?

Para aprimorar a eficiência da blindagem em sistemas eletrônicos, é essencial adotar uma série de estratégias que visam minimizar a EMI indesejada e garantir a integridade do sinal (Balbinot; Brusamarello, 2019; Teixeira, 2017). Algumas abordagens que podem ser adotadas para tornar a blindagem mais eficiente são as seguintes: material de blindagem adequado; projeto de blindagem; aterramento adequado; blindagem multicamadas; separação física; cabos trançados; filtros de ruído; aterramento diferencial; blindagem eletromagnética em carcaças; minimização de *loops* de corrente; proteção em camadas; projeto de rotas de cabo; aterramento limpo.

> **Na medida**
>
> **Loops** – Referem-se às voltas ou curvas formadas pelos condutores trançados ao redor de si mesmo. Esses *loops* são uma característica da estrutura helicoidal dos cabos trançados e contribuem para a eficácia da blindagem contra interferências externas, pois ajudam a reduzir a indução de correntes nos condutores adjacentes.

6.3.1 Material de blindagem adequado

A aplicação de materiais de blindagem adequados desempenha um papel crucial na proteção contra EMI e na manutenção da integridade de sistemas eletrônicos sensíveis. A escolha criteriosa de materiais condutores é um fator determinante para assegurar a eficiência da blindagem. Nesse contexto, ligas de cobre se destacam como opções viáveis, pois têm propriedades elétricas e magnéticas favoráveis.

A eficácia da blindagem está intimamente ligada à capacidade do material de conduzir correntes elétricas indesejadas. Ligas de cobre são conhecidas por apresentarem uma condutividade elétrica excepcionalmente alta. A baixa resistência elétrica desses materiais possibilita a rápida dissipação de correntes induzidas, direcionando-as de modo eficaz para a terra ou outras trajetórias de baixa resistência. Essa capacidade de condução evita o acúmulo de carga elétrica na superfície do material de blindagem, reduzindo significativamente o potencial de interferência com componentes sensíveis (Soloman, 2012).

A habilidade de um material de atenuar campos eletromagnéticos é um critério essencial para a escolha de materiais de blindagem. Ligas de cobre, em virtude de sua condutividade e permeabilidade magnética favoráveis, são altamente eficazes na absorção e na dissipação de campos magnéticos e elétricos. A presença de um material condutor como a liga de cobre cria uma barreira que desvia as perturbações eletromagnéticas, impedindo a entrada destas no sistema protegido (Doebelin, 2003).

6.3.2 Projeto de blindagem

A eficácia da blindagem eletromagnética reside não apenas na seleção adequada de materiais condutores, mas também na abordagem estratégica de seu *design*. O projeto de blindagem desempenha um papel crucial na minimização dos vazamentos de radiação eletromagnética, preservando assim a integridade dos componentes sensíveis e garantindo a operação confiável de sistemas eletrônicos. O princípio fundamental por trás do projeto de blindagem eficaz é assegurar que os componentes sensíveis estejam completamente envolvidos por uma barreira condutora, que atue como uma armadura contra influências eletromagnéticas externas. Isso impede a entrada e a saída não autorizada de campos elétricos e magnéticos, minimizando os vazamentos de radiação que poderiam causar interferências em sistemas vizinhos ou afetar a precisão das medições (Bazanella; Silva Jr., 2005).

Para atingir a cobertura completa dos componentes sensíveis, a modelagem e a simulação computacional desempenham um papel crucial. Técnicas de simulação eletromagnética, como o **método dos elementos finitos** ou a **análise de elementos de contorno**, permitem avaliar o desempenho da blindagem em diferentes configurações. Ao simular o comportamento dos campos eletromagnéticos em torno da blindagem, é possível identificar áreas potenciais de vazamentos de radiação e ajustar o *design* para otimizar a cobertura (Balbinot; Brusamarello, 2019).

Na medida

Método dos elementos finitos – É uma técnica numérica usada para resolver problemas de engenharia e física que envolvem equações diferenciais parciais. Ele divide um domínio complexo em elementos menores para os quais as equações são aproximadas.

Análise de elementos de contorno: É outra técnica numérica que resolve problemas de fronteira, em que a solução é encontrada apenas na fronteira do domínio. Ambos os métodos são amplamente utilizados na análise estrutural, térmica e fluidodinâmica, entre outras áreas da engenharia.

6.3.3 Aterramento adequado

O aterramento adequado exerce um papel fundamental na maximização da eficiência da blindagem eletromagnética. Ao criar um caminho de baixa resistência para a dissipação de correntes indesejadas e direcionar corretamente as correntes de ruído, o aterramento contribui significativamente para a redução de EMIs em sistemas eletrônicos sensíveis.

Quando uma EMI atinge a blindagem, ela induz correntes indesejadas na superfície do material condutor. O aterramento eficaz proporciona um caminho de baixa resistência para a dissipação dessas correntes indesejadas. Ao conectar a blindagem a uma referência de terra, as correntes de interferência são direcionadas para fora do sistema, o que evita que se propaguem para outros componentes ou circuitos (Balbinot; Brusamarello, 2019).

A lei de Ohm ($I_{ruído} = V_{ruído} \cdot R_{ruído}$) é essencial para compreender a relação entre tensão, corrente e resistência no contexto do aterramento. A resistência ($R_{ruído}$) do caminho de aterramento é um fator crítico na dissipação eficiente de correntes indesejadas. Um caminho de baixa resistência reduzirá a queda de tensão ($V_{ruído}$) e, consequentemente, a quantidade de corrente ($I_{ruído}$) que permanece nas camadas da blindagem (Balbinot; Brusamarello, 2019).

6.3.4 Blindagem multicamadas

A evolução constante das tecnologias eletrônicas tem demandado soluções cada vez mais sofisticadas para mitigar os desafios impostos pelas EMIs. A técnica de blindagem multicamadas surge como uma abordagem eficaz para atingir níveis superiores de proteção.

A blindagem multicamadas é fundamentada no conceito de estruturas que combinam diferentes materiais condutores e isolantes. Essa abordagem visa maximizar a atenuação de interferências eletromagnéticas, incorporando a capacidade de refletir, absorver e dissipar campos eletromagnéticos indesejados. A combinação de camadas condutoras e isolantes permite uma eficácia aprimorada em uma ampla gama de frequências, desde sinais de alta frequência até interferências de baixa frequência (Noltingk, 1985).

As equações fundamentais para entender a atenuação e a reflexão de campos eletromagnéticos podem ser expressas por meio das constantes dielétricas (ϵ) e magnéticas (μ) dos materiais envolvidos:

Equação 6.29

Equação de atenuação de campos eletromagnéticos

$$\alpha = \sqrt{\frac{\omega^2 \cdot \epsilon \cdot \mu}{2}}$$

Nessa expressão, α é o coeficiente de atenuação e ω a frequência angular em [rad/s].

A escolha de materiais para cada camada é crítica. Camadas condutoras, frequentemente compostas de ligas de cobre ou alumínio, têm alta condutividade elétrica e são capazes de refletir os campos eletromagnéticos incidentes (Sydenham, 1983). Por outro lado, camadas isolantes, como polímeros ou dielétricos, absorvem a energia eletromagnética e reduzem a transmissão de campos.

A combinação de camadas condutoras e isolantes cria uma barreira complexa que pode refletir, absorver e difundir campos eletromagnéticos. Camadas condutoras refletem a radiação incidente, redirecionando-a para fora da estrutura protegida. Camadas isolantes absorvem parte da energia eletromagnética, dissipando-a como calor. Essa combinação permite a mitigação eficaz de interferências (Haykin; Van Veen, 2001).

Benefícios da blindagem multicamadas

A blindagem multicamadas oferece vários benefícios significativos. Ao incorporar múltiplos materiais, é possível abordar uma ampla gama de frequências de interferência, o que torna a blindagem multicamadas altamente versátil. Além disso, a combinação de camadas isolantes auxilia na dissipação de energia, minimizando a reflexão indesejada de campos. A eficiência aprimorada da blindagem multicamadas a torna especialmente útil em aplicações em que a proteção contra EMI é crítica (Balbinot; Brusamarello, 2019).

6.3.5 Separação física

A necessidade de ambientes eletrônicos mais robustos e confiáveis tem levado ao desenvolvimento de abordagens inovadoras para lidar com EMIs. A técnica de separação física emerge como uma estratégia fundamental, que consiste em isolar componentes sensíveis por meio de distância física para minimizar o acoplamento e, por consequência, reduzir a possibilidade de interferência.

A separação física é baseada na premissa de que a distância entre componentes eletrônicos sensíveis é diretamente proporcional à atenuação do acoplamento eletromagnético. Quando componentes estão próximos, os campos eletromagnéticos gerados por um podem interferir com os outros, resultando em sinais indesejados e degradação do desempenho. Ao aumentar a distância entre os componentes, a influência mútua diminui significativamente (Haykin; Van Veen, 2001).

A relação entre a distância (d) entre componentes e o acoplamento eletromagnético pode ser modelada por meio da lei do inverso do quadrado ($1/d^2$). Essa relação pode ser descrita por uma expressão, $E = K/d^2$, na qual E é a intensidade do campo eletromagnético acoplado e K é uma constante que depende das características dos componentes e do ambiente (Balbinot; Brusamarello, 2019).

Essa equação ilustra que, à medida que a distância entre componentes aumenta, a intensidade do acoplamento diminui exponencialmente.

Vantagens da separação física

A separação física oferece várias vantagens distintas. Primeiramente, é uma abordagem não intrusiva, que não exige a modificação significativa de componentes ou circuitos. Além disso, é aplicável a uma ampla gama de sistemas e ambientes, desde circuitos impressos até ambientes industriais complexos. A técnica também é altamente escalável, permitindo a adaptação a diferentes necessidades e cenários (Haykin; Van Veen, 2001).

6.3.6 Cabos trançados

A busca por soluções eficazes na redução de EMIs em sistemas eletrônicos sensíveis tem levado ao desenvolvimento de técnicas de *design* inovadoras. Uma dessas técnicas é a utilização de cabos trançados, uma abordagem que visa mitigar o acoplamento de campos magnéticos externos e minimizar a captação de interferências indesejadas.

Os cabos trançados consistem em múltiplos condutores isolados que são entrelaçados em uma estrutura helicoidal. Essa configuração trançada cria uma série de *loops*, o que resulta em correntes induzidas de polaridade oposta nos condutores adjacentes. Em razão do efeito de cancelamento magnético dessas correntes, os campos magnéticos externos incidentes tendem a ser cancelados, reduzindo assim o acoplamento entre o cabo e os campos magnéticos externos (Pallàs-Areny, 2001).

Ao utilizar um cabo trançado, a configuração helicoidal e a polaridade oposta das correntes induzidas resultantes das voltas do cabo contribuem para o cancelamento mútuo, diminuindo a corrente induzida líquida e, consequentemente, a interferência eletromagnética (Soloman, 2012).

Benefícios dos cabos trançados na minimização de EMI

A principal vantagem dos cabos trançados é a redução significativa do acoplamento de campos magnéticos externos. Essa abordagem é particularmente eficaz em ambientes com interferências eletromagnéticas provenientes de fontes externas, como motores elétricos, linhas de transmissão de energia ou equipamentos eletrônicos próximos. A estrutura trançada também minimiza a captação de interferências indesejadas, contribuindo para um sinal de menor ruído nos cabos.

6.3.7 Filtros de ruído

A utilização de filtros de ruído se destaca como uma estratégia eficaz para atenuar EMIs indesejadas. Essa abordagem, que faz uso de componentes passivos, como indutores e capacitores, tem a finalidade de reduzir a presença de frequências específicas de interferência e, assim, assegurar um ambiente livre de ruídos eletromagnéticos.

Os filtros de ruído são projetados com base na capacidade de certos componentes passivos, como indutores e capacitores, de influenciar a passagem de frequências específicas. Um filtro passa-baixas, por exemplo, permite a passagem de frequências mais baixas e atenua as frequências mais altas. Isso é alcançado por meio da combinação adequada de indutores e capacitores, que criam uma rota de baixa impedância para as frequências desejadas e alta impedância para as frequências indesejadas (Haykin; Van Veen, 2001).

A atenuação proporcionada por um filtro passivo pode ser modelada utilizando a fórmula básica da impedância em circuitos RC (resistor-capacitor) e LC (indutor-capacitor), conforme a Equação 6.30:

Equação 6.30

Cálculo da atenuação em circuitos RLC

$$Z_{total} = \sqrt{R^2 + (X_L - X_C)^2}$$

Nessa expressão, Z_{total} é a impedância total do circuito [Ω], R é a resistência do circuito [Ω], X_L e X_C são a **reatância** do indutor e a reatância do capacitor, respectivamente, em [Ω] (Soloman, 2012).

A partir dessa equação, é possível determinar como a impedância total varia com a frequência e como isso afeta a atenuação de frequências específicas.

> **Na medida**
>
> **Reatância** – É uma medida da oposição oferecida por um componente elétrico a uma corrente alternada (AC), semelhante à resistência em um circuito de corrente contínua (DC). No entanto, ao contrário da resistência, que é constante para uma frequência específica, a reatância varia com a frequência da corrente alternada. Em um circuito com componentes reativos, como capacitores ou indutores, a reatância determina a quantidade de energia armazenada e liberada durante cada ciclo da corrente alternada. Em suma, a reatância é uma forma de medir a "resistência" de um componente elétrico específico à corrente alternada.

Benefícios dos filtros de ruído na minimização de EMI

A principal vantagem dos filtros de ruído é a capacidade de, seletivamente, atenuar frequências indesejadas. Isso é particularmente útil em cenários em que a interferência eletromagnética está concentrada em frequências específicas, como sinais de rádio ou harmônicos de fontes de energia elétrica. A incorporação de filtros de ruído permite que sistemas eletrônicos sensíveis operem com maior confiabilidade, minimizando a degradação do sinal e a possibilidade de mau funcionamento (Madsen, 2008).

6.3.8 Aterramento diferencial

Técnicas de aterramento diferencial são empregadas para cancelar interferências comuns que afetam ambos os lados do circuito. Essa abordagem engenhosa utiliza técnicas de *design* para criar uma referência comum entre os pontos de sinal e retorno, mitigando as interferências que poderiam comprometer o desempenho dos sistemas.

    O aterramento diferencial envolve a criação de uma referência de terra compartilhada entre os pontos de sinal e retorno de um circuito. Essa técnica explora o fato de que interferências externas comuns tendem a afetar ambos os lados do circuito de maneira semelhante. Ao ser criada uma referência de terra comum, as interferências comuns são canceladas, pois ela afeta ambos os pontos de sinal e retorno da mesma maneira (Balbinot; Brusamarello, 2019).

Benefícios do aterramento diferencial na redução de EMI

O aterramento diferencial oferece diversas vantagens. A principal delas é a eficácia na mitigação de interferências comuns, especialmente em ambientes em que as interferências são simétricas em relação aos pontos de sinal e retorno. Essa técnica é particularmente útil em aplicações sensíveis, como circuitos analógicos de alta precisão ou sistemas de medição, em que a qualidade do sinal é crucial (Balbinot; Brusamarello, 2019).

6.3.9 Blindagem eletromagnética em carcaças

A blindagem eletromagnética utiliza carcaças metálicas projetadas para atuar como blindagem eletromagnética eficiente, protegendo o circuito interno de influências externas. Essa estratégia consiste em projetar carcaças que não apenas protegem os componentes internos contra influências externas, mas também atuam como barreiras robustas para assegurar a integridade dos sinais e o desempenho dos sistemas.

A blindagem eletromagnética em carcaças é fundamentada no princípio da atenuação e reflexão de campos eletromagnéticos externos. Carcaças metálicas, quando projetadas adequadamente, são capazes de refletir e absorver as interferências eletromagnéticas que poderiam afetar os componentes internos. Ao criar um "escudo" em torno do circuito interno, essas carcaças minimizam a exposição a sinais indesejados eletromagnéticos, garantindo a integridade do sistema (Pallàs-Areny, 2001).

Benefícios da blindagem eletromagnética em carcaças

A utilização de carcaças metálicas como blindagem eletromagnética oferece diversos benefícios. A principal vantagem é a criação de um ambiente isolado e protegido para os componentes internos, minimizando os efeitos de interferências eletromagnéticas externas. Além disso, a técnica é altamente eficaz em uma ampla gama de frequências, garantindo a proteção em cenários variados (Balbinot; Brusamarello, 2019).

6.3.10 Minimização de loops de corrente

A minimização de *loops* de corrente em circuitos e cabos diminui a área de captação de campos magnéticos indesejados. Quando uma corrente elétrica percorre um circuito ou cabo, ela cria um campo magnético ao seu redor. Esse campo magnético pode ser captado por circuitos adjacentes, resultando em interferências indesejadas. A minimização de *loops* de corrente envolve o projeto de circuitos e cabos de maneira a reduzir a área abrangida por esses *loops*, limitando assim a captação de campos magnéticos externos.

A interferência magnética gerada por um *loop* de corrente, por exemplo, pode ser modelada pela lei de Ampère (Alexander; Sadiku, 2000).

Análise indispensável!

A **lei de Ampère** descreve como o campo magnético é induzido por uma corrente elétrica. Ela estabelece que a circulação do campo magnético ao longo de uma linha fechada é proporcional à corrente que atravessa essa área.

Benefícios da minimização de loops de corrente

A minimização de *loops* de corrente oferece várias vantagens. Ao reduzir a área de captação de campos magnéticos indesejados, ela contribui significativamente para a redução das interferências magnéticas em circuitos sensíveis. Isso é particularmente importante em aplicações em que a integridade do sinal é fundamental, como sistemas de comunicação, eletrônica de precisão e sistemas médicos (Balbinot; Brusamarello, 2019).

6.3.11 Proteção em camadas

A proteção em camadas implementa blindagem em diferentes níveis do projeto, desde a placa de circuito impresso até a carcaça final do dispositivo, para garantir uma proteção abrangente. A proteção em camadas é fundamentada no conceito de criar barreiras de blindagem em diferentes níveis de um projeto eletrônico. Isso abrange desde a placa de circuito impresso (**PCI**) até a carcaça final do dispositivo. Cada camada de blindagem é projetada para atenuar as interferências eletromagnéticas e minimizar a propagação de campos indesejados. Ao aplicar proteção em várias etapas do projeto, os sistemas eletrônicos podem alcançar uma defesa mais robusta contra EMI.

> **Na medida**
>
> **PCI**: Significa Placa de Circuito Impresso ou, em inglês, *Printed Circuit Board* (PCB).

Benefícios da proteção em camadas

A abordagem de proteção em camadas oferece uma série de vantagens. Ao implementar blindagem em diferentes níveis, ela é capaz de mitigar uma ampla variedade de fontes de EMI. Isso é especialmente importante em dispositivos eletrônicos que operam em ambientes complexos e de alta densidade de interferências, como ambientes industriais ou urbanos. Além disso, a proteção em camadas contribui para um aumento geral da robustez do sistema e da confiabilidade do sinal (Balbinot; Brusamarello, 2019).

6.3.12 Projeto de rotas de cabo

O planejamento cuidadoso das rotas dos cabos evita a criação de antenas inadvertidas que possam irradiar ou captar sinais indesejados. O projeto de rotas de cabo visa evitar a formação de *loops* e trajetos que possam criar antenas eficazes para a emissão ou a captação de EMI. Essas antenas acidentais podem resultar em problemas como ruído nos sinais, degradação do desempenho eletromagnético e até mesmo falhas nos sistemas. Ao planejar cuidadosamente as rotas dos cabos, é possível minimizar as áreas de captação e irradiação de campos magnéticos e elétricos indesejados.

Antenas eficazes são formadas por circuitos elétricos que têm uma dimensão comparável ao comprimento de onda do sinal. Um exemplo geral é a antena dipolo, cujo comprimento é igual à metade do comprimento de onda. Ao evitar comprimentos de cabo que possam se aproximar dessas dimensões, é possível reduzir a criação de antenas inadvertidas (Haykin; Van Veen, 2001).

Benefícios do projeto de rotas de cabo

O projeto de rotas de cabo oferece várias vantagens. Ao eliminar ou minimizar os *loops* de cabos que possam atuar como antenas eficazes, ele contribui para a preservação da integridade dos sinais, o desempenho consistente dos sistemas e a prevenção de interferências prejudiciais. Isso é especialmente crucial em aplicações sensíveis, como eletrônica de precisão, sistemas médicos e sistemas de comunicação.

6.3.13 Aterramento limpo

O aterramento limpo mantém a integridade das conexões de aterramento, uma vez que se refere à prática de manter conexões de aterramento eficazes, evitando *loops* de terra que possam contribuir para a propagação de interferências.

O aterramento limpo baseia-se na criação de uma referência comum de tensão em um sistema eletrônico, garantindo que todos os componentes compartilhem o mesmo ponto de referência elétrica. O objetivo é minimizar as diferenças de potencial entre diferentes partes do sistema, evitando a criação de *loops* de terra que possam atuar como antenas eficazes para captar ou irradiar interferências (Haykin; Van Veen, 2001).

Em um sistema de aterramento inadequado, *loops* de terra podem permitir que correntes de interferência fluam através de diferentes partes do circuito, criando potenciais diferentes e contribuindo para a propagação de EMI (Bazanella; Silva Jr., 2005).

Benefícios do aterramento limpo

O aterramento limpo oferece uma série de vantagens. Ao garantir uma referência de tensão consistente em todo o sistema, ele reduz a probabilidade de surgimento de diferenças de potencial que possam gerar *loops* de terra. Isso resulta em uma diminuição da captação e da irradiação de interferências eletromagnéticas, contribuindo para a integridade do sinal, a confiabilidade do sistema e a redução do ruído (Balbinot; Brusamarello, 2019).

6.4 Filtragem analógica

A filtragem analógica é um componente fundamental na engenharia de sistemas eletrônicos e de comunicações, desempenhando um papel crucial na modificação e no processamento de sinais elétricos contínuos. Ela é utilizada para remover, atenuar ou realçar determinadas frequências de um sinal analógico, possibilitando a extração de informações específicas ou a eliminação de interferências indesejadas (Teixeira, 2017).

A filtragem analógica se baseia no princípio de que um filtro é um circuito eletrônico projetado para permitir a passagem de certas frequências enquanto atenua outras. As principais características de um filtro incluem sua largura de banda, ganho ou atenuação nas frequências de interesse e sua resposta em frequência. Dois conceitos fundamentais na filtragem analógica são a resposta em frequência e a função de transferência (Haykin; Van Veen, 2001).

A **resposta em frequência** de um filtro descreve como ele reage a diferentes frequências. Ela é geralmente representada graficamente por um gráfico da magnitude da resposta em função da frequência. Nesse gráfico, é possível observar quais frequências são atenuadas e quais são passadas pelo filtro (Gooday, 2010; Haykin; Van Veen, 2001).

A **função de transferência** de um filtro é uma expressão matemática que descreve como as amplitudes e as fases das diferentes frequências do sinal de entrada são modificadas pelo filtro. Ela é representada em termos complexos e é essencial para entender como um filtro altera um sinal ao longo do espectro de frequência (Gooday, 2010; Haykin; Van Veen, 2001).

6.4.1 Tipos de filtros analógicos

Os filtros analógicos podem ser classificados em duas categorias principais: filtros passivos e filtros ativos (Balbinot; Brusamarello, 2019; Sydenham, 1983).

Filtros passivos não requerem uma fonte de energia externa para operar. Os componentes passivos, como resistores, capacitores e indutores, são usados para construir circuitos de filtragem. Os filtros passivos incluem o filtro passa-baixas, filtro passa-altas, filtro passa-faixas e filtro rejeita-faixas.

> *Atenção às medidas!*
>
> O **filtro passa-altas** permite a passagem de sinais de alta frequência enquanto atenua sinais de baixa frequência.
>
> O **filtro rejeita-faixa** atenua sinais dentro de uma faixa de frequência específica enquanto permite a passagem de sinais fora dessa faixa.

Filtros ativos utilizam componentes ativos, como amplificadores operacionais, para melhorar as características de filtragem. Os filtros ativos oferecem maior flexibilidade no projeto e são capazes de atingir respostas em frequência mais precisas. Exemplos incluem o filtro ativo passa-baixas e o filtro ativo passa-altas. Ambos os tipos de filtros têm suas vantagens e desvantagens. Filtros passivos são simples, não requerem alimentação externa e são adequados para aplicações de baixa potência. Filtros ativos, por outro lado, podem fornecer ganho de amplitude e são frequentemente usados quando uma resposta em frequência precisa é necessária (Teixeira, 2017).

Os filtros analógicos podem ser categorizados em diferentes tipos, com base em sua resposta em frequência e em sua funcionalidade (Haykin; Van Veen, 2001). Os principais tipos são:

1. **Filtros passa-baixas (*low-pass filters*)** – Permitem a passagem de frequências abaixo de determinada frequência de corte e atenuam frequências mais altas. São usados para suavizar sinais, eliminar ruídos de alta frequência e preparar sinais para conversão digital.
2. **Filtros passa-altas (*high-pass filters*)** – Permitem a passagem de frequências acima de uma frequência de corte, atenuando frequências mais baixas. São utilizados para remover componentes de baixa frequência ou para destacar variações rápidas no sinal.
3. **Filtros passa-bandas (*band-pass filters*)** – Permitem a passagem de um intervalo específico de frequências, atenuando tanto as frequências abaixo quanto as acima dessa faixa. São empregados para selecionar frequências específicas e rejeitar as demais.
4. **Filtros rejeita-banda (*band-stop filters* ou *notch filters*)** – Atenuam uma faixa específica de

frequências, permitindo a passagem das frequências fora dessa faixa. São usados para eliminar interferências em determinadas frequências.

5. **Filtros *all-pass*** – Mantêm todas as frequências em amplitude, mas podem afetar a fase do sinal. São usados para correção de fase e atraso de grupo em sistemas específicos.

A Figura 6.8 ilustra as implementações de filtros RC passa-baixas e passa-altas.

Figura 6.8 – Representação de um conjunto de filtros passivos RC: (a) filtro passa-baixas; (b) filtro passa-altas

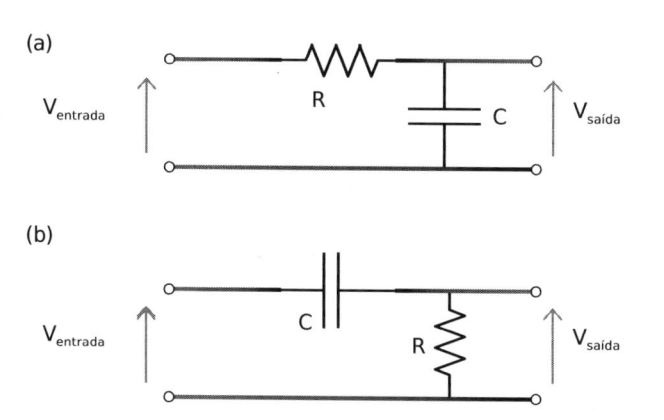

No contexto da filtragem analógica, as respostas em frequência dos filtros passa-baixas e passa-altas são expressas pelas Equações 6.31 e 6.32:

Equação 6.31

Expressão para a resposta
em frequência de um filtro passa-baixas

$$\frac{E_{saída}(j\omega)}{E_{entrada}(j\omega)} = \frac{\omega_c}{j\omega + \omega_c}$$

Equação 6.32

Expressão para a resposta em
frequência de um filtro passa-altas

$$\frac{E_{saída}(j\omega)}{E_{entrada}(j\omega)} = \frac{j\omega}{j\omega + \omega_c}$$

Nessa expressão, ω_c é a frequência de corte $\left(\omega_c = \dfrac{1}{R \cdot C}\right)$ em [rad/s].

A caracterização da resposta em frequência de um filtro passa-baixas desdobra-se em três segmentos distintos: a **região de transmissão**, a **região de transição** e a **região de rejeição** (ou **atenuação**) (Teixeira, 2017). No contexto dos filtros passa-baixas, é uma tendência predominante almejar que a resposta em frequência mantenha uma planitude notória ao longo da região de transmissão, ao passo que a região de transição seja minimizada, visando a assegurar delimitações nítidas para as bandas de transmissão e rejeição.

No entanto, a realização de um filtro que se otimize nessas facetas se revela intrinsecamente complexa, resultando, portanto, na necessidade de buscar uma solução que, em termos técnicos, seja de natureza compromissória (Balbinot; Brusamarello, 2019). Em consonância com essa premissa, emergem categorias distintivas de filtros, variando de acordo com o conjunto de compromissos estabelecidos (Haykin; Van Veen, 2001).

No âmbito dos **filtros Butterworth**, destaca-se a notável característica de manterem uma resposta em frequência excepcionalmente plana dentro da região de transmissão. Tal comportamento é atingido por meio de diretrizes que exijam **monotonicidade** na mencionada resposta. Entretanto, a abrangência da região de transição tende a ser substancialmente ampla, e a linearidade da característica de fase não se mantém uniforme.

Atenção às medidas!

A **monotonicidade** implica que não deve haver oscilações, picos ou vales abruptos na resposta em frequência dentro da banda de passagem do filtro, o que leva a uma resposta mais uniforme e suave. Isso é vantajoso em aplicações, como a filtragem de sinais, que requerem a preservação precisa da forma de onda original (Haykin; Van Veen, 2001).

Em decorrência, esses filtros evidenciam **desempenho subótimo** quando confrontados com respostas transientes. A utilização recorrente dessa classe de filtros repousa na aplicação como **filtros antirrepique** (*anti-aliasing*), bem como em contextos em que a preservação fidedigna da forma de onda do sinal presente na região de transmissão do filtro se revela como requisito crucial (Balbinot; Brusamarello, 2019).

> **Análise indispensável!**
>
> Os **filtros Butterworth** representam uma classe importante de filtros eletrônicos utilizados em uma variedade de aplicações em processamento de sinais e eletrônica de comunicação. Projetados para proporcionar uma resposta de frequência o mais plana possível na banda de passagem, esses filtros são altamente valorizados por sua capacidade de manter a fidelidade de amplitude dos sinais em uma ampla faixa de frequências. Caracterizados por uma transição suave entre a banda de passagem e a banda de rejeição, os filtros Butterworth são conhecidos por sua resposta maximamente plana na banda de passagem e pela ausência de oscilações na resposta de amplitude. Essas características, aliadas à sua simplicidade de projeto e implementação, tornam os filtros Butterworth uma escolha popular em uma variedade de aplicações em que é crucial manter a integridade do sinal em diferentes frequências. O **desempenho subótimo** indica que esses filtros não se saem tão bem quanto outros em situações que envolvem mudanças rápidas ou transitórias nos sinais de entrada (Haykin; Van Veen, 2001).

Filtros antirrepique, ou *anti-aliasing*, são utilizados em sistemas de amostragem e processamento de sinais para prevenir o fenômeno de *aliasing*. Alias é o nome dado à distorção indesejada que ocorre quando um sinal analógico é amostrado a uma taxa insuficiente, resultando na geração de frequências espúrias (*aliases*) que não estavam presentes no sinal original. Os filtros antirrepique atuam atenuando as frequências acima da metade da taxa de amostragem, conhecida como *frequência de Nyquist*, ou *frequência crítica*, ou ainda *frequência de dobragem*, garantindo assim que o sinal amostrado não contenha *aliases* indesejados. Isso é fundamental em sistemas de áudio, vídeo, telecomunicações e processamento de sinais em geral.

No cenário em que a demanda não recai sobre a busca da máxima capacidade de resposta com um sinal plano do filtro dentro da banda de passagem, mas sim quando se estabelece como requisito primordial a minimização da largura da banda de transição, o resultado manifestar-se-á na forma de um **filtro Chebyshev** (Haykin; Van Veen, 2001).

Na medida

Filtro Chebyshev – É um tipo de filtro eletrônico que é projetado para apresentar uma resposta de magnitude de frequência específica, oferecendo uma rápida transição entre a faixa de passagem e a faixa de rejeição. Ele é conhecido por ter uma característica de oscilação nas frequências de corte, o que significa que a resposta em frequência não é monotônica. Essa oscilação permite uma resposta de transição mais íngreme em comparação com outros tipos de filtros, como os filtros Butterworth. Os filtros Chebyshev são amplamente utilizados em aplicações de filtragem de sinal, como em comunicações, processamento de áudio e imagem, entre outros. Existem dois tipos principais de filtros Chebyshev: o filtro Chebyshev de tipo I, que tem uma resposta de magnitude *ripples* (ondulações) na banda de passagem, e o filtro Chebyshev de tipo II, que apresenta *ripples* na banda de rejeição.

A contrapartida advinda da restrição de uma transição estreita é a manifestação de flutuações na amplitude da resposta no domínio da frequência, as quais se estabelecem como ondulações na região de passagem (para os filtros Chebyshev do tipo I) ou na região de rejeição (para os filtros Chebyshev do tipo II).

Em virtude do caráter de constantes oscilações na amplitude da resposta em frequência, esses filtros são designados como **filtros equiripple** (Haykin; Van Veen, 2001). Essa categoria de filtros é aplicada quando se requer notória capacidade de seleção de frequências, ou seja, quando duas componentes de frequência "próximas" estão presentes, sendo uma delas transmitida e a outra fortemente atenuada (Balbinot; Brusamarello, 2019).

> **Na medida**

Filtros *equiripple* – São um tipo especial de filtro que apresenta oscilações uniformes na resposta em frequência. Essas oscilações são equidistantes e têm a mesma amplitude, resultando em uma característica de *ripple* (ondulação) constante na faixa de passagem e/ou na faixa de rejeição. Esse projeto é utilizado para maximizar a seletividade do filtro, oferecendo uma resposta de magnitude mais precisa e controlada em comparação com outros tipos de filtros. Os filtros *equiripple* são comumente utilizados em aplicações que exigem uma resposta em frequência bem definida, como em sistemas de comunicação, processamento de sinais e em análise espectral.

A configuração de um paradigma de projeto para filtros passa-baixas implica garantir que, no intervalo de passagem, a fase do filtro exiba uma variação linear em relação à frequência. A adoção desse critério culmina na tipologia dos **filtros de Bessel**.

> **Na medida**

Filtros de Bessel – São um tipo específico de filtro eletrônico que se caracteriza por uma resposta em frequência maximamente plana na banda de passagem enquanto apresenta uma atenuação gradual na banda de transição e na banda de rejeição. Esses filtros são projetados para minimizar a distorção de fase no domínio da frequência, o que os torna ideais para aplicações em que a integridade do sinal de fase é crucial, como em sistemas de áudio, telecomunicações e instrumentação. Os filtros de Bessel são conhecidos por preservar a forma de onda do sinal de entrada com a mínima distorção temporal possível, tornando-os preferidos em aplicações em que a fidelidade temporal é crítica.

Contrariamente às demais categorias, quanto mais elevada é a ordem do filtro de Bessel, mais linearizada é sua resposta de fase (Bazanella; Silva Jr., 2005). Esse filtro, em essência, introduz um mero atraso temporal entre a entrada e a saída, preservando substancialmente a integridade da forma de onda do sinal original. Entretanto, à semelhança dos filtros Butterworth, os filtros de Bessel não ostentam uma seletividade proeminente (Haykin; Van Veen, 2001).

As categorias de filtros indicadas até este ponto foram delineadas com enfoque específico em critérios prevalentes no âmbito do domínio da frequência. Entretanto, adotar essa abordagem implica a renúncia de certas características inerentes ao domínio temporal. Uma ilustração reside no ônus suportado pelo filtro Butterworth para alcançar uma resposta em frequência plana na região de passagem, o qual, em contrapartida, exibe uma resposta temporal menos otimizada (Bazanella; Silva Jr., 2005).

No caso em que o aprimoramento das características no domínio da frequência se harmoniza de maneira conjunta com os atributos no domínio temporal, é concebível alcançar uma solução que seja aceitável. É precisamente dessa abordagem que resultam os **filtros de transição** (Balbinot; Brusamarello, 2019).

A discussão previamente realizada encontra sua base no contexto de filtros passa-baixas; entretanto, abordagens semelhantes igualmente se aplicam aos filtros passa-altas, passa-faixas e rejeita-faixas. Após a determinação da classe de filtro a ser empregada, a etapa subsequente do processo de projeto engloba a especificação da frequência de corte e da ordem do filtro (Haykin; Van Veen, 2001).

Com a conclusão dessas etapas, emerge uma formulação representada pela resposta em frequência (ou função de transferência) do filtro. O processo de projeto culmina com a materialização do **filtro analógico**, tipicamente materializado na forma de um circuito que incorpora amplificadores operacionais. Um paradigma fundamental para essa materialização consiste no **filtro Sallen-Key** (Haykin; Van Veen, 2001).

Na medida

Filtro Sallen-Key – É um tipo comum de filtro ativo usado em eletrônica para filtrar sinais elétricos. Ele é geralmente implementado com amplificadores operacionais e componentes passivos, como resistores e capacitores, para fornecer diferentes respostas de frequência, como passa-baixas, passa-altas, passa-faixas e rejeita-faixas. Esse filtro é amplamente utilizado em uma variedade de aplicações, incluindo áudio, telecomunicações e processamento de sinais, em razão de sua simplicidade de projeto e versatilidade em termos de configurações de resposta de frequência.

6.5 Filtragem discreta

A filtragem discreta constitui um componente central na análise e no processamento de sinais digitais, encontrando aplicações extensas em áreas que abrangem desde comunicações digitais até processamento de imagens e áudio (Pallàs-Areny, 2001).

A filtragem discreta envolve a manipulação de sinais digitais, os quais são representados por amostras discretas tomadas em intervalos regulares de tempo.

Diferentemente da filtragem analógica, a filtragem discreta lida com valores numéricos discretos em vez de sinais analógicos contínuos.

Os sinais digitais são frequentemente representados por sequências de números, e a filtragem é realizada por meio de algoritmos que operam sobre essas sequências (Balbinot; Brusamarello, 2019).

A resposta em frequência é uma noção fundamental na filtragem discreta, assim como na filtragem analógica. A transformada de Fourier discreta (*Discrete Fourier Transform* – DFT) e a resposta em frequência discreta (*Discrete Frequency Response* – DFR) são ferramentas essenciais para analisar as características espectrais de sinais digitais e sistemas de filtragem.

A resposta em frequência discreta revela como um sistema de filtragem afeta diferentes componentes de frequência presentes em um sinal (Pallàs-Areny, 2001).

Um sistema de filtragem discreta pode ser representado por uma equação de diferenças, que relaciona a saída y[n] com a entrada x[n] e, possivelmente, com as saídas passadas y[n-1], y[n-2],..., por meio de coeficientes b_k e a_k, conforme a expressão:

$$y[n] = \sum_{k=0}^{M} b_k \cdot x[n-k] - \sum_{k=1}^{N} a_k \cdot y[n-k]$$

Nessa expressão, os coeficientes b_k representam os pesos dos termos de entrada passada, e os coeficientes a_k ponderam as saídas passadas. A ordem do sistema é determinada pelos valores de M e N.

6.5.1 Resposta em frequência e função de transferência

A análise da resposta em frequência de um sistema de filtragem discreta é crucial para compreender seu comportamento diante de diferentes frequências de entrada

(Bazanella; Silva Jr., 2005). A resposta em frequência pode ser obtida por meio da transformada Z, que relaciona o sinal discreto x[n] com a transformada Z X (z), como segue:

Equação 6.33

Equação da transformada Z

$$X(z) = \sum_{n=-\infty}^{\infty} x[n] z^{-n}$$

A razão entre as transformadas Z da saída y[n] e a entrada x[n] define a função de transferência H(z) do sistema da seguinte forma:

Equação 6.34

Equação da transferência H

$$H(z) = \frac{Y(z)}{X(z)}$$

6.5.2 Métodos de implementação

Existem várias abordagens para implementar filtros discretos, cada uma com suas próprias vantagens e limitações (Balbinot; Brusamarello, 2019; Pallàs-Areny, 2001). Alguns dos métodos mais comuns incluem: filtros FIR (*Finite Impulse Response*); filtros IIR (*Infinite Impulse Response*).Os **filtros FIR** têm uma resposta ao impulso de duração finita. Eles são implementados por meio de convolução entre a sequência de entrada e os coeficientes do filtro. Esses filtros podem ter uma resposta em fase linear e ser facilmente projetados com características específicas de resposta em frequência.

A função de transferência de um filtro FIR é dada pela Equação 6.35:

Equação 6.35

Definição da função transferência de um filtro FIR

$$H(z) = \sum_{k=0}^{M} b_k z^{-k}$$

Já os **filtros IIR** têm uma resposta ao impulso de duração infinita. Eles são caracterizados por apresentarem realimentação em sua estrutura, o que permite que sejam projetados com ordens menores em comparação com os filtros FIR para atingir a mesma especificação de filtragem. No entanto, os filtros IIR podem ser mais sensíveis a problemas de estabilidade. A função de transferência é dada pela seguinte equação:

Equação 6.36

Equação da função transferência

$$H(z) = \frac{\sum_{k=0}^{M} b_k z^{-k}}{1 + \sum_{k=1}^{N} a_k z^{-k}}$$

Exercícios resolvidos

1. Um enrolamento de bobina com 500 espiras está sujeito a uma variação de fluxo magnético no decorrer do tempo dada pela seguinte taxa de variação: $d\Phi/dt = 0{,}03$ T/s. Utilizando a equação de tensão induzida pelo acoplamento indutivo, calcule o fluxo magnético.

Solução:

A solução para o problema é calcular o fluxo magnético Φ usando a equação $V_{induzida} = -N \cdot d\Phi/dt$ e rearranjando a equação de modo que $\Phi = -\dfrac{V_{induzida}}{N} \cdot \dfrac{1}{\dfrac{d\Phi}{dt}}$.

Substituindo os dados, teremos:

$$\Phi = -\dfrac{12}{500} \cdot \dfrac{1}{0{,}03} = -0{,}08 \text{ Wb}$$

2. Considere um circuito eletrônico composto por dois capacitores, C_1 e C_2, e uma resistência R. Suponha que $C_1 = 10$ nF, $C_2 = 20$ nF, $C_{12} = 5$ nF, $G = 2$, $\omega = 1\,000$ rad/s, $V_1 = 5$, e a tensão de saída V_N seja medida como 3V. Calcule o valor da resistência R no circuito.

Solução:

Considere:

$$V_N = \dfrac{j \cdot \omega \cdot \left[\dfrac{C_{12}}{C_{12} + C_{2G}}\right]}{j \cdot \omega + \dfrac{1}{R \cdot (C_{12} + C_{2G})}} \cdot V_1$$

Substituindo os valores fornecidos no problema, a equação resultante fica:

$$3 = \frac{j \cdot 1000 \cdot 5}{j \cdot 1000 \cdot (5 + 40) + \dfrac{1}{R}} \cdot 5$$

Agora, resolvendo para R, encontramos:

$$R = 1780\,\Omega$$

3. Imagine que você é um engenheiro de áudio trabalhando em um projeto de sistema de som de alta qualidade. Para garantir uma reprodução sonora mais suave e eliminar frequências indesejadas, você decide utilizar um filtro passa-baixas. A relação entre as tensões de saída $E_{saída}(j\omega)$ e entrada $E_{entrada}(j\omega)$ para esse filtro é dada pela Equação 6.24. Ao projetar o filtro, você define a frequência de corte como 5000 rad/s. Agora, você deseja saber qual será a relação entre as tensões de saída e entrada quando a frequência angular for de 3000 rad/s. Calcule o valor numérico da razão entre as tensões de saída/entrada para essa frequência angular específica.

Solução:

Substituindo os valores dados na equação, temos:

$$\frac{E_{saída}(j3000)}{E_{entrada}(j3000)} = \frac{5000}{j3000 + 5000}$$

Calculando a fração complexa, temos:

$$\frac{E_{saída}(j3000)}{E_{entrada}(j3000)} = \frac{5000}{3000+5000j} = \frac{5000}{\sqrt{3000^2+5000^2}} \angle \text{arctan} \frac{5000}{3000}$$

$$\frac{E_{saída}(j3000)}{E_{entrada}(j3000)} = 0{,}714 \angle 59{,}04°$$

Portanto, a relação entre as tensões de saída e entrada para a frequência angular de 3000 rad/s é de, aproximadamente, 0,714 com um ângulo de fase de 59,04°. Isso significa que a saída do filtro estará atenuada e com um atraso de fase nessa frequência.

Ampliando as medições

Consulte os *sites* e materiais indicados a seguir para saber mais sobre o conteúdo apresentado neste capítulo:

BRANDÃO, E. **Eletroacústica 1 (aula 25)**: acoplamento capacitivo – pt 1 (princípios e polarização). 2021. Disponível em: <https://www.youtube.com/watch?v=KMUolHvyzLs>. Acesso em: 5 jul. 2024.

FERNANDES, P. G. G. **Filtro *anti-aliasing* para Sistema de Aquisição Sincronizada implementado em FPGA**. 112 f. Dissertação (Mestrado em Engenharia Elétrica) – Universidade Federal do Rio de Janeiro, Rio de Janeiro, 2011. Disponível em: <http://pee.ufrj.br/teses/textocompleto/2011032802.pdf>. Acesso em: 5 jul. 2024.

FILTROS e filtragem. Disponível em: <https://www.feis.unesp.br/Home/departamentos/engenhariaeletrica/optoeletronica/capitulo-3---secao-3.4-loe.pdf>. Acesso em: 5 jul. 2024.

FÍSICA GERAL. **226**: FÍSICA III – indutores – indutância mútua/solenoides coaxiais – coef. de acoplamento indutivo. 2022. Disponível em: <https://www.youtube.com/watch?v=smteXfE_yGI>. Acesso em: 5 jul. 2024.

GOMES, V. **A importância da blindagem em instrumentos de medição**. 2022. Disponível em: <https://www.youtube.com/watch?v=7LVKgcvIhHg>. Acesso em: 5 jul. 2024.

Resumo das medições

O quadro a seguir sintetiza os principais assuntos tratados neste capítulo.

Quadro 6.1 – Quadro-resumo

Tópico	Resumo
Perturbações em sistemas de medidas	• Ruídos indesejados podem afetar a precisão, a confiabilidade e a eficiência das medições.
Tipos de ruídos	• Ruído térmico: flutuações térmicas em componentes eletrônicos. • Ruído de intermodulação: resultante da natureza não linear de dispositivos.

(continua)

(Quadro 6.1 – conclusão)

Tópico	Resumo
Abordagens para redução de interferências	• Blindagem: uso de materiais condutores para criar barreiras de proteção contra campos eletromagnéticos externos. • Acoplamentos capacitivo e indutivo: Facilitam a transferência de sinais entre circuitos, reduzindo interferências.
Otimização da blindagem	• Escolha de materiais, geometria e aterramento adequados são aspectos importantes.
Filtragem	• Filtragem analógica: atenua ou amplifica frequências específicas com tipos como passa-baixas e passa-altas. • Filtragem discreta: usa equações de diferenças e a transformada Z, com resposta em frequência e função de transferência importantes.

Testes instrumentais

1) Explique detalhamente os diferentes tipos de ruídos que podem afetar sistemas de comunicação e medição. Como esses tipos de ruídos são originados e quais são os desafios associados à sua mitigação?

2) Explique de maneira detalhada e exemplificada quais são as principais alternativas e estratégias utilizadas para reduzir a interferência em sistemas eletrônicos e de comunicação. Como a escolha entre essas alternativas pode depender das características específicas do sistema e do ambiente em que ele está operando?

3) A técnica de blindagem em sistemas eletrônicos visa:
   a) amplificar a interferência eletromagnética.
   b) minimizar o acoplamento capacitivo entre circuitos.
   c) aumentar a interferência em sinais digitais.
   d) reduzir a interferência eletromagnética.

4) Assinale a alternativa que descreve corretamente o acoplamento indutivo em sistemas eletrônicos:
   a) Técnica que utiliza campos elétricos para minimizar a interferência entre circuitos próximos.
   b) Processo de conectar componentes eletrônicos em série para reduzir a interferência magnética.
   c) Estratégia que usa materiais ferromagnéticos para aumentar a interferência entre circuitos.
   d) Transferência de energia ou sinal entre circuitos por meio do fluxo magnético mútuo entre bobinas.

5) Um filtro discreto de ordem N tem quantos coeficientes de filtragem?
   a) N.
   b) N + 1.
   c) N − 1.
   d) 2N.

Ampliando o raciocínio

1) Descreva a diferença fundamental entre o acoplamento capacitivo e o acoplamento indutivo em sistemas eletrônicos. Além disso, explique como essa diferença influencia o desempenho e a aplicabilidade desses tipos de acoplamento em diferentes contextos e aplicações práticas.

2) Descreva as principais diferenças entre a filtragem analógica e a filtragem discreta em sistemas de processamento de sinais. Explique como essas diferenças influenciam as características e o desempenho de cada tipo de filtragem em diferentes aplicações e cenários de engenharia.

Sistemas de aquisição de dados

7

Conteúdos do capítulo:

- Definição de condicionador de sinal.
- Interfaces de entrada e saída digital.
- Contagem de eventos.
- Cabos de comunicação.
- Revisão de conversor A/D e D/A.
- Entradas analógicas.
- Contadores e temporizadores.
- *Triggers* digitais e analógicos.
- Instrumentação *wireless*.
- Barramento e protocolo de comunicação.

Após o estudo deste capítulo, você será capaz de:

1. reconhecer os princípios básicos de um sistema de aquisição de dados;
2. aplicar filtros para minimizar incertezas;
3. distinguir formas de onda lógico-analógica;
4. utilizar contador/temporizador em medições;
5. reconhecer os diferentes tipos e aplicações de cabos de comunicação;
6. solucionar problemas de acoplamento capacitivo e indutivo;
7. relacionar formas eficientes de blindagem;
8. utilizar as interfaces de entrada e saída digital;
9. diferenciar entradas analógicas por número de canais, a taxa de amostragem, a resolução e a faixa de entrada;
10. aplicar a função *trigger* em instrumentos digitais ou analógicos;
11. definir a componente utilizada na instrumentação *wireless* para aquisição de dados;
12. calcular a frequência limite em uma comunicação *wireless* e no espaço livre;
13. escolher a utilização e o tipo de barramento e o protocolo de comunicação.

A seguir, serão apresentados os pilares fundamentais de um sistema de aquisição de dados, enfatizando a relevância de componentes essenciais, como o filtro *anti-aliasing* e o circuito de amostragem e retenção. Esses elementos desempenham papéis vitais na preparação e na conversão de sinais analógicos para o formato digital, visando assegurar a precisão e a confiabilidade da aquisição de dados em sistemas eletrônicos. Na sequência, exploraremos de maneira mais detalhada os componentes essenciais de um sistema de aquisição de dados.

7.1 Princípios básicos

Um sistema de aquisição de dados (SAD) representa qualquer configuração ou arranjo projetado para a transformação de sinais analógicos em formato digital, tornando-os prontos para interpretação e manipulação por sistemas digitais (Balbinot; Brusamarello, 2019). A Figura 7.1 ilustra, por meio de um diagrama de blocos, os principais componentes de um sistema de aquisição de dados de natureza genérica.

Figura 7.1 – Esquema de um sistema de aquisição genérica de dados

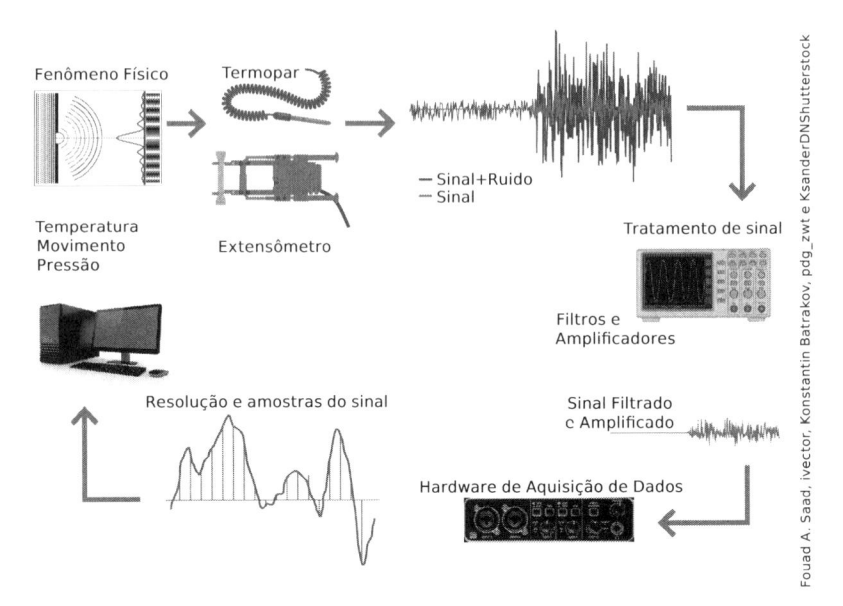

[Diagrama do sistema de aquisição de dados com os seguintes elementos: Fenômeno Físico (Temperatura, Movimento, Pressão) → Termopar / Extensômetro → Sinal+Ruído / Sinal → Tratamento de sinal → Filtros e Amplificadores → Sinal Filtrado e Amplificado → Hardware de Aquisição de Dados → Resolução e amostras do sinal]

Fouad A. Saad. ivector. Konstantin Batrakov, pdg_zwt e Ksander DNShutterstock

O processo de conversão de sinais analógicos para o domínio digital inicia-se com a preparação do sinal, em que o sinal analógico é adequadamente condicionado, geralmente por meio de um dispositivo denominado filtro *anti-aliasing* (filtro antirrepique). Esse filtro, cujo conceito será discutido a seguir, pode ser implementado utilizando componentes como circuitos integrados dedicados, amplificadores operacionais ou redes RC (resistor-capacitor) (Holman, 2000).

O propósito fundamental desse filtro é suprimir ou reduzir as componentes de frequência indesejadas do sinal, diminuindo assim a largura de banda do circuito. Esse procedimento tem como finalidade a minimização do ruído indesejado, contribuindo para uma aquisição de dados mais precisa e eficaz (Aguirre, 2013).

O filtro *anti-aliasing*, por sua vez, é um componente essencial na etapa de preparação do sinal analógico, uma vez que, quando o sinal original é amostrado e posteriormente convertido em formato digital, a presença de componentes de frequência indesejadas pode resultar em distorções e erros na representação digital do sinal analógico. Portanto, a eliminação ou a atenuação adequada dessas frequências é crítica para evitar artefatos e distorções indesejadas no processo de aquisição de dados (Aguirre, 2013).

Outro componente essencial dentro do sistema de aquisição de dados é o circuito de amostragem e retenção (também conhecido como *Sample and Hold* – SH, S&H ou SHA). A principal função desse dispositivo consiste em capturar uma amostra do sinal de entrada de maneira extremamente rápida e, posteriormente, manter essa amostra inalterada até o momento em que uma nova amostra seja solicitada. A vantagem crucial na incorporação desse componente reside na melhoria da confiabilidade do processo de conversão de sinal (Keithley Instruments, 2001).

Para ilustrar a importância do circuito de amostragem e retenção, considere o seguinte cenário: durante o período de conversão (t_c), a amplitude do sinal de entrada (analogicamente representado como V) sofre alterações. Nesse contexto, o resultado da conversão digital refletirá um dos valores do sinal de entrada durante o intervalo de tempo que perdurou a conversão. Para minimizar essa incerteza e garantir que a discrepância seja mantida abaixo do valor do **LSB** (*Least Significant Bit* – *bit* menos significativo) do conversor analógico para digital (ADC – *Analog to Digital Converter*), a seguinte relação precisa ser rigorosamente observada:

Equação 7.1

Relação da incerteza abaixo do valor do LSB

$$\frac{dV}{dt} \leq \frac{M}{2^{n-1} \cdot t_c}$$

Nessa expressão, M representa a margem das tensões de entrada do ADC (geralmente esse valor é indicado por M ou V_{max}), *n* é a quantidade de *bits* do ADC, t_c é o tempo de conversão do ADC, e a relação dV/dt indica a velocidade máxima de alteração na entrada do ADC (Keithley Instruments, 2001).

Na medida

LSB (*Least Significant Bit*) – Representa o *bit* menos significativo ou de mais baixa ordem, e o **MSB** (*Most Significant Bit*) representa o *bit* mais significativo ou de mais alta ordem.

O circuito de amostragem e retenção desempenha um papel crítico nesse contexto, ao permitir que a amostra seja capturada de modo preciso e retido até que o processo de conversão esteja concluído. Isso contribui para assegurar que os valores digitalizados sejam representativos e confiáveis em relação às variações do sinal de entrada durante o período de conversão (Holman, 2000).

Medições amostrais

Considere uma entrada analógica senoidal de amplitude de pico A e frequência f. Aceita-se uma incerteza máxima de 1 LSB cuja frequência do sinal não deva exceder o seguinte:

$$f \leq \frac{M}{2\pi \cdot A \cdot (2^n - 1) \cdot t_c}$$

Suponha que o sinal seja devidamente condicionado, de modo que sua amplitude pico a pico (2A) coincida com a faixa de tensão do ADC, representada por M. Qual é a frequência máxima permitida?

$$f \leq \frac{2A}{2\pi \cdot A \cdot (2^n - 1) \cdot t_c}$$

$$f \leq \frac{1}{\pi \cdot (2^n - 1) \cdot t_c}$$

A Figura 7.2 é um exemplo típico de um amplificador S&H que considera uma entrada analógica, uma saída analógica e uma entrada digital para controle.

Figura 7.2 – Exemplo de um amplificador *Sample and Hold* (S&H)

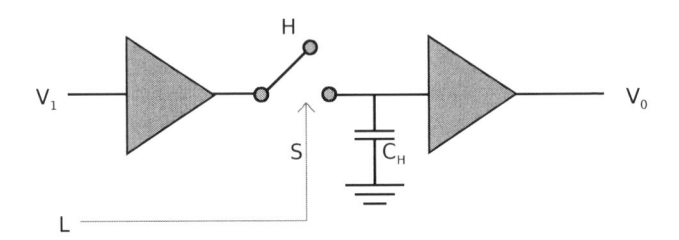

A entrada de controle, ou modo de controle (L), determina se o dispositivo está operando no modo de amostragem (amostrador) ou no modo de retenção.

No modo de amostragem, a chave é fechada e o circuito opera como um amplificador operacional típico. Em contrapartida, quando a chave está aberta, a saída é idealmente constante e, portanto, independente da entrada. A Figura 7.3 apresenta a resposta para uma forma de onda genérica.

Figura 7.3 – Representação da resposta do amplificador S&H para uma forma de onda fictícia quando um controle lógico é executado

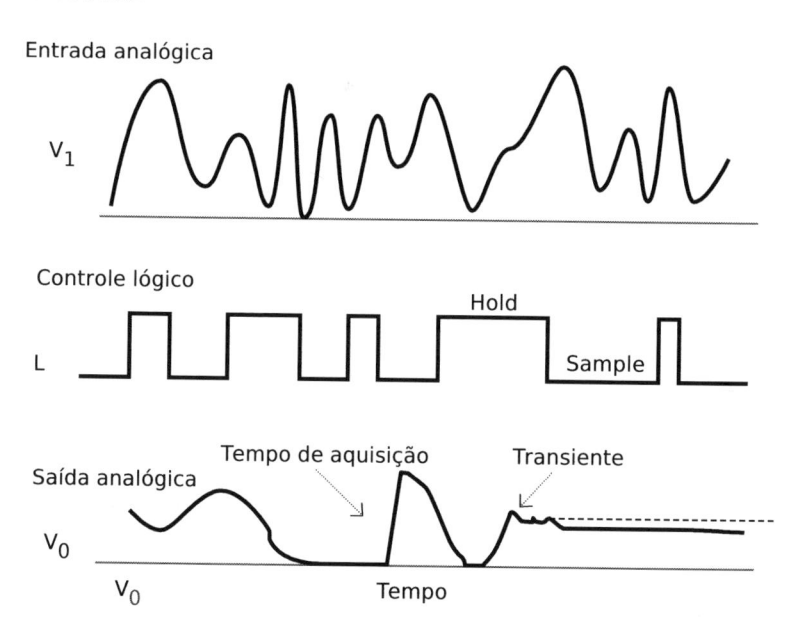

Entrada analógica

V_1

Controle lógico

L — Hold / Sample

Saída analógica

V_0

Tempo de aquisição   Transiente

V_0 Tempo

Outro elemento essencial que compõe o sistema de aquisição é o conversor analógico para digital, comumente abreviado como ADC (ou simplesmente A/D), discutido no Capítulo 5.

Um **condicionador de sinal** é um componente eletrônico projetado de maneira específica para desempenhar diversas funções cruciais, como dimensionamento do sinal, amplificação, linearização, compensação de junção fria, filtragem, atenuação, excitação, rejeição de modo comum, entre outras. Fatores como a natureza ruidosa ou potencialmente perigosa dos sinais provenientes de sensores ou do ambiente externo podem dificultar a medição direta. Portanto, o condicionamento de sinal desempenha um papel fundamental no aprimoramento da qualidade desses sinais, de modo a torná-los adequados para serem processados pelo *hardware* de aquisição de dados de um computador pessoal (Holman, 2000).

Uma das funções mais frequentemente desempenhadas pelo condicionamento de sinal é a amplificação.

A amplificação de um sinal sensorial proporciona ao conversor A/D um sinal consideravelmente mais robusto, o que, por sua vez, permite uma leitura com maior precisão e resolução. Além disso, é relevante destacar que determinados dispositivos de aquisição de dados incorporam condicionamento de sinal específico, adaptado para a medição com sensores de tipos particulares (Pallàs-Areny, 2001).

7.2 Interfaces de entrada e saída digital

As **entradas e saídas digitais** exercem um papel fundamental em uma ampla variedade de aplicações, abrangendo desde o monitoramento do estado de interruptores e contatos até o controle de sistemas industriais do tipo liga/desliga, bem como a comunicação digital. Essas interfaces digitais são comumente empregadas em sistemas de aquisição de dados baseados em computadores pessoais para a gestão de processos, geração de padrões de teste e comunicação com dispositivos periféricos (Doebelin, 2003).

Em cada contexto de aplicação, as características-chave a serem consideradas incluem o número de linhas digitais disponíveis para entrada e saída, a taxa na qual é possível admitir e gerar dados digitais por meio dessas linhas e a capacidade de acionamento.

No caso em que as linhas digitais são utilizadas para o controle de eventos, como a ativação e a desativação de aquecedores, motores ou iluminação, geralmente não é necessário atingir altas taxas de transmissão de dados, uma vez que tais dispositivos não exigem respostas extremamente rápidas (Thompson; Taylor, 2008).

Além disso, o número de linhas digitais está intrinsecamente ligado à quantidade de processos que se pretende controlar. Em todos os exemplos mencionados, é importante garantir que a corrente necessária para ativar ou desativar esses equipamentos esteja dentro dos limites de corrente suportados por essas interfaces, a fim de evitar sobrecargas e garantir um funcionamento seguro e confiável.

7.3 Contagem de eventos

Um **contador/temporizador** desempenha um papel de considerável versatilidade na realização de medições e no controle de diversos eventos, abrangendo atividades como a contagem de ocorrências, o monitoramento de medidas de fluxo, a quantificação de frequências, a avaliação da largura de pulsos e a determinação de intervalos de tempo, entre outras aplicações.

Para atender a essa variedade de funções, geralmente se faz uso de três sinais distintos associados a contadores e temporizadores, denominados *gate* (porta), fonte (*input*) e *saída* (*output*) (Holman, 2000).

A porta, representando uma entrada digital, assume a função de habilitar ou desabilitar o processo de contagem realizado pelo contador. O sinal de entrada atua como um disparador, provocando o incremento do contador a cada pulso e, dessa forma, estabelecendo a base temporal necessária para as operações de temporização e contagem (Aguirre, 2013). A saída, por sua vez, é responsável por gerar ondas quadradas ou pulsos na linha de saída, representando os resultados das operações realizadas.

Dois dos parâmetros mais essenciais a serem considerados nas operações de contagem e temporização são a resolução (R) e a frequência de *clock* (f_c). A resolução refere-se ao número de *bits* (N) empregados no contador e é uma expressão matemática representada como $R = 2^N$. Por sua vez, a frequência de *clock* (f_c) determina a taxa na qual a entrada digital é acionada, sendo um fator relevante para o desempenho do contador (Keithley Instruments, 2001).

Na maioria das configurações de *hardware* destinadas à aquisição de dados e ao controle, a abrangência de funções descrita anteriormente é unificada em um cartão ou uma placa, visando proporcionar ao usuário maior desempenho e flexibilidade. A aquisição de dados multifuncionais, direcionada a *hardware* de alto desempenho, é concretizada por meio de placas de computador especialmente projetadas, disponibilizadas por diversos sistemas de aquisição de dados.

7.4 Cabos de comunicação

Os **cabos de ligação** desempenham um papel crítico ao estabelecer a conexão física que se estende desde os transdutores e sensores até os dispositivos de condicionamento de sinais e/ou sistemas de aquisição de dados. Além disso, esses cabos servem como a interface física que conecta esses equipamentos ao computador. Em algumas situações específicas, como nas **comunicações RS-232, RS-485 e USB**, esses cabos são comumente denominados *cabos de comunicação* (Keithley Instruments, 2001).

Atenção às medidas!

As interfaces de **comunicação serial RS-232, RS-485 e USB** são amplamente utilizadas em diversos setores para conectar dispositivos e transmitir dados. Cada padrão tem características distintas que o torna mais adequado para diferentes aplicações.

O padrão RS-232, também conhecido como *EIA-232-E*, é um padrão de comunicação serial assíncrono

estabelecido pela Electronic Industries Association (EIA) em 1960. Suas características são as seguintes:
- **Comunicação ponto-a-ponto** – Permite a interconexão entre um único dispositivo transmissor e um único receptor.
- **Distância de comunicação limitada** – A distância máxima de comunicação é de aproximadamente 15 metros em virtude da atenuação do sinal.
- **Taxa de transferência de dados** – Suporta taxas de transferência de dados de até 115 Kbps (kilobits por segundo), suficiente para a maioria dos dispositivos legados.
- **Conector** – Utiliza conectores DB9 ou DB25 com 9 ou 25 pinos, respectivamente, para estabelecer a conexão física entre os dispositivos.
- **Níveis de tensão de sinal** – Emprega níveis de tensão de sinal mais altos (+/- 12 V), o que o torna mais suscetível a interferências eletromagnéticas.

É utilizado em equipamentos legados, como impressoras, *modems* e *scanners*, em controles de acesso e sistemas de segurança e programação de microcontroladores.

O padrão RS-485, também conhecido como EIA-485, é um padrão de comunicação serial multiponto desenvolvido pela EIA em 1983. As características são as seguintes:
- **Comunicação multiponto** – Permite a interconexão de até 32 dispositivos em uma única rede de

comunicação, expandindo as possibilidades de comunicação.
- **Distância de comunicação estendida** – Suporta distâncias de comunicação de até 1.200 metros, ideal para aplicações em ambientes industriais.
- **Taxa de transferência de dados** – Oferece taxas de transferência de dados de até 10 Mbps (megabits por segundo), atendendo às demandas de aplicações mais complexas.
- **Conector** – Utiliza conectores DB9 ou terminais de parafuso para a conexão física dos dispositivos.
- **Níveis de tensão de sinal** – Emprega níveis de tensão de sinal mais baixos (+/- 5 V), reduzindo a suscetibilidade a interferências eletromagnéticas.

Existe grande utilização desse tipo de comunicação em automação industrial e controle de processos, redes de sensores e atuadores e sistemas de comunicação de edifícios.

O padrão USB, ou *Universal Serial Bus*, é um padrão de comunicação universal desenvolvido em 1996 para conectar diversos dispositivos a um computador. Suas características são as seguintes:
- **Comunicação ponto-a-ponto** – Permite a interconexão entre um único dispositivo e um único computador.
- **Distância de comunicação curta** – A distância máxima de comunicação é de aproximadamente 5 metros, adequada para uso em *desktops* e *notebooks*.

- **Alta taxa de transferência de dados** – Suporta taxas de transferência de dados de até 40 Gbps (gigabits por segundo), ideal para transferência rápida de arquivos e comunicação com dispositivos de alta velocidade.
- **Conector** – Utiliza diversos tipos de conectores, como USB-A, USB-B, USB-C e Micro USB, para garantir compatibilidade com diferentes dispositivos.
- **Níveis de tensão de sinal** – Emprega níveis de tensão de sinal baixos (5 V), tornando-o mais eficiente em termos de consumo de energia.

O padrão USB é muito utilizado em periféricos, como teclados, *mouses*, *pen drives* e *webcams*, dispositivos móveis, como *smartphones* e *tablets*, e armazenamento externo de dados.

A Figura 7.4 traz exemplos de cabos de comunicação.

Figura 7.4 – Exemplos de cabos de comunicação

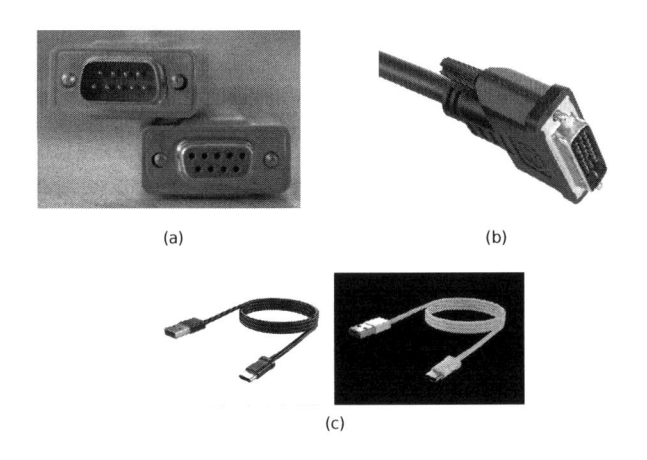

(a)

(b)

(c)

a: Remus Rigo/Shutterstock; b: daniiD/Shutterstock; c. Vitalik Skaletskiy/Shutterstock

É importante ressaltar que, em muitos sistemas de aquisição de dados, os cabos de ligação e comunicação podem se configurar como o componente mais extenso de todo o sistema, o que, por sua vez, pode tornar o sistema suscetível a interferências externas, contribuindo assim para o ruído no sinal adquirido. Esse componente passivo dos sistemas de aquisição frequentemente é negligenciado durante o desenvolvimento dos sistemas, embora ele possa se tornar uma fonte substancial de erros e incertezas. De modo geral, a qualidade e o projeto desses cabos de ligação desempenham um papel fundamental na integridade dos dados adquiridos.

O mercado atual de computadores pessoais registra um rápido crescimento, oferecendo uma vasta gama de *hardware* e *software* com uma ampla variedade de preços. Em sistemas de aquisição de dados, um computador com capacidade programável assume o controle das operações, sendo utilizado para processamento, visualização e armazenamento dos dados de medição.

Diferentes tipos de computadores são empregados em função das necessidades e características das aplicações. Computadores de mesa são utilizados em laboratórios em razão de sua capacidade de processamento, ao passo que *laptops* (computadores portáteis) são usados em campo, proporcionando mobilidade. Por outro lado, computadores industriais são adotados em ambientes industriais, já que são mais robustos e se adaptam às condições adversas.

O **software** de **driver** desempenha um papel fundamental ao possibilitar a interação do *software* de aplicação com um dispositivo de aquisição de dados (DAQ do inglês, *Data Acquisition*). Sua função reside na simplificação da comunicação com o dispositivo DAQ, abstraindo os comandos de *hardware* de baixo nível e a programação em nível de registro. Geralmente, o *software* de *driver* projetado para a aquisição de dados expõe uma interface de programação de aplicações (**Application Programming Interface** – API), que é empregada em um ambiente de programação para a criação de *software* de aplicação (Keithley Instruments, 2001).

> **(?) Na medida**
>
> **Software de driver** – É um programa que permite que o computador se comunique com um dispositivo de *hardware*. Ele traduz os comandos do sistema operacional para o dispositivo e vice-versa. É importante manter os *drivers* atualizados para garantir o bom funcionamento do dispositivo.

O *software* de aplicação, por sua vez, facilita a interação entre o computador e o usuário no contexto de aquisição, análise e apresentação dos dados de medição. Ele pode ser uma aplicação predefinida, oferecendo funções prontas para uso, ou um ambiente de programação destinado ao desenvolvimento de aplicações com funcionalidades personalizadas. Aplicações personalizadas são frequentemente empregadas para automatizar diversas funções de um dispositivo DAQ, executar algoritmos de processamento de sinais e exibir interfaces de usuário sob medida.

No que se refere aos tipos de sistemas de DAQ, atualmente existem diversas configurações e abordagens tecnológicas disponíveis. Como exemplo, as placas internas (*plug-in* – plugar) são diretamente inseridas em um *slot* da placa-mãe de um computador.

Os sistemas USB, por sua vez, são dispositivos externos que se conectam ao computador por meio de uma porta USB, oferecendo, assim, uma solução altamente versátil. Os sistemas de comunicação serial também são externos, mas a conexão com o computador ocorre por meio de uma porta de comunicação serial.

Por fim, os controladores lógicos programáveis (PLCs, do inglês, **Programmable Logic Controllers**) são sistemas industriais que abrangem uma variedade de formas, custos e desempenhos. Em termos simplificados, eles incorporam o sistema de aquisição de dados, um computador e uma fonte de alimentação em um único dispositivo compacto e robusto (Keithley Instruments, 2001).

A figura a seguir apresenta um exemplo de uma ferramenta de aquisição e armazenamento de dados.

Figura 7.5 – Exemplo de ferramenta de aquisição e armazenamento de dados, controle, supervisão e automação de processo, geração de relatórios e desenvolvimento de aplicativos

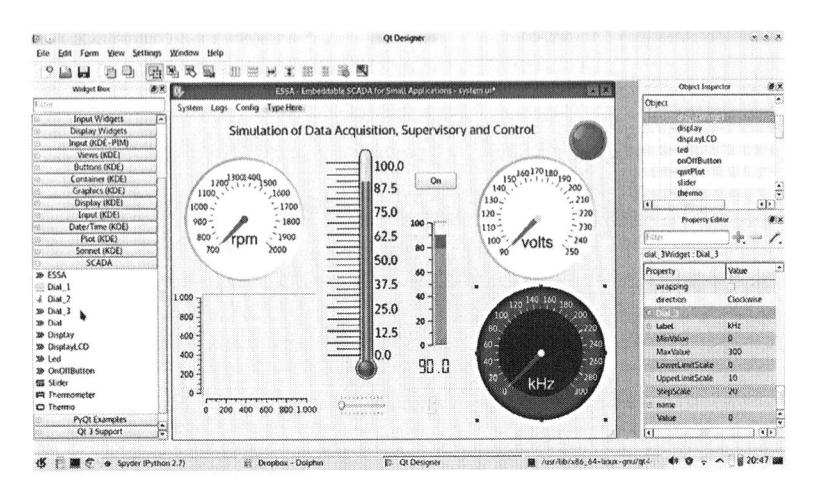

Fonte: Scholl, 2015, p. 45.

Assim, são exemplos de elementos que compõem uma placa de aquisição de dados:

- conversor A/D (analógico-digital);
- conversor D/A (digital-analógico);
- entradas e saídas digitais;
- entradas analógicas;
- contadores e temporizadores;
- **triggers**.

> **Na medida**
>
> **Trigger** – Em instrumentação eletrônica, um *trigger*, ou *gatilho*, é um evento que aciona a captura e o armazenamento de dados por um instrumento de medição. Esse evento pode ser um sinal elétrico, um evento físico ou um comando de *software*. *Triggers* são utilizados para capturar e analisar formas de onda específicas em osciloscópios e sequências de eventos digitais em analisadores de lógica, sincronizar a geração de sinais em geradores de funções e capturar valores de medição em pontos específicos no tempo em multímetros digitais. A escolha do tipo de *trigger* e seus parâmetros depende da aplicação específica e dos dados que se deseja capturar. O uso de *triggers* permite aos usuários de instrumentos de medição focar em eventos específicos de interesse e reduzir a quantidade de dados irrelevantes que são armazenados. Isso pode aumentar a eficiência da análise de dados e ajudar a identificar problemas de maneira mais rápida e precisa.

7.4.1 Conversor A/D aplicado à aquisição de dados

Conforme vimos no Capítulo 5 (Seção 5.2), o conversor A/D transforma sinais analógicos em valores digitais, com a precisão dependente da resolução e da linearidade do conversor, além de ser influenciada por ganhos e erros de *offset* do amplificador de entrada.

O **throughput** do conversor A/D é determinado por três elementos: tempo de conversão (tempo para produzir um valor digital a partir do sinal analógico), tempo de aquisição (tempo associado ao circuito analógico) e tempo de transferência (tempo para transferir dados para processamento).

> **(?) Na medida**
>
> **Throughput, ou taxa de transferência de dados** – É a quantidade de dados transmitidos com sucesso por unidade de tempo em um sistema. Medido em bps ou Mbps, é influenciado pela largura de banda da rede, pela capacidade de processamento e pelo número de usuários. Serve como medida do desempenho do sistema, permitindo avaliar a eficiência de redes e sistemas de computador, além de comparar diferentes tecnologias. O *throughput* ajuda a identificar gargalos e áreas de melhoria, garantindo o funcionamento eficiente dos sistemas e atendendo às necessidades dos usuários.

O *throughput* é a taxa na qual esses tempos são concluídos e é um fator crucial na escolha de uma interface de aquisição de dados. O teorema de Nyquist-Shannon estabelece que a taxa de amostragem deve ser pelo menos duas vezes a frequência mais alta do sinal a ser coletado, garantindo medições precisas. Por exemplo, um sinal de 1 kHz requer uma taxa de *throughput* mínima de 2 kHz.

7.4.2 Conversor D/A aplicado à aquisição de dados

De acordo com o exposto no Capítulo 5 (Seção 5.1.3), e de maneira complementar, é importante notar que alguns **dispositivos de multiplexagem** podem afetar a fonte de alimentação se a impedância das entradas for maior que 100 ohms (Ω). Isso pode resultar em perturbações no sistema e em resultados aparentemente inexplicáveis. Essas perturbações podem ser particularmente problemáticas quando o dispositivo de D/A tiver sido calibrado recentemente, pois podem comprometer a precisão das medições.

> *Atenção às medidas!*
>
> Os dispositivos de **multiplexagem** combinam diversos sinais em um único canal de comunicação, otimizando a largura de banda e a infraestrutura em redes de comunicação. Essa técnica oferece vantagens como eficiência, economia e flexibilidade, integrando diferentes tipos de dados (voz, vídeo e dados) em um único canal.
>
> Existem diversos tipos de dispositivos de multiplexagem, como FDM (**multiplexagem por divisão de frequência**, em inglês, *Frequency Division Multiplexing*), TDM (**multiplexagem por divisão de**

tempo, em inglês, *Time Division Multiplexing*) e CDM (**multiplexagem por divisão de código**, em inglês, *Code Division Multiplexing*), cada um com características e aplicações específicas. A escolha do tipo depende da quantidade de sinais, do tipo de dados e da distância da transmissão.

A multiplexagem é fundamental para as redes de comunicação modernas, permitindo a transmissão eficiente de grandes volumes de dados em um mundo cada vez mais conectado.

Em termos mais detalhados, a impedância se refere à oposição que um circuito elétrico oferece ao fluxo de corrente. Quando a impedância das entradas do dispositivo de D/A é alta, significa que elas apresentam resistência significativa ao fluxo de corrente. Isso, por sua vez, pode causar flutuações na fonte de alimentação, afetando a estabilidade do sistema e, em última instância, prejudicando a precisão das medições.

Portanto, ao utilizar dispositivos de D/A e sistemas de multiplexagem, é essencial considerar as características de impedância das entradas e garantir que elas estejam em conformidade com as especificações do dispositivo e que a fonte de alimentação seja mantida estável para evitar perturbações indesejadas e garantir resultados confiáveis.

7.4.3 Entradas e saídas digitais

Interfaces de entrada e saída digital (I/O digital, em inglês, *in* e *out*) exercem um papel essencial em sistemas de aquisição de dados baseados em computadores pessoais (*Personal Computers* – PCs), sendo empregadas para controlar processos, gerar padrões para testes e estabelecer comunicação com dispositivos periféricos. Diversos parâmetros influenciam a escolha dessas interfaces, notadamente o número de linhas digitais disponíveis para entradas e saídas, a taxa de transferência de dados digitais por meio dessas linhas e a capacidade de acionamento dessas mesmas linhas (Keithley Instruments, 2001).

Em cenários em que as linhas digitais têm a finalidade de controlar eventos, como desligar aquecedores, motores ou luzes, não se faz necessária uma alta taxa de transferência de dados, dado que tais dispositivos não requerem respostas extremamente rápidas.

A quantidade de linhas digitais deve estar diretamente relacionada ao número de processos a serem controlados. Nesses casos, é crucial que a capacidade de corrente exigida para acionar e desativar esses dispositivos seja inferior à capacidade de corrente disponível no equipamento.

No entanto, mediante a utilização de dispositivos apropriados para condicionamento de sinais digitais, é possível empregar sinais de baixa corrente **TTL**, provenientes do *hardware* de aquisição de dados, para monitorar ou controlar tensões elevadas e correntes oriundas de dispositivos industriais. Por exemplo, para operar uma válvula de grande porte, são necessárias tensões e correntes da ordem de 100 **VAC** e 2 A. Uma vez que os dispositivos digitais normalmente fornecem saídas na faixa de 0 a 5 VDC (*Volts Direct Current*, em português, **Volts Corrente Contínua**) e uma corrente reduzida, é imprescindível o uso de módulos de acionamento, frequentemente **optoacoplados**, para direcionar o sinal de potência necessário ao controle da válvula (Pallàs-Areny, 2001).

(?) Na medida

Sinais de baixa corrente TTL – São sinais digitais que obedecem aos padrões da lógica TTL (*Transistor-Transistor Logic*), caracterizados por níveis de tensão distintos para representar os estados lógicos "0" e "1" e pela capacidade de conduzir correntes relativamente baixas. Esses sinais são usados em eletrônica digital e são conhecidos por sua velocidade de comutação e sensibilidade ao ruído.

Corrente VAC – Refere-se à corrente elétrica alternada (AC – *alternating current*) em um circuito, em que a direção da corrente muda periodicamente. O termo VAC (*Volts Alternating Current*) especifica que a corrente é medida em volts na forma de corrente alternada, em oposição à corrente contínua (DC – *direct current*). A corrente VAC é comumente usada para descrever a corrente elétrica em sistemas de energia CA, como os encontrados em tomadas elétricas residenciais e comerciais.

Optoacopladores – Também conhecidos como *optoisoladores*, assumem um papel crucial na instrumentação eletrônica, atuando como elos isolantes entre circuitos elétricos distintos. Sua relevância reside na capacidade de transmitir sinais de maneira óptica sem contato elétrico direto, proporcionando benefícios como isolamento elétrico, redução de interferência eletromagnética, compatibilidade de níveis de tensão e aterramento independente.

Uma aplicação comum de dispositivos digitais é a transferência de dados entre um computador e periféricos, como registradores de dados, processadores de informações e impressoras. Uma vez que esses dispositivos geralmente operam com transferência de dados em unidades de *bytes* (8 *bits*), as linhas digitais em um dispositivo digital são organizadas em grupos de 8. Além disso, certos módulos ou placas têm elementos de *handshaking* que permitem a sincronização da comunicação. Portanto, o número de canais, a taxa de transferência de dados e os elementos de *handshaking* constituem especificações cruciais que devem ser cuidadosamente consideradas e avaliadas de acordo com as necessidades da aplicação em questão (Balbinot; Brusamarello, 2019).

> **(?) Na medida**
>
> **Handshaking (aperto de mão)** – É um processo de comunicação que envolve a troca de sinais ou mensagens entre dispositivos para sincronizar e estabelecer uma conexão ou protocolo de comunicação. Geralmente, é usado para garantir que os dispositivos estejam prontos para iniciar a transmissão de dados e para confirmar que os dados foram recebidos com sucesso. É uma etapa fundamental em comunicações de dados para garantir a integridade e a coordenação da transmissão.

7.4.4 Entradas analógicas

As especificações das entradas analógicas fornecem informações essenciais sobre as características e a precisão de um sistema de aquisição de dados. As especificações básicas englobam o número de canais, a taxa de amostragem e a escala.

- **Número de canais** – O número de canais de entrada analógica é especificado em duas categorias: **entradas *single-ended*** e **entradas diferenciais**. As entradas *single-ended* referem-se a canais que compartilham um terra comum e são apropriadas para sinais de entrada de alto nível (superiores a 1 volt), distâncias curtas entre a fonte de sinal e o *hardware* de entrada analógica (menos de 3 metros) e quando todos os sinais de entrada compartilham o mesmo terra comum. Para situações que não atendem a esses critérios, é recomendável o uso de entradas diferenciais, em que cada entrada tem seu próprio terra, reduzindo erros causados por ruídos (Soloman, 2012).

- **Taxa de amostragem** – É o parâmetro que determina a frequência com que as conversões de dados são realizadas. Uma taxa de amostragem mais alta permite adquirir mais dados em um intervalo de tempo determinado, resultando em uma representação mais precisa do sinal original. A unidade de medida da taxa de amostragem é amostras por segundo (*samples per second* ou samples/s).
- **Escala** – A escala se refere aos níveis de tensão máxima e mínima que um conversor é capaz de quantificar. Ela define os limites dentro dos quais o dispositivo pode medir com precisão os sinais analógicos.

7.4.5 Contadores e temporizadores

Contadores e temporizadores são amplamente empregados em diversas aplicações, incluindo contagem de eventos digitais, temporização de pulsos e geração de formas de onda quadrada e de pulso. Todas essas funções podem ser implementadas por meio de três sinais essenciais de contadores e temporizadores: **enable** (habilitação), fonte (incremento) e saída (Holman, 2000), conforme explicado a seguir:

- **Enable (habilitação)** – O sinal de *enable* é uma entrada digital que controla a ativação ou a desativação da função do contador.
- **Fonte (incremento)** – O sinal de fonte é uma entrada digital que desencadeia o incremento do contador a cada pulso, fornecendo a base de tempo para operações de temporização e contagem.
- **Saída** – A saída gera formas de onda quadradas ou pulsos na linha de saída, conforme programado.

As especificações críticas para operações de contagem e temporização incluem a resolução e a frequência de *clock*.

A resolução refere-se ao número de *bits* que o contador utiliza, sendo uma resolução mais alta indicativa de maior capacidade de contagem. A frequência de *clock* determina a velocidade com a qual o contador realiza o incremento.

Com uma frequência de *clock* mais elevada, o contador incrementa de maneira mais rápida, o que permite detectar sinais de entrada de frequência mais alta e gerar pulsos e formas de onda quadradas de maior frequência na saída.

7.4.6 Triggers

Em diversas aplicações, é fundamental a capacidade de iniciar ou interromper uma operação de aquisição de dados com base em eventos externos.

Os chamados *triggers*, que podem ser digitais ou analógicos, desempenham um papel crucial na sincronização das etapas de aquisição de dados e na geração de tensões de saída por meio de um pulso externo.

Os *triggers* podem ser digitais ou analógicos:

- **Triggers digitais** – São amplamente utilizados para sincronizar a aquisição de dados e a geração de sinais de tensão em resposta a um pulso digital externo. Isso implica que a operação de aquisição comece ou pare no exato momento em que ocorre um evento específico, muitas vezes desencadeado por um sinal digital discreto, como uma transição de alta para baixa tensão (flanco de descida) ou um sinal de nível alto em uma linha de entrada digital. Esses *triggers* digitais são eficazes em cenários nos quais a precisão temporal é de extrema importância, como medições de alta frequência ou aquisição de dados em sistemas que respondem a eventos discretos (Holman, 2000).
- **Triggers analógicos** – São principalmente empregados em operações envolvendo entradas analógicas. Eles têm a capacidade de iniciar ou interromper uma operação de aquisição quando um sinal de entrada atinge um nível de tensão especificado e, muitas vezes, ocorre uma mudança em sua polaridade. Portanto, a aquisição de dados é acionada quando o sinal de entrada atinge um valor predefinido, como um limite de tensão superior ou inferior, e pode ser configurada para responder a variações contínuas no

sinal analógico (Holman, 2000). Essa funcionalidade é especialmente valiosa em situações nas quais a aquisição de dados está relacionada a mudanças graduais ou sutis no sinal, como em experimentos científicos ou monitoramento de processos industriais. Os *triggers* analógicos garantem que as medições sejam iniciadas ou interrompidas com base em variações específicas do sinal, permitindo um controle preciso sobre o momento da coleta de dados.

7.5 Instrumentação *wireless*

Um sistema de aquisição de dados por *wireless* (sem fio), frequentemente abreviado como WAD (*Wireless Data Acquisition*), é um sistema que permite a coleta, a transmissão e a recepção de informações provenientes de sensores ou dispositivos remotos sem a necessidade de conexões físicas. Isso é realizado por meio de comunicações sem fio, como redes *Wi-Fi*, *bluetooth*, **zigbee**, **LoRa**, ou tecnologias celulares, entre outras.

(?) Na medida

Zigbee – Padrão de comunicação sem fio de baixa potência e curto alcance amplamente utilizado em aplicações de automação residencial e industrial, redes de sensores e dispositivos IoT (Internet das Coisas). Ele é conhecido por seu baixo consumo de energia, topologia em malha, segurança e aplicação em dispositivos de controle e monitoramento.

LoRa (*Long Range*) – É uma tecnologia de comunicação sem fio de longo alcance projetada para a transmissão de dados em grandes distâncias com baixo consumo de energia. É frequentemente usada em aplicações IoT e redes de sensores para conectar dispositivos em locais remotos ou áreas amplas, como monitoramento ambiental, agricultura e cidades inteligentes. A tecnologia LoRa é conhecida por sua eficiência energética e capacidade de transmissão em distâncias de vários quilômetros, tornando-a adequada para aplicações de baixa potência e alcance estendido.

Internet das Coisas (IoT – *Internet of Things*) – Conecta objetos do dia a dia à internet, criando um mundo interligado e cheio de possibilidades. Dispositivos como termostatos inteligentes, lâmpadas inteligentes e fechaduras inteligentes transformam casas em ambientes inteligentes e automatizados. Nas cidades, sensores de estacionamento e lixeiras inteligentes otimizam o espaço urbano, enquanto sistemas de monitoramento ambiental garantem a qualidade do ar e da água. Na área da saúde, monitores de saúde e pílulas inteligentes permitem o acompanhamento remoto da saúde dos pacientes, e robôs cirúrgicos aumentam a precisão das cirurgias. Na indústria, sensores inteligentes e robôs colaborativos otimizam a produção e garantem a segurança no trabalho. Na agricultura, drones e sistemas de monitoramento de gado otimizam a gestão da produção e garantem a qualidade dos alimentos. A IoT está transformando o mundo e a cada dia surgem novas aplicações que impactam nossas vidas.

Entre as componentes fundamentais utilizadas na instrumentação *wireless*, podemos citar: sensores, unidade de aquisição, transmissor sem fio, receptor e sistema de processamento de dados (Keithley Instruments, 2001).

7.5.1 Vantagens dos sistemas de aquisição de dados por *wireless*

As principais vantagens dos sistemas de aquisição de dados por *wireless* são as seguintes:

- **Mobilidade** – Os sistemas sem fio permitem que os sensores sejam implantados em locais de difícil acesso, tornando-os ideais para monitoramento remoto.
- **Flexibilidade** – Podem ser facilmente reconfigurados para diferentes aplicações, tornando-os versáteis e econômicos.
- **Economia de tempo** – A eliminação de fios e cabos simplifica a instalação e a manutenção, economizando tempo e recursos.
- **Coleta em tempo real** – Os dados podem ser coletados em tempo real, possibilitando a tomada de decisões imediatas.

- **Escalabilidade** – É possível adicionar ou remover sensores sem a necessidade de reestruturação complexa.

As aplicações consideram áreas multidisciplinares, contudo, é possível apontar alguns setores em que a aquisição de dados via *wireless* já é implementada:

- **Monitoramento ambiental** – Medição de poluentes, níveis de água, qualidade do ar e outros parâmetros em áreas remotas.
- **Indústria 4.0** – Monitoramento de máquinas, processos de produção e estoque em tempo real.
- **Medicina e saúde** – Monitoramento remoto de pacientes, coleta de dados de dispositivos vestíveis.
- **Agricultura de precisão** – Monitoramento de cultivos e animais, otimizando a produção agrícola.
- **Pesquisa científica** – Coleta de dados em locais inacessíveis ou em experimentos de campo.

Atenção às medidas!

A **Indústria 4.0**, também conhecida como *Quarta Revolução Industrial*, é uma transformação digital do setor manufatureiro. Ela é caracterizada pela integração de tecnologias, como inteligência artificial, IoT e computação em nuvem, para criar fábricas inteligentes e automatizadas. Essa integração permite a coleta e a análise de dados em tempo real, o que possibilita a otimização da produção, a redução de custos e o aumento da competitividade das empresas. A Indústria 4.0 também impacta os modelos de negócios, criando serviços e oportunidades de mercado.

A escolha da frequência de operação em sistemas de aquisição de dados por *wireless* representa um desafio complexo e multifacetado. Uma das primeiras considerações que devem ser feitas envolve as dimensões das antenas utilizadas, uma vez que a eficiência e o desempenho estão intrinsecamente ligados à frequência de operação. Em termos acadêmicos, o tamanho da antena deve ser aproximadamente um quarto do comprimento de onda (λ) correspondente à frequência, conforme a relação $\lambda = c/f$, em que c é a velocidade da luz no vácuo ($3 \cdot 10^8$ m/s) e f representa a frequência de operação em Hertz (Hz) (Thompson; Taylor, 2008). A redução das dimensões da antena implica, necessariamente, o uso de frequências mais elevadas.

A figura a seguir mostra alguns exemplos de comunicação de curta e longa distância.

Figura 7.6 – Áreas multidisciplinares que consideram a aquisição de dados por instrumentação sem fio (*wireless*)

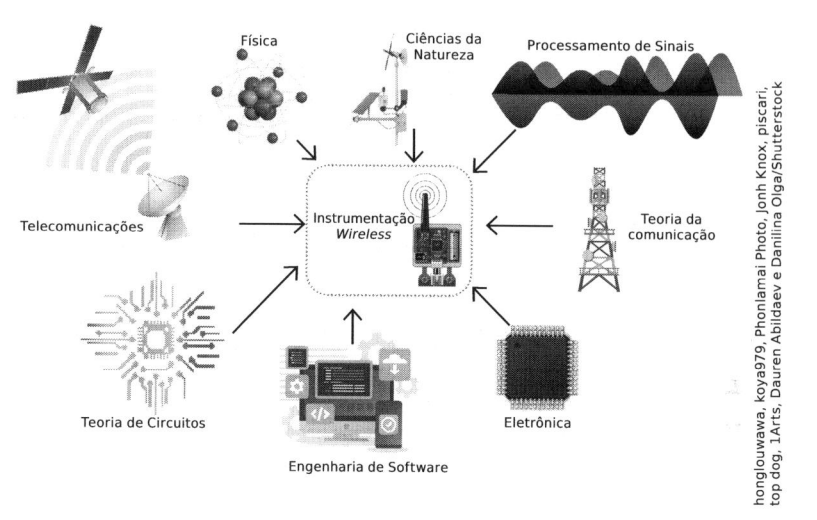

Física · Ciências da Natureza · Processamento de Sinais · Telecomunicações · Instrumentação Wireless · Teoria da comunicação · Teoria de Circuitos · Engenharia de Software · Eletrônica

honglouwawa, koya979, Phonlamai Photo, Jonh Knox, piscari, top dog, 1Arts, Dauren Abildaev e Danilina Olga/Shutterstock

Essa relação entre tamanho da antena e frequência é uma questão fundamental na seleção da frequência de operação. No entanto, a utilização de altas frequências não é isenta de desafios, uma vez que frequências mais elevadas são mais suscetíveis à atenuação e à interferência no meio de transmissão.

Uma estratégia para contornar o problema associado ao uso de altas frequências é a aplicação de técnicas de modulação. Em sistemas de aquisição de dados por *wireless*, especialmente em ambientes controlados, como laboratórios, em que a interferência de banda é relativamente limitada, modulações são frequentemente empregadas para otimizar a eficiência espectral. De acordo com Balbinot e Brusamarello (2019), as modulações mais comuns incluem as seguintes:

- **Chaveamento de mudança de amplitude (*Amplitude-Shift Keying* – ASK)** – Modulação relacionada à variação da amplitude do sinal portador em função dos *bits* transmitidos. ASK e PSK compartilham a mesma largura de banda, que é definida como BW = $2 \cdot R_b$ (Hz), em que R_b representa a taxa de *bits* por segundo (bps).
- **Mudança de fase de codificação (*Phase-Shift Keying* – PSK)** – Modulação que envolve a variação da fase do sinal portador. A largura de banda necessária é a mesma que a do ASK, ou seja, BW = $2 \cdot R_b$ (Hz).
- **Codificação por mudança de frequência (*Frequency-Shift Keying* – FSK)** – Modulação que implica uma mudança na frequência da portadora em relação aos *bits* transmitidos. A largura de banda exigida para FSK é ligeiramente maior, expressa como BW = $2 \cdot R_b + |f_1 - f_2|$, em que $|f_1 - f_2|$ denota a diferença de frequência entre as duas portadoras, f_1 e f_2, ambas medidas em Hertz.

A probabilidade de erro de *bit* (**Bit Error Probability** – **BEP**) é um parâmetro crítico na avaliação do desempenho dessas modulações e pode ser observada na Tabela 7.1, a seguir.

Tabela 7.1 – Expressões utilizadas para calcular ASK, PSK e FSK

Modulação	BEP
ASK com detecção coerente	$Q\left(\sqrt{\dfrac{E_b}{N_o}}\right) \quad Q\left(\sqrt{\dfrac{S}{N}}\right)$
ASK com detecção incoerente	$\dfrac{1}{2}\exp^{-(1/2)\cdot(E_b/N_o)},\ \left(\dfrac{E_b}{N_o}\right) > \dfrac{1}{4} \quad \dfrac{1}{2}\exp^{-(S/N)},\ \left(\dfrac{S}{N}\right) > \dfrac{1}{8}$
PSK	$Q\left(\sqrt{2\cdot\dfrac{E_b}{N_o}}\right) \quad Q\left(\sqrt{2}\cdot\sqrt{\dfrac{S}{N}}\right)$
FSK	$Q\left(\sqrt{\dfrac{E_b}{N_o}}\right) \quad Q\left(\sqrt{1+\dfrac{|f_1-f_2|}{4r_b}}\right)\cdot\sqrt{\dfrac{S}{N}}$

A relação E_b/N_0, em que E_b representa a energia por unidade de *bit* em joules (J) e N_0 é a densidade espectral do ruído em watts (W) – essa densidade espectral representa a potência do ruído por unidade de largura de banda –, exerce um papel crucial na análise do desempenho do sistema. Ela é definida pela Equação 7.2 e serve como um indicador-chave para determinar a qualidade da transmissão em sistemas de aquisição de dados por *wireless* (Balbinot; Brusamarello, 2019).

Equação 7.2

Relação da energia por unidade de *bit* pela densidade espectral de ruído

$$\frac{E_b}{N_o} = \frac{\frac{S}{r_b}}{\frac{N}{BW}} = \left(\frac{S}{N}\right) \cdot \frac{BW}{r_b}$$

Nessa expressão, $N = N_o \cdot BW$ (W) é o ruído filtrado na saída de um filtro passa-faixas BW em Hertz [Hz], S é a potência do sinal em watts (W), ou seja, é a potência total do sinal transmitido. A taxa de *bits* por segundo (bps), representando a velocidade de transmissão de dados, é indicada por r_b.

Em síntese, a seleção da frequência de operação em sistemas de aquisição de dados sem fio envolve complexidades que vão além da simples escolha de uma banda de operação. Requer a consideração cuidadosa das dimensões das antenas, o uso de técnicas de modulação adequadas e a análise rigorosa do desempenho do sistema, incluindo a relação E_b/N_0.

A simples consideração da taxa de *bits* e das dimensões das antenas como fatores determinantes na escolha da frequência revela-se insuficiente, uma vez que, de maneira amplamente reconhecida, a antena emerge como um dos componentes mais críticos em sistemas de comunicação sem fio.

Diante desse contexto, torna-se imperativo encontrar um equilíbrio delicado: **as antenas precisam ser** suficientemente compactas para se integrarem harmoniosamente com os transmissores, mas, ao mesmo tempo, não podem ser excessivamente diminutas a ponto de comprometer essa miniaturização (Aguirre, 2013).

A redução das dimensões, embora desejável em termos de praticidade, pode implicar complexidades adicionais, especialmente no que tange ao casamento de impedância, uma problemática que requer solução numérica. Estratégias de empacotamento em nível de *wafer*, conhecidas como *Wafer-Level Packaging* (WLP), apresentam-se como um meio eficaz para contornar esses desafios (Soloman, 2012).

Outro fator relevante a ser levado em consideração ao selecionar a frequência é a faixa de comunicação.

Essa questão está diretamente relacionada à atenuação dos sinais de radiofrequência (RF), cujo valor, em condições de espaço livre, tende a crescer em função da distância entre o transmissor e o receptor, representada por d, em metros, e da frequência, representada por f, em Hertz.

A Equação 7.3 é uma representação da perda de percurso em comunicações sem fio (*wireless*):

Equação 7.3

Cálculo da perda de percurso em comunicações *wireless*

$$L_f(d,f) = -20\log_{10}(d) - 20\log_{10}(f) + K_f$$

Nessa expressão, $L_f(d,f)$ é a perda de percurso em decibéis (dB) e representa a atenuação que o sinal de RF sofre à medida que se propaga por certa distância d (em metros) a uma frequência f (em Hertz). Essa perda é causada por diversos fatores, como a propagação do sinal no espaço livre e a absorção do sinal pelo ambiente.

O termo $-20\log_{10}(d)$ representa a perda devido à propagação no espaço livre e está relacionado à distância d. A atenuação aumenta à medida que a distância entre o transmissor e o receptor cresce. O termo -20 é uma constante que converte a distância de metros para decibéis.

O termo $-20\log_{10}(f)$ está relacionado à frequência f. Ele representa a perda devido à dependência de frequência na propagação do sinal. Em geral, sinais de frequência mais alta sofrem maior atenuação, especialmente em ambientes propensos a bloqueios. E o parâmetro K_f é uma constante de ajuste que incorpora outros fatores que afetam a atenuação do sinal, como tipo de ambiente, obstáculos, interferências e reflexões. Essa constante é específica para o ambiente de propagação e a frequência em questão é dada por: $K_f = -20\log_{10}\left[\dfrac{c}{4\pi}\right]$ (dB).

Esse contexto implica que, sendo mantidas constantes a potência transmitida, P_t (em dB), e a sensibilidade do receptor, S_r (em dB), a frequência é restrita pela extensão máxima da faixa de comunicação, d_{max} (em metros), conforme a Equação 7.4 (Soloman, 2012):

Equação 7.4

Cálculo da frequência (Hz) limite em uma comunicação *wireless*

$$f \leq 10^{\frac{(P_t - S_r) - 20\log_{10}(4\pi d_{max})}{20}}$$

O modelo de espaço livre representa uma abordagem altamente otimista na estimativa do orçamento de ligação, pois não leva em consideração as perdas adicionais decorrentes do ambiente circundante, que incluem fatores como meios de propagação com atenuação, edificações, condições topográficas, presença de veículos e pessoas, sombreamento, implementações sistêmicas, entre outros.

Portanto, é essencial empregar um modelo de perdas abrangente para contemplar esses elementos, conforme a Equação 7.5, a seguir:

Equação 7.5

Modelo geral de perdas no espaço livre

$$l(d) = \alpha \cdot c^{-n} + \chi, \ n \geq 2, \ \alpha < 1$$

Nessa expressão, l(d) é a variável dependente ou a função que está sendo definida e *d* é o parâmetro independente, muitas vezes chamado de *variável independente* – é o valor que deve ser inserido na função para calcular o valor correspondente de l(d) –, α é um parâmetro que influencia a função e está restrito a valores menores do que 1 e c é outra constante que afeta a função (Keithley Instruments, 2001). A variável n é um termo constante que é adicionado à função, independentemente do valor de d, todavia, n é um parâmetro que deve ser maior ou igual a 2.

Alternativamente, pode-se usar:

$L(d) = -10 \cdot n \cdot \log10(d) + 10\log10(\alpha) + \chi_{dB} = A \cdot \log10(d) + B + \chi dB$ (em dB). O fator $A = -10 \cdot n$ desempenha um papel crucial na análise, pois explica por que a perda de sinal devido à distância é mais pronunciada do que a perda típica no espaço livre.

É importante entender que as flutuações do sinal, conhecidas como *fading*, não contribuem para a perda de modo constante, mas sim de maneira dinâmica (Keithley Instruments, 2001).

Esse comportamento dinâmico pode criar desafios consideráveis ao ser projetada uma conexão sem fio, uma vez que pode exigir a implementação de um receptor de RF com capacidade de lidar com as flutuações temporárias na potência do sinal.

Para a maioria dos cenários, o modelo que leva em conta a perda dependente da distância é suficiente para prever o orçamento da ligação. Isso é particularmente válido para distâncias curtas, geralmente até 20 metros, e ambientes fechados, como laboratórios, hospitais, residências e trens. Recomendamos a consulta às referências Pätzold (2022) e Bertoni (2000) para obter orientação sobre como lidar com os efeitos de *fading*.

A Figura 7.7 ilustra as faixas de frequência disponíveis para as diversas tecnologias de comunicações sem fio.

Figura 7.7 – Frequências atualmente disponíveis para aplicação sem fio

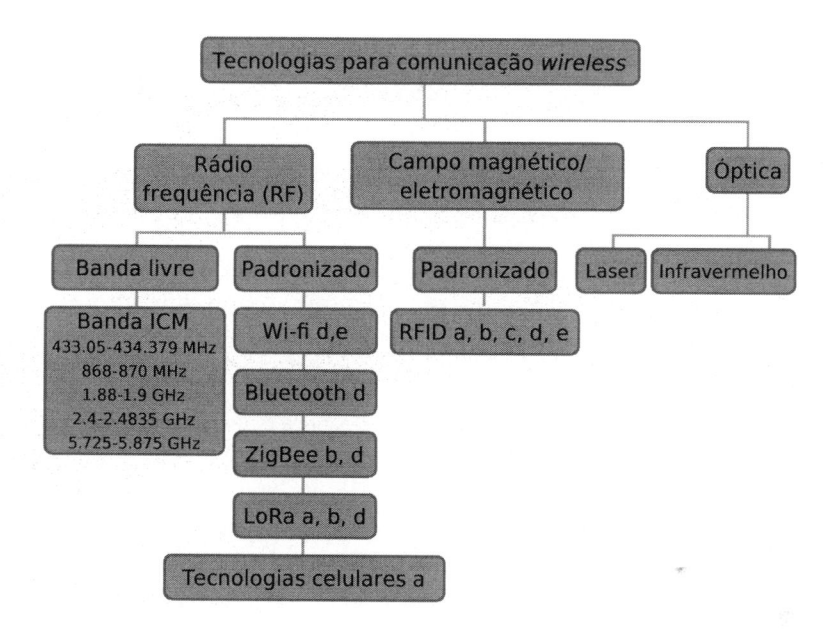

```
                    Tecnologias para comunicação wireless
                    ┌───────────────┬───────────────────────┬─────────┐
                 Rádio          Campo magnético/           Óptica
              frequência (RF)    eletromagnético
         ┌────────┬────────┐           │               ┌──────┬──────────┐
    Banda livre  Padronizado     Padronizado         Laser  Infravermelho
    Banda ICM     Wi-fi d,e      RFID a, b, c, d, e
    433.05-434.379 MHz
    868-870 MHz
    1.88-1.9 GHz  Bluetooth d
    2.4-2.4835 GHz
    5.725-5.875 GHz ZigBee b, d
                  LoRa a, b, d
                  Tecnologias celulares a
```

Fonte: Elaborado com base em Pätzold, 2002.

As frequências mais adequadas para aplicações em instrumentos sem fio estão dentro da chamada *banda ICM* (**I**ndustrial, **C**ientífica e **M**édica), que permite o uso não regulamentado (Pallàs-Areny, 2001).

Isso significa que essas frequências podem ser usadas sem restrições específicas, desde que a potência de emissão esteja dentro dos limites máximos estabelecidos pelas regulamentações.

7.6 Barramento e protocolos de comunicação

Na instrumentação eletrônica, um **barramento** refere-se a um sistema de condutores ou trilhas que estabelecem a infraestrutura necessária para a transferência de dados entre dispositivos eletrônicos. Esse componente é fundamental para a interconexão de sensores, controladores, computadores e outros dispositivos em sistemas de instrumentação. A utilização de barramentos eficazes permite uma troca fluida de informações, garantindo que os dados sejam coletados, processados e analisados de maneira eficiente (Doebelin, 2003).

Medições amostrais

Um exemplo notável de barramento é o *PCI Express* (PCIe), amplamente empregado em sistemas de instrumentação eletrônica em razão de sua alta largura de banda e baixa latência. O PCIe é ideal para placas de aquisição de dados de alta taxa de amostragem, placas de processamento de sinal digital e unidades de processamento gráfico (GPUs, do inglês, *Graphics Processing Units*). Sua arquitetura possibilita uma comunicação eficaz entre dispositivos, assegurando a transferência de dados em alta velocidade.

Os **protocolos de comunicação** são sistemas de regras e procedimentos que orientam a transmissão de informações entre dispositivos eletrônicos. Eles desempenham um papel crítico na garantia de que os dados sejam transmitidos de maneira segura e confiável. Nas seções a seguir, verificaremos os protocolos de comunicação que apresentam maior utilização na instrumentação eletrônica.

7.6.1 HTTPs (*Hypertext Transfer Protocol Secure*)

O **HTTPs** (*Hypertext Transfer Protocol Secure*, ou Protocolo de Transferência de Hipertexto) é um protocolo amplamente utilizado para a comunicação segura na *World Wide Web* (WWW). Essa versão segura do **HTTP** é essencial para transferir informações pela internet de maneira criptografada. Embora seja frequentemente associado a aplicações da *web*, o HTTPs também exerce um papel relevante na instrumentação eletrônica, em que a integridade e a confidencialidade dos dados são críticas.

Medições amostrais

Em uma instalação industrial, um sistema de monitoramento por sensores pode empregar o **HTTPs** para garantir que os dados de medição sejam transmitidos de maneira segura para um servidor central, protegendo as informações críticas.

7.6.2 DNS (*Domain Name System*)

O **DNS** (*Domain Name System*, ou Sistema de Nomes de Domínio) é um protocolo crucial que mapeia nomes de domínio em endereços IP. Embora não esteja diretamente ligado à instrumentação, desempenha um papel fundamental na resolução de nomes de servidores, facilitando a comunicação eficiente por meio da internet e de redes locais.

> **Atenção às medidas!**
>
> **IP** significa *Internet Protocol* (protocolo de internet). É um conjunto de regras que governa a comunicação de dados na internet. O IP é a base da comunicação na internet, permitindo que dispositivos se comuniquem entre si por meio de uma rede de computadores.
>
> Existem duas versões principais do IP em uso atualmente: IPv4 (protocolo de internet versão 4) e IPv6 (protocolo de internet versão 6). O IPv4 é o protocolo mais comumente usado e é composto por um endereço IP de 32 *bits*, representado em notação decimal separada por pontos (por exemplo, 192.0.2.1). No entanto, em razão do esgotamento dos endereços IPv4 disponíveis, o IPv6 foi desenvolvido. O IPv6 utiliza endereços de 128

bits, permitindo um número muito maior de endereços únicos.

O endereço IP é fundamental para a comunicação na internet, pois identifica exclusivamente um dispositivo conectado à rede e permite que os dados sejam enviados de modo eficiente para seu destino.

Medições amostrais

Em uma rede de instrumentação, o DNS é usado para traduzir nomes de dispositivos em endereços IP, simplificando a comunicação entre eles.

7.6.3 TCP (*Transmission Control Protocol*)

O **TCP** (*Transmission Control Protocol*, ou Protocolo de Controle de Transmissão) é um protocolo de transporte amplamente adotado que fornece uma comunicação confiável e orientada à conexão. Ele é empregado em uma ampla variedade de aplicações, incluindo a transmissão de dados de instrumentação em redes locais e remotas.

Medições amostrais

Em um sistema de aquisição de dados que requer a transmissão segura e confiável de leituras de sensores, o TCP é utilizado para garantir que os dados sejam entregues sem erros ao sistema de análise.

7.6.4 DHCP (*Dynamic Host Configuration Protocol*)

O **DHCP** (*Dynamic Host Configuration Protocol*, ou Protocolo de Configuração Dinâmica de *Host*) é um protocolo que permite a atribuição automática de endereços IP a dispositivos em uma rede. Isso é particularmente relevante em ambientes de instrumentação, nos quais os dispositivos necessitam de rápida integração em redes, com um mínimo de configuração manual.

> **Medições amostrais**
>
> Em uma fábrica automatizada, os controladores de máquinas e sensores podem empregar o DHCP para obter automaticamente endereços IP, simplificando a integração com a rede e agilizando o processo.

7.6.5 SMTP (*Simple Mail Transfer Protocol*)

O **SMTP** (*Simple Mail Transfer Protocol*, ou Protocolo Simples de Transferência de Correio) é utilizado para transferir *e-mails* pela internet. Embora não seja um protocolo central na instrumentação eletrônica, ele pode ser relevante em casos nos quais notificações por *e-mail* são necessárias para alertar sobre eventos críticos.

> **Medições amostrais**
>
> Um sistema de monitoramento ambiental pode utilizar o SMTP para enviar notificações por *e-mail* quando níveis críticos de poluentes são detectados, permitindo uma resposta rápida às situações de risco.

7.6.6 UDP (*User Datagram Protocol*)

O **UDP** (*User Datagram Protocol*, ou Protocolo de Datagrama de Usuário) é um protocolo de transporte que proporciona uma comunicação não orientada à conexão e é adequado para aplicações que exigem transmissão em tempo real, nas quais a perda ocasional de pacotes pode ser tolerada.

> **Medições amostrais**
>
> Em sistemas de transmissão de vídeo em tempo real, o UDP pode ser empregado para minimizar a latência, mesmo que alguns quadros de vídeo sejam perdidos, garantindo uma visualização contínua e fluida.

7.6.7 Protocolo IEEE 802.3 (*Ethernet*)

Com a expansão da instrumentação eletrônica e a crescente necessidade de monitoramento e controle de sistemas complexos, a comunicação em redes se tornou fundamental. Vários protocolos e tecnologias desempenham um papel essencial nesse contexto.

Medições amostrais

A *Ethernet* é amplamente utilizada em sistemas de instrumentação eletrônica para fornecer conectividade de rede. O protocolo IEEE 802.3, que governa a *Ethernet*, permite a transmissão de dados em alta velocidade em redes locais. É uma escolha popular para sistemas de monitoramento e controle em virtude do suporte à transmissão de dados em tempo real e de sua alta confiabilidade.

A Tabela 7.2 apresenta as características gerais e as velocidades de transmissão de dados em função da distância para as conectividades tipo RS-232, RS-485, porta de impressoras, protocolo IEEE-488, USB *(Universal Serial Bus, ou* porta serial universal), protocolo IEEE-1394 e *Ethernet.*

Análise indispensável!

O **protocolo IEEE-488**, também conhecido como GPIB (*General Purpose Interface Bus*), é um padrão de comunicação utilizado em instrumentação eletrônica. Ele define uma interface de barramento paralelo de alta velocidade para conectar e controlar dispositivos eletrônicos, como osciloscópios, multímetros e geradores de sinal. O GPIB facilita a comunicação entre os dispositivos, permitindo o envio de comandos de controle e a troca de dados entre eles de maneira rápida e confiável.

O protocolo IEEE-1394, também conhecido como *FireWire* ou *i.Link*, é um padrão de comunicação de alta velocidade utilizado para conectar dispositivos eletrônicos, como câmeras de vídeo, discos rígidos externos e dispositivos de áudio, a computadores e outros dispositivos. Ele oferece taxas de transferência de dados rápidas e suporta a comunicação em série entre os dispositivos, permitindo a transferência de grandes volumes de dados em tempo real.

Um adaptador GPIB é um dispositivo utilizado para conectar dispositivos eletrônicos a um barramento GPIB. Esse adaptador é frequentemente utilizado quando um dispositivo não tem uma porta GPIB integrada, permitindo sua conexão ao barramento para comunicação e controle. Os adaptadores GPIB podem ser tanto placas de interface internas, que se conectam a *slots* PCI ou PCIe de um computador, quanto dispositivos externos, que se conectam ao computador por meio de portas USB ou Ethernet.

Os *hubs* USB são dispositivos utilizados para expandir o número de portas USB disponíveis em um computador ou outro dispositivo eletrônico. Eles permitem que vários dispositivos USB, como teclados, *mouses*, impressoras e unidades de armazenamento, sejam conectados a um único computador, facilitando a conexão e a desconexão desses dispositivos. Os *hubs* USB são frequentemente utilizados para criar uma configuração de trabalho mais conveniente e organizada, especialmente em ambientes onde há muitos dispositivos USB.

O OSR 2.1, ou *Open Systems Resources*, é uma versão específica de um *software* ou sistema operacional que oferece recursos adicionais e aprimoramentos em relação às versões anteriores. Geralmente, as atualizações de versão, como o OSR 2.1, incluem correções de *bugs* (falhas), melhorias de desempenho, suporte a *hardware* mais recente e novos recursos de *software*. Essas atualizações são desenvolvidas para melhorar a estabilidade, a segurança e a funcionalidade do sistema operacional, garantindo uma experiência de usuário mais eficiente e confiável.

Hot plugging é a capacidade de conectar e desconectar dispositivos de um sistema em tempo de execução sem a necessidade de reinicialização. Isso permite que os dispositivos sejam adicionados ou removidos enquanto o sistema está em funcionamento, proporcionando maior flexibilidade e conveniência.
O *hot plugging* é comumente suportado por interfaces de conexão, como USB, *Thunderbolt* e *FireWire*, e é amplamente utilizado em dispositivos portáteis, como discos rígidos externos, *pen drives* e periféricos de computador.

Tabela 7.2 – Barramentos externos de PCs

Nome genérico	Designação industrial	Distância típica máxima	Velocidade típica máxima	Características/ Vantagens
Serial	RS-232	15m (50ft)	115kbits/s	Interface serial padrão. Um dispositivo por porta.
Serial	RS-422	1220m (4000ft)	115kbits/s	Um transmissor pode controlar até 10 receptores. Normalmente requer um adaptador RS-422.
Serial	RS-485	1220m (4000ft)	115kbits/s	Suporta até 32 dispositivos transmissores ou receptores em um barramento. Normalmente requer um adaptador RS-485.
Paralelo (Porta de impressora)	SPP, EPP, ECP	~ 15m (50ft)	100+ kB/s	Popular para impressoras, *scanners*, discos rígidos e outros periféricos. Não é uma interface de aquisição de dados amplamente utilizada.
Barramento de Interface de Uso Geral (GPIB)	IEEE-488	~ 2m (6ft) pode ser estendido	1MB/s	Padrão em muitos instrumentos científicos e periféricos. Suporta até 15 dispositivos em um barramento. Normalmente requer um adaptador GPIB.

(continua)

(Tabela 7.2 – conclusão)

Nome genérico	Designação industrial	Distância típica máxima	Velocidade típica máxima	Características/ Vantagens
Universal Serial Bus	USB	5m (16.5ft) por queda de cabo; 15m (50ft) total	12Mbits/s (480 Mbits/s planejados)	Suporta "**hot plugging**", **PnP** e conexão de até 127 dispositivos usando hubs USB. O USB é padrão em muitos computadores novos. Requer suporte de driver no Windows 95 OSR 2.1, Windows 98, Windows 2000.
FireWire	IEEE-1394	4,5m (15ft)	100-400 Mbits/s (1+ Gbits/s planejado)	Suporta hot plugging, PnP e conexão em cadeia de até 63 dispositivos. O FireWire ainda não está amplamente implementado. Requer suporte de driver no Windows 98 e Windows 2000.
Ethernet	10BaseT, 100BaseT	~ 925m (3000ft); mais longe em redes locais ou pela internet	10Mbits/s, 100Mbits/s*	Rede de alta velocidade padrão para escritórios/ indústrias. Requer interface de computador. A taxa real de transferência depende da aplicação.

*Taxas de *bits* brutas. O Rendimento real depende da aplicação.

Fonte: Keithley Instruments, 2001, p. 21, tradução nossa.

(?) Na medida

Hot plugging – É um recurso que permite conectar ou desconectar dispositivos de *hardware* a um sistema computacional sem a necessidade de reiniciar o sistema.

O sistema operacional é capaz de reconhecer a alteração na configuração de *hardware* instantaneamente, tornando a adição ou a remoção de dispositivos mais conveniente e flexível.

PnP (*Plug and Play*) – Tecnologia que automatiza o reconhecimento e a configuração de dispositivos de *hardware* por sistemas computacionais, eliminando a intervenção manual e facilitando a integração de novos dispositivos.

A seleção criteriosa de barramentos e protocolos de comunicação desempenha um papel fundamental na instrumentação eletrônica, uma área de extrema relevância nos contextos acadêmico e industrial.

Esse processo envolve a consideração de múltiplos fatores complexos, sendo essencial para a eficácia, a segurança e a confiabilidade dos sistemas de medição, controle e monitoramento empregados em diversas aplicações.

Primeiramente, a taxa de amostragem constitui um elemento crítico na escolha do barramento a ser empregado. Esse parâmetro está diretamente associado à capacidade do sistema de adquirir e processar dados com a frequência necessária para a aplicação em questão.

A seleção de barramentos com alta taxa de amostragem é imprescindível em cenários em que a coleta de dados ocorre em alta velocidade, como em sistemas de aquisição de dados de sensores de alta taxa de amostragem ou na transmissão de sinais em tempo real.

Além disso, a distância de comunicação é um aspecto vital a ser considerado. A natureza da aplicação determinará se a comunicação ocorre em curtas distâncias, como em sistemas de controle de processos industriais, ou em longas distâncias, como na monitorização de sistemas distribuídos.

A escolha do barramento deve ser adequada para atender a essas demandas, levando em conta a eficiência e a integridade dos dados em diferentes escalas de distância.

O custo é um fator que também atua de modo relevante na seleção de barramentos e protocolos. A aquisição e a implementação de determinados barramentos e equipamentos podem ser dispendiosas, e é imperativo ponderar os recursos financeiros disponíveis em relação às necessidades da aplicação. A otimização dos recursos é crucial, garantindo que o sistema seja eficiente sem comprometer a viabilidade econômica do projeto.

Além das considerações técnicas, a conformidade com padrões de segurança e regulamentações industriais é fundamental. Dispositivos e sistemas de instrumentação eletrônica frequentemente operam em ambientes críticos, como na indústria, na saúde ou em aplicações militares. Portanto, os barramentos e protocolos devem atender às normas de segurança, garantindo a integridade e a confidencialidade dos dados. A não conformidade pode expor o sistema a vulnerabilidades e ameaças, prejudicando a operação segura e confiável.

Figura 7.8 – Diagrama dos protocolos e barramentos utilizados na instrumentação eletrônica

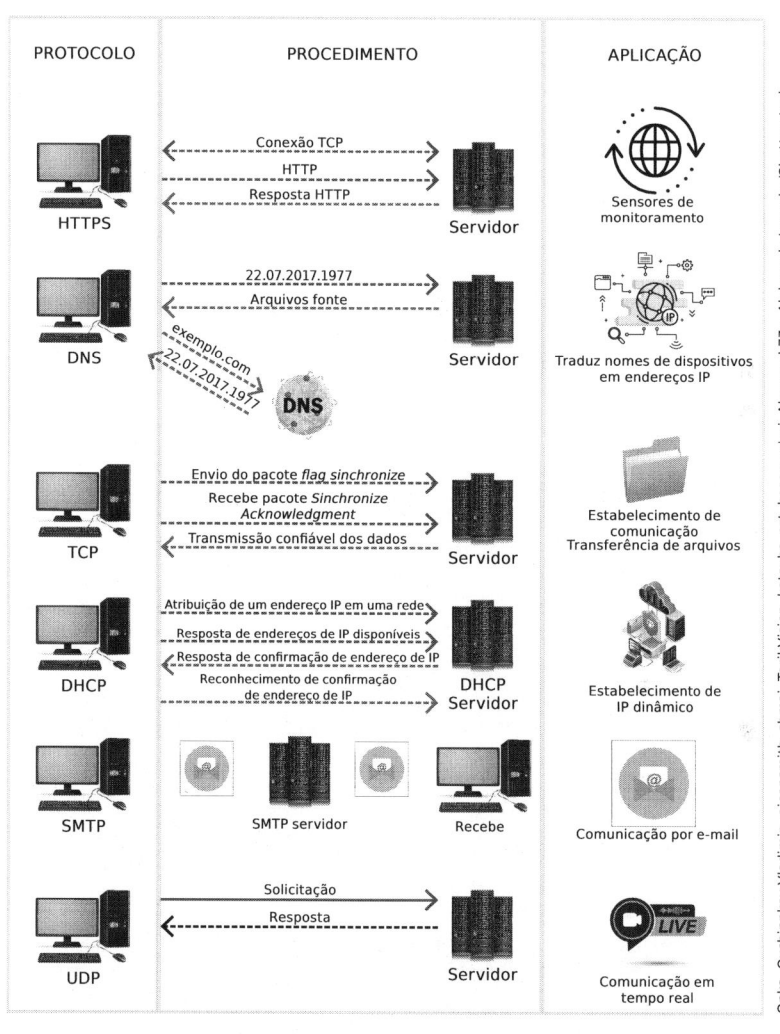

PROTOCOLO	PROCEDIMENTO		APLICAÇÃO
HTTPS	← Conexão TCP → / HTTP → / ← Resposta HTTP	Servidor	Sensores de monitoramento
DNS	22.07.2017.1977 → / ← Arquivos fonte / exemplo.com / 22.07.2017.1977 / DNS	Servidor	Traduz nomes de dispositivos em endereços IP
TCP	Envio do pacote *flag sinchronize* → / Recebe pacote *Sinchronize Acknowledgment* → / ← Transmissão confiável dos dados	Servidor	Estabelecimento de comunicação / Transferência de arquivos
DHCP	Atribuição de um endereço IP em uma rede → / ← Resposta de endereços IP disponíveis / ← Resposta de confirmação de endereço de IP / Reconhecimento de confirmação de endereço de IP →	DHCP Servidor	Estabelecimento de IP dinâmico
SMTP	SMTP servidor	Recebe	Comunicação por e-mail
UDP	Solicitação → / ← Resposta	Servidor	Comunicação em tempo real

Opka, Ovchinnkov Vladimir, aiconsmith, shmai, TarikVision, katsuba_art, hasan as'ari, Alecsandr77 e Aleksandr_Lysenko/Shutterstock

Exercícios resolvidos

1. Um sistema de aquisição de dados pode ser pensado como produtos ou processos utilizados para coletar informações a fim de documentar ou analisar um fenômeno. Um sistema de aquisição de dados é formado por sensores, *hardware* de aquisição e medição de dados e um computador com *software* programável, como ilustrado a seguir:

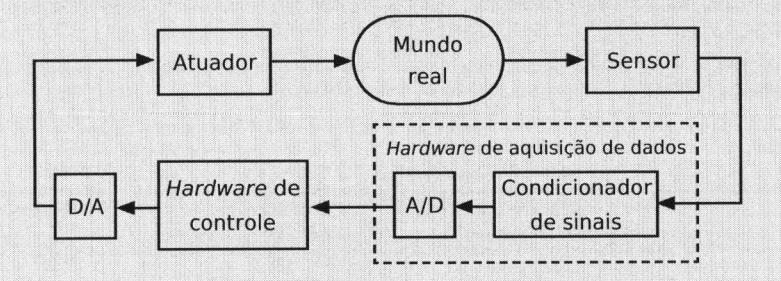

```
         ┌──→ Atuador ──→ Mundo real ──→ Sensor ──┐
         │                                         │
         │                  Hardware de aquisição de dados
         │              ┌─────────────────────────────────┐
         │  Hardware de │         Condicionador           │
         └── D/A ←── controle ←── A/D ←── de sinais ←─────┘
```

Nesse contexto, avalie as afirmações a seguir.

I. Um sensor converte um fenômeno físico em um sinal elétrico mensurável. Sua saída elétrica pode ser uma característica de tensão, corrente, resistência ou outro atributo elétrico que varie com o tempo.

II. Um condicionador de sinal é um módulo de circuito especificamente destinado a proporcionar dimensionamento de sinal, amplificação, linearização, compensação da junção fria, filtragem, atenuação, excitação, rejeição de modo comum e assim por diante.

III. O *hardware* de aquisição de dados atua como interface entre um computador e sinais do mundo externo, funcionando basicamente como um dispositivo que digitaliza sinais analógicos de entrada, de modo que um computador possa interpretá-los.

É correto o que se afirma em:

a) I, apenas.
b) I e III.
c) II, apenas.
d) II e III.
e) I, II e III.

Solução:

A resposta correta é (e). Todas as afirmações são corretas no contexto da descrição de um sistema de aquisição de dados.

2. Suponha que você está conduzindo um experimento em um laboratório de instrumentação eletrônica. Você está trabalhando com um sistema de aquisição de dados que usa um conversor analógico para digital (ADC) com uma resolução de *n bits*. Durante o experimento, você deseja garantir que a taxa de variação de tensão (dV/dt) seja mantida abaixo do valor do LSB (*Least Significant Bit*) do ADC, a uma taxa de amostragem específica (t_c). Além disso, você tem um limite superior M para a taxa de variação. Utilize a Equação 7.1:

$$\frac{dV}{dt} \leq \frac{M}{2^{n-1} \cdot t_c}$$

a) Explique o significado da Equação 7.1 no contexto da instrumentação eletrônica e do ADC.

b) Se o seu ADC possui uma resolução de 12 *bits* (n = 12) e você deseja amostrar a uma taxa de 1 000 amostras por segundo (t_c = 1 ms), qual é o valor máximo de dV/dt que você pode permitir, dado um limite superior de M = 5 V/s?

c) Como você poderia ajustar o sistema ou o experimento para garantir que a relação seja atendida?

Solução:

a) A relação dada expressa a restrição na taxa de variação da tensão (dV/dt) que pode ser aplicada ao sistema antes de ultrapassar a resolução do ADC. O valor do LSB é o menor incremento de tensão que o ADC pode detectar. Portanto, a relação garante que as variações de tensão não ultrapassem o limite onde o ADC não pode distinguir entre os valores. O valor M define um limite superior para a taxa de variação que você deseja manter.

b) Substituindo os valores na equação, teremos:

$$\frac{dV}{dt} \leq \frac{M}{2^{n-1} \cdot t_c}$$

$$\frac{dV}{dt} \leq \frac{M}{2^{n-1} \cdot t_c}$$

$$\frac{dV}{dt} \leq \frac{5\frac{V}{s}}{2^{12-1} \cdot 0,001s}$$

$$\frac{dV}{dt} \leq \frac{5\frac{V}{s}}{2048}$$

$$\frac{dV}{dt} \leq 0{,}00244 \text{ V/s}$$

Portanto, o valor máximo de dV/dt que você pode permitir é de, aproximadamente, 0,00244 V/s.

c) Para garantir que a relação seja atendida, você pode considerar algumas ações, como reduzir a taxa de variação de tensão, aumentar a resolução do ADC (usando um ADC de maior número de *bits*), reduzir a taxa de amostragem ou aplicar técnicas de filtragem para suavizar as variações de tensão antes da amostragem. Dependendo das restrições de seu experimento, você pode escolher a abordagem mais apropriada para atender a essa relação.

3. Imagine que você está realizando um experimento em um laboratório de instrumentação eletrônica e comunicações *wireless*. Durante o experimento, você precisa calcular a perda de percurso em uma transmissão sem fio entre dois dispositivos em um espaço livre. Os parâmetros relevantes são os seguintes:
   - **Distância entre os dispositivos (d):** 50 metros
   - **Frequência da comunicação (f):** 2,4 GHz
   - **Constante de propagação de Friis (K_f):** 20 dB
   - **Potência transmitida (P_t):** 20 dBm
   - **Sensibilidade do receptor (S_r):** ‒80 dBm
   - **Largura de banda (BW):** 10 MHz

- **Taxa de transmissão de dados (r_b):** 1 Mbps
- **Constante de perda no espaço livre (α):** 2
- **Constante de perda adicional (χ):** 10 dB

Com base nas Equações 7.2 a 7.5, calcule: a) perda de percurso (L_f); b) frequência limite (f); c) relação energia por unidade de *bit* pela densidade espectral de ruído (E_b/N_o); d) modelo geral de perdas no espaço livre (l(d)).

Solução:

a) Cálculo da perda de percurso:

$$L_f(d,f) = -20\log_{10}(d) - 20\log_{10}(f) + K_f$$

$$L_f(d,f) = -20\log_{10}(d) - 20\log_{10}(f) + K_f$$

$$L_f(50\,m,\ 2{,}4\,gHz) = -20\log_{10}(50) - 20\log_{10}(2{,}4 \cdot 10^9) + 20$$

$$L_f(50\,m,\ 2{,}4\,gHz) \approx -20 \cdot (1{,}69897) - 20 \cdot (9{,}38) + 20$$

$$L_f(50\,m,\ 2{,}4\,gHz) \approx -33{,}9794 - 187{,}6 + 20$$

$$L_f(50\,m,\ 2{,}4\,gHz) \approx -201{,}5794\ dB$$

b) Cálculo da frequência limite (f):

Para resolver o problema, usamos a expressão da Equação 7.4, dada como:

$$f \leq 10^{\frac{(P_t - S_r) - 20\log_{10}(4\pi d_{max})}{20}}$$

Dadas as informações:

P_t = 20 dBm

S_r = −80 dBm

d_{max} = 50 metros

Podemos substituir esses valores na expressão e calcular a frequência máxima (f):

$$f \leq 10^{\frac{(P_t - S_r) - 20\log_{10}(4\pi d_{max})}{20}}$$

$$f \leq 10^{\frac{(20\,dBm - (80\,dBm)) - 20\log_{10}(4\pi \cdot 50)}{20}}$$

$$f \leq 10^{\frac{(100\,dBm) - 20 \cdot 2{,}797}{20}}$$

$$f \leq 10^{2{,}203}$$

$$f \leq 158{,}48\,Hz$$

c) Cálculo da relação E_b/N_o:

$$\frac{E_b}{N_o} = \frac{\frac{S}{r_b}}{\frac{N}{BW}} = \left(\frac{S}{N}\right) \cdot \frac{BW}{r_b}$$

Suponha que a potência do sinal (S) seja de 0 dBm (1 mW) e a densidade espectral de ruído (N) seja de –100 dBm/Hz. Usaremos BW = 10 MHz e r_b = 1 Mbps.

$$\frac{E_b}{N_o} = \left(\frac{0\,dBm}{-100\,dBm/Hz}\right) \cdot \frac{10\,000\,000\,Hz}{1\,000\,000\,bps}$$

$$\frac{E_b}{N_o} = 100 \cdot 1 = 100$$

d) Modelo geral de perdas no espaço livre (l(d)):

l(d) = $\alpha \cdot c^{-n} + \chi$

l(50 m) = $2 \cdot c^{-2} + 10$

l(50 m) = $2 \cdot (3 \cdot 10^8)^{-2} + 10$

l(50 m) = $2 \cdot (9{,}87 \cdot 10)^{-17} + 10$

l(50 m) $\approx 1{,}974 \cdot 10^{-16} + 10$

l(50 m) ≈ 10

Ampliando as medições

Consulte os *sites* e materiais indicados a seguir para saber mais sobre o conteúdo apresentado neste capítulo:

CASSIOLATO, C. **Sistemas de supervisão e aquisição de dados**: Introdução. Disponível em: <https://www.instrumatic.com.br/artigo/sistemas-de-supervisao-e-aquisicao-de-dados>. Acesso em: 5 jul. 2024.

11ª AULA: Sistemas de aquisição de dados medidas digitais. Disponível em: <https://slideplayer.com.br/slide/2291823>. Acesso em: 5 jul. 2024.

CASSIOLATO, C. **Sensores de pressão**. Disponível em: <https://www.smar.com/pt/artigo-tecnico/sensores-de-pressao>. Acesso em: 5 jul. 2024.

CORDEIRO, M. Sistemas de supervisão e aquisição de dados (SCADA). **Dicas de instrumentação**, 23 abr. 2021. Disponível em: <https://www.dicasdeinstrumentacao.com/sistemas-de-supervisao-e-aquisicao-de-dadosscada/>. Acesso em: 5 jul. 2024.

COSTA, E. J. X. **Vídeo sistemas de medidas**. Disponível em: <https://eaulas.usp.br/portal/video?idItem=11369>. Acesso em: 5 jul. 2024.

MADALOZZO, K. **Curso de Osciloscópio – Aula 5 – Trigger auto, ajuste e direção de disparo**. 2020. Disponível em: <https://www.youtube.com/watch?v=ZxbLy6A8pjI>. Acesso em: 5 jul. 2024.

PAULA, L. C. de. **AULA 02 – Condicionamento de sinais**. 2020. Disponível em: <https://www.youtube.com/watch?v=AsAe4Cg06VQ>. Acesso em: 5 jul. 2024.

ROMERO, A. **Curso LabVIEW 02 – Aquisição de dados (myDAQ + LDR)**. 2020. Disponível em: <https://www.youtube.com/watch?v=1AhGinykZcc>. Acesso em: 5 jul. 2024.

Resumo das medições

O quadro a seguir sintetiza os principais assuntos tratados neste capítulo.

Quadro 7.1 – Quadro-resumo

Tópico	Resumo
Componentes de um Sistema de aquisição de dados (SAD)	• Uso em monitoramento e controle. • Funções dos contadores/temporizadores. • Elementos de uma placa de aquisição de dados. • Conversor A/D (analógico-digital) na aquisição de dados. • Conversor D/A (digital-analógico) na aquisição de dados. • Entradas e saídas digitais. • Entradas analógicas. • Contadores e temporizadores.

(continua)

(Quadro 7.1 – continuação)

Tópico	Resumo
Vantagens de SAD por *wireless*	• Mobilidade para monitoramento remoto. • Flexibilidade para reconfiguração. • Economia de tempo na instalação. • Coleta em tempo real para decisões imediatas. • Escalabilidade sem reestruturação complexa.
Técnicas de modulação ASK, PSK e FSK	• Otimização da eficiência espectral na comunicação sem fio.
Componentes e características de um SAD	• Transformação de sinais analógicos em digitais. • Filtro *anti-aliasing*. • Circuito de amostragem e retenção. • Conversor ADC (analógico para digital). • Condicionador de sinal. • Entrada de controle (modo de amostragem e retenção). • Número de linhas digitais. • Taxa de transmissão. • Corrente necessária. • Contagem de eventos. • Parâmetros essenciais (resolução e frequência de *clock*).
Considerações em sistemas de aquisição de dados por *wireless*	• Escolha da frequência de operação. • Relação Eb/N0. • Faixa de frequência.

(Quadro 7.1 – conclusão)

Tópico	Resumo
Barramento e protocolos de comunicação	• HTTPS (*Hypertext Transfer Protocol Secure*), DNS (*Domain Name System*), TCP (*Transmission Control Protocol*), DHCP (*Dynamic Host Configuration Protocol*), SMTP (*Simple Mail Transfer Protocol*) e UDP (*User Datagram Protocol*).
Importância da aquisição de dados por *wireless* e SAD	• Eficiência e flexibilidade na coleta e no processamento de informações analógicas e digitais.

Testes instrumentais

1) Quais são as funções essenciais das interfaces de entrada e saída digital (I/O Digital) em sistemas de aquisição de dados e instrumentação eletrônica? De que modo a seleção adequada de parâmetros, como o número de linhas digitais e a taxa de transferência, pode influenciar o desempenho de um sistema de medição?

2) Quais são as principais vantagens dos sistemas de aquisição de dados por *wireless* (sem fio) na instrumentação eletrônica e como essas vantagens podem impactar positivamente as aplicações de medição e controle?

3) O que é a probabilidade de erro de *bit* (*Bit Error Probability* – BEP) em sistemas de comunicação digital?

a) É a taxa de transferência de dados em um sistema de comunicação.

b) É a probabilidade de erro na detecção correta de um *bit* transmitido em um sistema de comunicação digital.

c) É a velocidade de transmissão de *bits* em um barramento de comunicação.

d) É a latência na transmissão de dados em um protocolo de comunicação.

4) O que são barramento e protocolos de comunicação em instrumentação eletrônica?

a) Barramento refere-se a um protocolo de comunicação e é usado para a interconexão de sensores em sistemas de medição.

b) Barramento é uma rede de computadores, e protocolos de comunicação são os componentes físicos dessa rede.

c) Barramento é um conjunto de condutores que estabelecem a infraestrutura para a transferência de dados entre dispositivos eletrônicos, e protocolos de comunicação são as regras e os procedimentos que orientam a transmissão de informações entre esses dispositivos.

d) Barramento é um dispositivo eletrônico que converte sinais analógicos em digitais, e protocolos de comunicação são os códigos de programação usados para controlar o comportamento dos dispositivos.

5) Para que serve a utilização de *trigger* em sistemas de aquisição de dados?

a) O *trigger* é uma interface física que permite a conexão de dispositivos de entrada e saída digital em um sistema de aquisição de dados.

b) O *trigger* é um *software* que auxilia a instalação e a configuração de dispositivos de aquisição de dados.

c) O *trigger* é uma função que controla o início da aquisição de dados, permitindo que ela comece em um momento específico ou em resposta a evento determinado.

d) O *trigger* é um dispositivo de comunicação serial usado para transferir dados entre computadores.

Ampliando o raciocínio

1) A modulação FSK sempre requer uma largura de banda menor do que as modulações ASK e PSK para a mesma taxa de *bits*. Essa afirmação é verdadeira ou falsa? Explique seu argumento.

2) Qual é a importância dos protocolos de comunicação em sistemas de aquisição de dados e instrumentação eletrônica? Dê exemplos de protocolos de comunicação e explique como eles facilitam a integração de dispositivos em um sistema de aquisição de dados.

3) O *hardware* de aquisição de dados atua como interface entre um computador e sinais do mundo externo, funcionando basicamente como um dispositivo que digitaliza sinais analógicos de entrada de modo que um computador possa interpretá-los. Uma placa de aquisição de dados é geralmente composta de quais desses elementos?

Além dos sistemas de medição

É com grande satisfação e uma profunda sensação de dever cumprido que chegamos ao fechamento desta obra. Essa jornada intelectual tem sido repleta de descobertas, aprendizados e uma paixão inegável pelo mundo complexo das medições e dos processos de medição. Aqui, compartilhamos com você não apenas o resultado final deste trabalho, mas também o imenso orgulho por termos alcançado nosso objetivo.

Desde o início, nossa aspiração era conduzi-lo por um percurso rico em conhecimento, mergulhando nas profundezas da instrumentação eletrônica. Nossos esforços conjuntos nos levaram a explorar com minúcia e dedicação os conceitos fundamentais que sustentam essa disciplina. Este livro não tem a pretensão de esgotar completamente o vasto campo da instrumentação eletrônica, mas busca fornecer uma compreensão sólida e aplicável de seus aspectos essenciais.

À medida que fechamos estas páginas, reafirmamos que cada capítulo foi escrito com a intenção de fornecer a você uma visão clara e prática da instrumentação eletrônica. A aplicação desses conhecimentos em sua prática profissional enriquecerá sua abordagem e contribuirá para a excelência em todas as suas atividades.

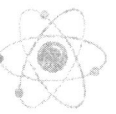

Afinal, a instrumentação eletrônica permeia uma variedade de setores e contextos, e sua compreensão é uma habilidade valiosa em nossa era tecnológica.

Sei que nossa jornada está apenas começando. A instrumentação eletrônica é um campo em constante evolução, e este livro serve como um ponto de partida para sua contínua busca por conhecimento e aprofundamento. Continue a explorar, questionar e aplicar os conceitos aqui apresentados em seus projetos, experimentos e desafios profissionais.

Agradecemos a você, leitor, por ter embarcado nessa aventura literária. Temos ciência de que suas futuras explorações na instrumentação eletrônica serão informadas por este livro e esperamos que ele continue sendo uma fonte de referência e inspiração em sua jornada.

Desejamos sucesso e realizações em suas trajetórias na instrumentação eletrônica. Que esta obra continue a ser um farol, guiando-o para um entendimento mais profundo e uma prática mais sólida.

Com gratidão e votos de sucesso.

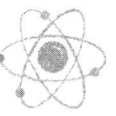

Glossário

Ampère (A) – Unidade de medida de corrente elétrica no Sistema Internacional de Unidades (SI) definida como a corrente constante que, se mantida em dois condutores paralelos, retos e infinitamente longos, separados por um metro no vácuo, produziria uma força de $2 \cdot 10^{-7}$ newtons por metro de comprimento entre eles.

Amplificação de sinais de sensores – Amplifica os sinais de sensores de baixa amplitude, como termopares e termistores, para torná-los adequados para análise.

Amplificador de ganho diferencial – Amplifica a diferença de tensão entre duas entradas, rejeitando sinais de ruído comum.

Amplificador de instrumentação – Projetado para amplificar pequenas diferenças de tensão, com alta precisão e rejeição de ruídos.

Amplificador de isolação – Fornece isolamento galvânico entre a entrada e a saída, protegendo os dispositivos de medição de potenciais diferenças.

Amplificador operacional (*op-amp*) – Componente eletrônico que amplifica a diferença de tensão entre duas entradas, geralmente com um ganho muito alto. Pode ser usado para amplificar sinais de sensores.

Amplificador para instrumentação – Projetado para aumentar os sinais de entrada pequenos e de baixa amplitude, mantendo a precisão e rejeitando ruídos indesejados.

Aterramento adequado – Conexão de componentes a um sistema de aterramento eficaz para reduzir interferência elétrica.

Atuador – Dispositivo que converte um sinal de controle em uma ação física ou um movimento.

Atuador inteligente – Atuador equipado com circuitos eletrônicos ou microprocessadores que permitem a automação avançada e o controle preciso.

Atuador eletromagnético – Atuador que usa forças magnéticas para gerar movimento, como solenoides e motores elétricos.

Atuador piezoelétrico – Atuador que utiliza a propriedade piezoelétrica de certos materiais para converter sinais elétricos em movimento mecânico.

Avaliação da qualidade da medição – Utiliza a incerteza para avaliar o quão confiáveis e precisas são as medições realizadas.

Bits de resolução – Número de *bits* usados para representar cada amostra digitalizada. Quanto mais *bits*, maior a precisão da conversão.

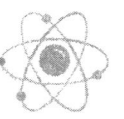

Blindagem eletromagnética – Uso de materiais condutores para proteger os componentes sensíveis de interferência eletromagnética.

Calibração – Processo de ajustar um sensor para garantir que suas medições sejam coerentes com um padrão conhecido.

Calibração de amplificadores – Processo de ajustar o amplificador para garantir que ele forneça a amplificação desejada com precisão.

Calibração em ambiente controlado – Realização de calibrações em condições controladas para minimizar a influência de perturbações ambientais.

Comparação de medidas – Utiliza-se a incerteza para determinar se duas medições são consistentes ou discrepantes dentro das incertezas declaradas.

Conversor A/D – Dispositivo que converte sinais analógicos em sinais digitais, permitindo que sistemas digitais processem e analisem dados analógicos.

Conversor D/A – Dispositivo que converte sinais digitais em sinais analógicos, permitindo que um sistema digital controle dispositivos analógicos.

Coulomb (C) – Unidade de medida de carga elétrica no SI, definida como a quantidade de carga transportada por uma corrente de 1 ampère em 1 segundo.

Decisões de conformidade – Utiliza-se a incerteza para determinar se um resultado está dentro dos limites aceitáveis estabelecidos para um processo ou uma norma.

Efeito Hall – Fenômeno em que uma tensão elétrica é gerada em um condutor quando uma corrente flui perpendicularmente a um campo magnético, utilizado em sensores de corrente e sensores de posição.

Erro aleatório – Tipo de erro que varia de medição para medição de forma imprevisível. Pode ser reduzido pela realização de múltiplas medições e do cálculo da média.

Erro de medição – Diferença entre o valor medido e o valor verdadeiro da grandeza, que compõe parte da incerteza.

Erro de quantização – Diferença entre o valor analógico real e o valor quantizado produzido pelo conversor D/A em virtude da resolução finita.

Erro sistemático – Tipo de erro que ocorre de modo consistente ou previsível em várias medições. Pode ser corrigido por meio de calibração ou compensação.

Exatidão – Proximidade entre a média das medições e o valor verdadeiro da grandeza. Pode incluir erros sistemáticos e aleatórios.

Faixa de medição – Intervalo de valores da grandeza física que um sensor é capaz de medir com precisão. Valores fora dessa faixa podem resultar em medições imprecisas.

Feedback – Informação fornecida ao sistema de controle por meio de sensores que monitoram o desempenho do atuador, permitindo ajustes e correções.

Filtragem – Utilização de filtros para atenuar frequências específicas de ruído e interferência.

Fotodiodos – Dispositivos semicondutores que convertem luz em corrente elétrica. Compostos por uma junção *p-n*, eles geram pares elétron-lacuna quando expostos à luz. São amplamente utilizados em aplicações como detecção de luz, comunicações ópticas e sensores de luz ambiente. Tendo em vista sua alta sensibilidade e resposta rápida, os fotodiodos desempenham um papel essencial em uma variedade de dispositivos eletrônicos e sistemas de detecção.

Frequência de corte – Frequência na qual a resposta em frequência de um amplificador começa a cair, afetando a amplificação do sinal. É um parâmetro importante em amplificadores de sinais AC.

Ganho (A) – Relação entre a amplitude do sinal de saída e a amplitude do sinal de entrada em um amplificador. Pode ser expresso em vezes (exemplo: ganho de 10 vezes).

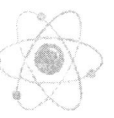

Grandeza física – Qualquer característica mensurável do mundo físico, como temperatura, pressão, luminosidade, umidade, aceleração etc.

Grandeza mensurável – Qualquer característica física ou propriedade que pode ser medida, como comprimento, temperatura, pressão, tensão, corrente elétrica etc.

Hertz (Hz) – Unidade de medida de frequência no SI definida como uma oscilação completa (ciclo) por segundo.

Histerese – Diferença nas medições de saída quando a grandeza de entrada aumenta em relação às medições quando a grandeza de entrada diminui em decorrência de efeitos de memória no sensor.

Impedância de entrada – Resistência oferecida pelo amplificador à corrente de entrada. Uma alta impedância de entrada evita a carga excessiva do circuito medido.

Impedância de saída – Resistência oferecida pelo amplificador à corrente de saída. Uma baixa impedância de saída reduz a degradação do sinal em circuitos subsequentes.

Incerteza combinada – Combinação matemática das incertezas individuais que contribuem para a incerteza total de uma medição.

Incerteza de medição – Falta de conhecimento completo sobre o valor verdadeiro da grandeza mensurável, que está sempre presente em qualquer medição.

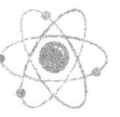

Incerteza padrão – Estimativa da dispersão dos valores que poderiam ser atribuídos a uma grandeza em razão de todos os erros que afetam a medição.

Instrumento de medição – Dispositivo utilizado para quantificar ou avaliar grandezas físicas ou propriedades, geralmente por meio da conversão da grandeza em um sinal mensurável.

Instrumentos analógicos – Instrumentos que fornecem uma leitura contínua ou escala graduada, em que a medição é realizada por meio do posicionamento de uma agulha ou indicador ao longo da escala.

Instrumentos de indicação direta – Instrumentos que mostram diretamente o valor da grandeza mensurável no visor, sem a necessidade de cálculos ou conversões.

Instrumentos de indicação indireta – Instrumentos que requerem algum cálculo ou processamento para obter o valor da grandeza mensurável a partir de outras leituras.

Instrumentos de laboratório – Instrumentos de alta precisão usados em ambientes controlados, como laboratórios científicos.

Instrumentos digitais – Instrumentos que convertem a grandeza mensurável em um formato digital para exibição numérica, geralmente usando *displays* ou telas de cristal líquido.

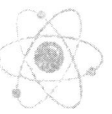

Instrumentos industriais – Instrumentos robustos e confiáveis projetados para operar em ambientes industriais adversos.

Instrumentos portáteis – Instrumentos projetados para fácil transporte e uso em campo, muitas vezes com baterias como fonte de energia.

Instrumentos virtuais – Instrumentos baseados em *software* e *hardware* de computador que podem simular uma variedade de instrumentos físicos.

Interferência Eletromagnética (EMI) – Perturbações causadas por campos eletromagnéticos externos que afetam os sinais de um sistema de medição.

Intervalo de confiança – Intervalo no qual o valor verdadeiro da grandeza mensurável é considerado provável de estar, com determinada probabilidade.

Intervalo de escala – Intervalo entre as divisões ou marcas na escala de um instrumento de medição.

Isolamento mecânico – Montagem de componentes em suportes isolantes para reduzir a transferência de vibrações e choques.

Joule (J) – Unidade de medida de energia no SI definida como a energia transferida quando uma força de 1 newton atua em um deslocamento de 1 metro na direção da força.

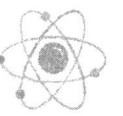

Kelvin (K) – Unidade de medida de temperatura termodinâmica no SI equivalente à fração 1/273,16 da temperatura termodinâmica do ponto triplo da água.

Largura de banda – Faixa de frequências na qual o amplificador pode amplificar o sinal sem atenuação significativa.

Linearidade – Capacidade do instrumento de fornecer leituras proporcionais à mudança na grandeza mensurável.

Mecânicas – Perturbações resultantes de vibrações, choques e movimentos mecânicos que afetam os componentes do sistema de medição.

Método de propagação de erros – Método para estimar a incerteza de medições baseado na propagação de erros de medições individuais por meio de equações matemáticas.

Metro (m) – Unidade de medida de comprimento no SI definida como a distância percorrida pela luz no vácuo durante um intervalo de tempo de 1/299,792,458 segundos.

Mol (mol) – Unidade de medida de quantidade de substância no SI que contém um número exato de entidades elementares, equivalentes a $6,02214076 \cdot 10^{23}$.

Newton (N) – Unidade de medida de força no SI definida como a força que, quando aplicada a um corpo de massa de 1 kg, acelera-o a uma taxa de 1 metro por segundo ao quadrado.

Pascal (Pa) – Unidade de medida de pressão no SI definida como a pressão uniforme que exerce uma força de 1 newton por metro quadrado.

Perturbação – Qualquer influência indesejada ou interferência que afeta a precisão, a confiabilidade ou a exatidão de um sistema de medição.

Piezoelétrico – Princípio que considera que certos materiais geram uma tensão elétrica quando submetidos a deformações mecânicas, como no caso de sensores de pressão e acelerômetros.

Precisão – Medida da consistência das medições feitas por um sensor. Indica a capacidade do sensor de fornecer resultados próximos entre si, independentemente da exatidão.

Quilograma (kg) – Unidade de medida de massa no SI, definida como a massa do protótipo internacional do quilograma mantido em um local específico.

Range **(faixa de medição)** – Intervalo de valores que um sensor pode medir com precisão.

Rejeição de Modo Comum (CMRR) – Medida da capacidade do amplificador em rejeitar sinais que são comuns a ambas as entradas, geralmente expressa em decibéis (dB).

Resolução – A menor mudança discernível que um instrumento pode detectar em uma grandeza mensurável.

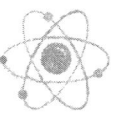

Ruído – Perturbação aleatória e indesejada que se sobrepõe ao sinal de interesse, causando variações nos resultados das medições.

Segundo (s) – Unidade de medida de tempo no SI, definida como a duração de 9,192,631,770 períodos da radiação correspondente à transição entre dois níveis hiperfinos do estado fundamental do átomo de césio-133.

Sensibilidade – Capacidade de um sensor de responder a mudanças na grandeza física medida. É expressa como a relação entre a variação do sinal de saída e a variação correspondente da grandeza medida.

Sensor – Dispositivo que converte uma grandeza física em um sinal elétrico ou outro sinal mensurável, permitindo a medição e o monitoramento.

Sensor capacitivo – Mede a capacitância entre duas superfícies para detectar mudanças na posição, umidade ou outras grandezas.

Sensor de células de carga – Amplifica os pequenos sinais produzidos pelas células de carga, usadas para medir forças e pesos.

Sensor de força – Detecta a força aplicada em um objeto. Utilizado em balanças, sistemas de monitoramento de carga, entre outros.

Sensor de luz – Mede a intensidade luminosa. Pode ser baseado em fotodiodos, fototransistores ou células fotoelétricas.

Sensor de pressão – Mede a pressão de um fluido ou gás. Pode ser baseado em tecnologias como piezoelétrica, piezorresistiva e capacitiva.

Sensor de temperatura – Mede a temperatura ambiente ou de um objeto. Exemplos incluem termistores, RTDs (*Resistors Temperature Detectors*) e termopares.

Sensor de umidade – Mede a umidade do ar ou de um material. Pode usar tecnologias capacitivas, resistivas ou ópticas.

Sinal analógico – Sinal contínuo que varia suavemente e pode assumir qualquer valor em um intervalo.

Sinal de entrada – Sinal analógico que é convertido em uma representação digital pelo conversor A/D.

Sinal digital – Sinal discreto composto por valores discretos, geralmente representados em formato binário.

Sistema Internacional de Unidades (SI) – Sistema de unidades de medidas padrão internacionalmente utilizado, que inclui unidades básicas (metro, quilograma, segundo, ampère, kelvin, mol e candela) e unidades derivadas.

Sistema métrico – Sistema de unidades de medidas que se baseia no metro, no quilograma e no segundo como unidades básicas. O SI é uma forma moderna e mais precisa do sistema métrico.

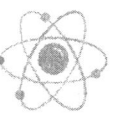

Sistemas de malha fechada – Sistemas de controle que utilizam *feedback* dos sensores para ajustar continuamente as ações dos atuadores, melhorando a precisão e a estabilidade.

Taxa de amostragem – Frequência na qual o conversor A/D captura e converte o sinal analógico em uma representação digital. É medida em SPS (*samples per second*).

Termorresistência – Sensores baseados na variação da resistência elétrica de um material em função da temperatura, como termistores e RTDs (*Resistance Temperature Detectors*).

Transdutor – Dispositivo que converte uma forma de energia em outra. Em medições, um transdutor converte uma grandeza física em um sinal elétrico para análise.

Unidade de medida – Padrão definido e aceito para quantificar uma grandeza física específica, como comprimento, massa, tempo, corrente elétrica etc.

Viés – Perturbação que introduz um erro sistemático, deslocando consistentemente os resultados das medições.

Watt (W) – Unidade de medida de potência no SI definida como a taxa de transferência de energia de 1 joule por segundo.

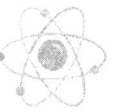

Referências

AGUIRRE, L. A. **Fundamentos de instrumentação**. São Paulo: Pearson Education do Brasil, 2013.

ALBERTAZZI, A.; SOUSA, A. R. de. **Fundamentos de metrologia científica e industrial**. Barueri: Manole, 2008.

ALEXANDER, C. K.; SADIKU, M. N. O. **Fundamentos de circuitos elétricos**. Tradução de Gustavo Guimarães Parma. Porto Alegre: Bookman, 2000.

BALBINOT, A.; BRUSAMARELLO, V. J. **Instrumentação e fundamentos de medidas**. 3. ed. Rio de Janeiro: LTC, 2019. v. 1.

BAZANELLA, A. S.; SILVA JR., J. M. G. da. **Sistemas de controle**: princípios e métodos de projeto. Porto Alegre: Ed. da UFRGS, 2005.

BERTONI, H. L. **Radio Propagation for Modern Wireless Systems**. Englewood Cliffs, NJ: Prentice Hall, 2000.

BOLTON, W. **Instrumentação e controle**. São Paulo: Hemus, 1997.

DAINTITH, J. **Biographical Encyclopedia of Scientists**. 3. ed. Boca Raton: CRC Press, 2009.

DAMACENO, L. P. et al. A nova definição do quilograma em termos da constante de Planck. **Revista Brasileira de Ensino de Física**, v. 41, n. 3, 2019. Disponível em: <https://www.scielo.br/j/rbef/a/jh9GWMsffT34DfHy7WFDvmR/#>. Acesso em: 5 jun. 2024.

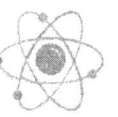

DOEBELIN, E. O. **Measurement Systems**: Application and Design. 5. ed. New York: McGraw-Hill, 2003.

GOODAY, G. J. N. **The Morals of Measurement**: Accuracy, Irony, and Trust in Late Victorian Electrical Practice. Cambridge: Cambridge University Press, 2010.

HAYKIN, S.; VAN VEEN, B. **Sinais e sistemas**. Tradução de Carlos Barbosa dos Santos. Porto Alegre: Bookman, 2001.

HELMENSTINE, A. Colors of Noise: White, Pink, Brown and More. **Science Notes**, 21 fev. 2022. Disponível em: <https://sciencenotes.org/colors-of-noise-white-pink-brown-and-more>. Acesso em: 5 jul. 2024.

HOLMAN, J. P. **Experimental Methods for Engineers**. New York: McGraw-Hill, 2000.

INMETRO – Instituto Nacional de Metrologia, Qualidade e Tecnologia. Disponível em: <https://www.gov.br/inmetro/pt-br>. Acesso em: 5 jul. 2024.

KEITHLEY INSTRUMENTS. **Data Acquisition and Control Handbook**: a Guide to Hardware and Software for Computer-Based Measurement and Control. Cleveland, 2001. Disponível em: <https://download.tek.com/document/DAQ_Handbook.pdf>. Acesso em: 5 jul. 2024.

LAMBDA SCIENTIFIC. **LEEI-42 Magnetic Hysteresis Loop & Magnetization Curve**. Disponível em: <https://lambdasys.com/products/detail/35>. Acesso em: 5 jul. 2024.

MACDONALD, D. K. C. **Thermoelectricity**: An Introduction to the Principles. New York: Dover, 2006.

MADSEN, H. **Time Series Analysis**. Boca Raton: Chapman & Hall; CRC Press, 2008.

NATIONAL Semiconductor. **ADC10461/ADC10462/ADC10464 10-Bit 600 ns A/D Converter with Input Multiplexer and Sample/Hold**. Santa Clara, CA, 1994. Disponível em: <https://www.datasheetcatalog.com/info_redirect/datasheet/nationalsemiconductor/DS011108.PDF.shtml>. Acesso em: 5 jul. 2024.

NOLTINGK, B. E. (Ed.). **Instrument Technology**. London: Bunherworths, 1985. v. 1.

NPL – The National Physical Laboratory. **SI Prefixes**. Disponível em: <https://www.npl.co.uk/si-units>. Acesso em: 5 jul. 2024.

PALLÀS-ARENY, R. **Sensores y acondicionadores de señal**. Ciudad de México: Alfaomega, 2001.

PÄTZOLD, M. **Mobile Fading Channels**. Chichester, UK: Wiley-Blackwell, 2002.

PETERSON, Z. M. Thermal Noise in Communication and Optical Systems. **NWES**, 9 jan. 2019. Disponível em: <https://www.nwengineeringllc.com/article/thermal-noise-in-communication-and-optical-systems.php>. Acesso em: 5 jul. 2024.

ROGERS, T. J. et al. Identification of a Duffing Oscillator using Particle Gibbs with Ancestor Sampling. **Journal of Physics**: Conference Series 1264, 012051, 2019. Disponível em: <https://iopscience.iop.org/article/10.1088/1742-6596/1264/1/012051/pdf>. Acesso em: 5 jul. 2024.

SCHOLL, M. V. **Sistema SCADA Open Source**. 75 f. Trabalho de Conclusão de Curso (Tecnologia em Análise e Desenvolvimento de Sistemas) – Universidade Federal do Rio Grande, Rio Grande, 2015. Disponível em: <https://www.researchgate.net/publication/304381786_Sistema_SCADA_Open_Source>. Acesso em: 5 jul. 2024.

SOLOMAN, S. **Sensores e sistemas de controle na indústria**. 2. ed. Rio de Janeiro: LTC, 2012.

SYDENHAM, P. H. (Ed.). **Handbook of Measurement Science**. London: J. Wiley, 1983. v. 1 e 2.

TEIXEIRA, H. T. **Instrumentação eletroeletrônica**. Londrina: Editora e Distribuidora Educacional S.A., 2017.

THOMPSON, A.; TAYLOR, B. N. **Guide for the Use of the International System of Units (SI)**. NIST – National Institute of Standards and Technology, Gaithersburg, MD, Mar. 2008. Disponível em: <https://physics.nist.gov/cuu/pdf/sp811.pdf>. Acesso em: 5 jul. 2024.

UCHIDA, K. et al. Observation of the Magneto-Thomson Effect. **Physical Review Letters**, v. 125, Sept. 2020.

VIM – Vocabulário internacional de metrologia: conceitos fundamentais e gerais e termos associados. Rio de Janeiro: Inmetro, 2012. Disponível em: <https://metrologia.org.br/wpsite/wp-content/uploads/2021/02/vim_2012.pdf>. Acesso em: 5 jul. 2024.

VUOLO, J. H. **Fundamentos da teoria de erros**. São Paulo: E. Blücher, 1992.

YANKELOVICH, D. **Corporate Priorities**: A Continuing Study of the New Demands on Business. Stamford, CT: Yankelovich Inc., 1972.

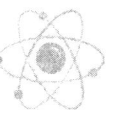

Apêndices

A seguir, apresentaremos exemplos da aplicação de códigos em MATLAB, um algoritmo que pode auxiliar em modelagens.

Apêndice 1

Considere o circuito elétrico, composto por três impedâncias Z1, Z2 e Z3, todas em paralelo. Você deve calcular a impedância equivalente de Thevenin entre os terminais A e B, usando solução numérica.

- As impedâncias são dadas por:

    Z1 =10 + j5 ohms
    Z2 =20 − j10 ohms
    Z3 =15 + j20 ohms

- % dados das impedâncias:

    Z1 = 10 + 5i; % Impedância Z1 = 10 + j5 ohms
    Z2 = 20 − 10i; % Impedância Z2 = 20 − j10 ohms
    Z3 = 15 + 20i; % Impedância Z3 = 15 + j20 ohms

- % Cálculo da impedância equivalente de Thevenin:

    Zeq_inv = 1/Z1 + 1/Z2 + 1/Z3
    Zeq = 1 / Zeq_inv;

- % Apresentação do resultado em forma retangular:

    disp('Impedância Equivalente de Thevenin:');
    disp(['Zeq = ' num2str(real(Zeq)) ' + j' num2str(imag(Zeq)) ' ohms']);

Apêndice 2

Escreva um código numérico em MATLAB para:

1. Calcular a tensão de saída V_{out} do circuito quando a taxa de variação temporal da carga dQ/dt é aplicada ao material piezoelétrico.
2. Calcular o ganho de amplificação G necessário para que a tensão de saída V_{out} seja 5 V.
3. Converter o ganho G calculado em decibéis (dB), usando a fórmula Ganho(dB) = 20 · log(G).

- % Dados do problema:

    dQ_dt = 3e-6; % Taxa de variação temporal da carga (C/s)
    d = 2e-9; % Coeficiente piezoelétrico (C/N)
    V_out_target = 5; % Tensão de saída desejada (V)

- % 1. Cálculo da tensão de saída:

    V_out = dQ_dt * d; % Tensão de saída (V)

- % 2. Cálculo do ganho do amplificador:

    G = V_out_target / dQ_dt; % Ganho do amplificador

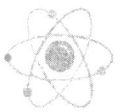

- % 3. Cálculo do ganho em dB:

    ganho_dB = 20 * log10(G); % Ganho em dB

- % Apresentação dos resultados:

    disp('Resultados:');
    disp(['Tensão de saída: ' num2str(V_out) ' V']);
    disp(['Ganho do amplificador: ' num2str(G)]);
    disp(['Ganho do amplificador em dB: ' num2str(ganho_dB) ' dB']);

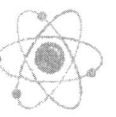

Respostas

Capítulo 1

Testes instrumentais

1) Os instrumentos de medida podem ter diversas entradas, dependendo de sua finalidade e aplicação. As entradas podem ser de diferentes tipos, incluindo sinais analógicos, digitais, de comunicação ou de controle. Os sinais de entrada podem incluir grandezas físicas, como tensão, corrente, temperatura, pressão, entre outras. Já os sinais de saída geralmente fornecem informações sobre a medição realizada, podendo ser exibidos em *displays*, registrados em gráficos ou enviados para sistemas de controle. Um exemplo de instrumento de medida é um multímetro digital, que tem entradas para medição de tensão, corrente e resistência e exibe os resultados em um *display* digital.

2) Os processos de medição incluem a captura de informações sobre uma grandeza física específica, a conversão dessas informações em um formato adequado para análise e a apresentação ou a utilização desses dados para fins específicos. Três objetivos principais dos instrumentos de medição são:

- Fornecer dados precisos e confiáveis sobre uma grandeza física, permitindo a análise e o controle de sistemas.
- Facilitar a automação de processos, permitindo a monitorização contínua e a tomada de decisões em tempo real.
- Possibilitar a calibração e a verificação de equipamentos, garantindo sua precisão e sua conformidade com padrões de qualidade e regulamentações.

3) d
4) a. Nesse caso, a temperatura é uma grandeza associada ao instrumento do manômetro, e não uma entrada espúria que afeta o resultado da medição. Nas demais alternativas, a temperatura é mencionada como uma possível entrada espúria que interfere no resultado da medição dos respectivos instrumentos.
5) a. Os outros instrumentos mencionados nas demais alternativas têm componentes ou características que requerem fontes de energia adicionais, tornando-os ativos.

Ampliando o raciocínio

1) Se a resolução de um voltímetro digital é de 3 mV, o dígito menos significativo na escala medida será de 3 mV. Isso significa que a menor variação detectável pelo voltímetro será de 3 mV, ou seja, qualquer alteração na entrada menor do que 3 mV não será refletida no dígito menos significativo da escala.

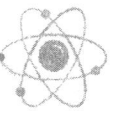

2) Significa que, para cada 1 °C de variação na medida da temperatura na entrada do instrumento, a saída registra 20 mV de variação na tensão.

Capítulo 2

Testes instrumentais

1) As principais fontes de incerteza em uma medida por instrumentação eletrônica incluem:

- Erros de precisão e exatidão do instrumento: relacionados à capacidade do instrumento de fornecer resultados consistentes e próximos do valor verdadeiro da grandeza medida.
- Erros de carregamento: causados pela interação entre o instrumento de medição e o circuito em que está inserido, resultando em alterações nas grandezas físicas medidas.
- Erros de calibração: relacionados à precisão dos ajustes do instrumento em relação a padrões de referência.
- Erros de sensibilidade: decorrentes da capacidade do instrumento de detectar pequenas variações na entrada e fornecer uma resposta correspondente na saída.
- Erros de linearidade: relacionados à capacidade do instrumento de fornecer uma resposta linear em relação à entrada.

- Erros de resolução: associados à menor variação detectável pelo instrumento, afetando sua capacidade de discernir entre dois valores medidos.

2) O circuito equivalente de Thevenin pode ser usado na modelagem dos erros de medição porque simplifica a análise do comportamento do circuito quando um instrumento de medição é conectado a ele. Ele permite representar um circuito complexo por uma fonte de tensão ideal em série com uma resistência equivalente. Isso é útil para entender o impacto do instrumento de medição no circuito e avaliar possíveis distorções nas medições devido ao carregamento elétrico. Ao modelar o circuito com o circuito equivalente de Thevenin, torna-se mais fácil calcular e prever os erros de medição causados pela interação entre o instrumento e o circuito.

3) c
4) b
5) b

Ampliando o raciocínio

1) O procedimento seguido pelo aluno de aumentar o número de medições não é suficiente para melhorar a precisão do instrumento. A simples repetição das medições pelos colegas não é capaz de eliminar ou corrigir o erro sistemático do instrumento, que é a tendência de indicar medições acima do valor correto.

As razões para o fracasso desse procedimento podem ser diversas. Uma possibilidade é a de que o erro sistemático esteja presente em todas as medições, não importando quantas vezes elas sejam repetidas. Isso indica que o problema está relacionado às características intrínsecas do instrumento, como a calibração inadequada, problemas de ajuste ou até mesmo a presença de desgaste no instrumento.

Além disso, o procedimento adotado não leva em consideração outras fontes de incerteza, como erros aleatórios, flutuações ambientais ou até mesmo a habilidade dos colegas em realizar as medições de maneira precisa e consistente.

Para melhorar a qualidade das medições e a precisão do instrumento, é necessário realizar uma avaliação mais aprofundada do instrumento, identificando e corrigindo possíveis erros sistemáticos por meio de calibração adequada, ajustes e manutenção do equipamento. Ademais, é importante considerar outros aspectos relacionados ao processo de medição, como a repetibilidade, a reprodutibilidade e a análise das condições ambientais que possam influenciar os resultados.

2) Para distinguir erros de zona morta ou histerese de erros decorrentes da não linearidade em um instrumento de medição, pode-se seguir o seguinte procedimento experimental:

Escolha um instrumento de medição que apresente tanto zona morta quanto histerese em sua resposta. Certifique-se de que o instrumento esteja devidamente calibrado.

Selecione um objeto ou sistema cujo comportamento seja conhecido e que possa gerar uma variação na grandeza a ser medida de maneira controlada e precisa. Por exemplo, um objeto que realize um movimento periódico ou disponha de um sistema que possa ser ajustado em diferentes níveis.

Realize uma série de medições utilizando diferentes pontos de referência ou configurações do objeto/sistema. Certifique-se de registrar as leituras do instrumento em cada ponto.

Analise os dados coletados e observe os padrões de comportamento. Se houver erros de zona morta presentes, você notará que haverá uma região em que o instrumento não responde às variações na grandeza medida, mesmo que essas variações sejam consideráveis. Já os erros de histerese podem ser identificados se houver uma diferença significativa nas leituras do instrumento ao percorrer o objeto/sistema no mesmo sentido (por exemplo, aumentando gradualmente a grandeza medida) em comparação com quando é percorrido no sentido oposto (por exemplo, diminuindo gradualmente a grandeza medida).

Para distinguir os erros decorrentes da não linearidade, você pode realizar medições em diferentes faixas de valores da grandeza medida. Se houver não linearidade presente, você observará que as leituras do instrumento não seguem uma relação linear com os valores de referência, apresentando desvios significativos em algumas faixas específicas.

Com base nas observações e análises feitas durante o experimento, é possível identificar se os erros são predominantemente de zona morta, histerese ou não linearidade.

Capítulo 3

Testes instrumentais

1) No contexto do extensômetro, a temperatura é considerada uma entrada espúria. Isso significa que variações na temperatura podem afetar a resistência elétrica do material do extensômetro, mesmo que a deformação mecânica ou força aplicada ao dispositivo não tenha mudado. Essa influência da temperatura na resistência elétrica pode levar a erros nas medições pretendidas, comprometendo a precisão e a exatidão das leituras do extensômetro. Portanto, é essencial levar em consideração o efeito da temperatura e, quando necessário, aplicar compensações ou medidas de correção para minimizar seu impacto nas medições.

2) O efeito Peltier ocorre em junções de dois metais distintos, nas quais uma corrente elétrica move elétrons entre os metais, resultando em absorção de calor na

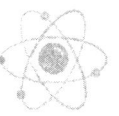

junção de entrada e liberação de calor na junção de saída. Esse processo é impulsionado pelas diferenças na densidade de estados eletrônicos nos materiais, levando a variações de temperatura. Isso ilustra a ligação entre condução elétrica e transferência de calor, destacando como a energia térmica é transportada por elétrons carregados, relacionando as propriedades elétricas e térmicas dos materiais.

3) b
4) c
5) c

Ampliando o raciocínio

1) Os sensores bimetálicos utilizam os princípios de expansão térmica para criar dispositivos sensíveis a variações de temperatura na instrumentação eletrônica, garantindo medições estáveis e precisas no decorrer do tempo. As lâminas bimetálicas podem se curvar com mudanças de temperatura, convertendo essa deformação em sinais elétricos (como resistência ou capacitância variável) por meio de técnicas de transdução. Esses sinais podem ser interpretados por circuitos eletrônicos, permitindo medidas confiáveis de temperatura. Os sensores podem ser projetados para operar em faixas específicas de temperatura, com sensibilidade otimizada e rápida resposta a mudanças térmicas. Eles têm aplicações em setores como automotivo, eletrônico, industrial e médico, monitorando temperatura em motores, prevenindo

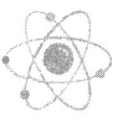

superaquecimento de eletrônicos e controlando processos de aquecimento/resfriamento.

2) A escolha da configuração de ligação de sensores indutivos em um circuito pode influenciar a sensibilidade, a precisão e a imunidade a interferências eletromagnéticas do sistema. Diferentes arranjos, como conexões em série ou paralelo, afetam a sensibilidade e a precisão. A conexão em série aumenta a sensibilidade, enquanto a paralela pode diminui-la. Além disso, a conexão em série melhora a imunidade a interferências ao reduzir a captação de ruídos externos. A escolha depende dos princípios de operação e das características do ambiente de aplicação.

Capítulo 4

Testes instrumentais

1) Os amplificadores operam com base no princípio de amplificação de tensão ou corrente. Eles utilizam componentes eletrônicos, como transistores e amplificadores operacionais (Amp-Ops), para aumentar a amplitude do sinal de entrada sem distorcê-lo. A amplificação é alcançada ajustando-se a tensão ou corrente de polarização, que modifica o ganho do amplificador.

Os principais parâmetros que definem o funcionamento de um amplificador incluem o ganho, a impedância de entrada e a impedância de saída. O ganho representa a proporção entre a tensão de saída e a tensão de entrada, e as impedâncias determinam a eficiência da transferência de sinais entre o amplificador e a fonte e a carga, respectivamente.

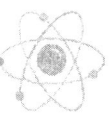

2) Resposta aberta.
3) c
4) d
5) a

Ampliando o raciocínio

1) Os amplificadores de instrumentação são projetados para amplificar sinais diferenciais de baixo nível enquanto rejeitam o ruído de modo comum. No caso dos sinais biológicos, as variações dos sinais são geralmente muito pequenas e podem ser mascaradas por ruídos elétricos ou interferências externas. Os amplificadores de instrumentação podem aumentar a amplitude do sinal diferencial de interesse, permitindo uma medição mais precisa e confiável.

Além disso, esses amplificadores geralmente têm alta impedância de entrada, evitando que o circuito de aquisição interfira nos sinais biológicos. Eles também oferecem controle sobre o ganho do amplificador, o que é crucial para adaptar a amplitude do sinal amplificado às características específicas do paciente ou do procedimento médico. Portanto, ao projetar o sistema de monitoramento de sinais biológicos em um ambiente hospitalar, a escolha e a configuração adequadas de amplificadores de instrumentação pode contribuir significativamente para a qualidade e a precisão das medições, proporcionando informações clínicas valiosas aos profissionais de saúde.

2) Os amplificadores síncronos, também conhecidos como amplificadores *lock-in*, são projetados para extrair sinais de interesse que estão presentes em meio a um ruído de fundo. Eles funcionam sincronizando sua operação com um sinal de referência ou frequência específica, o que permite que eles "bloqueiem" o sinal desejado e rejeitem o ruído fora da frequência de interesse.

No caso da medição da intensidade de luz em um ambiente externo com variações rápidas e uma frequência específica, os amplificadores síncronos podem ser usados para extrair com precisão o sinal de interesse, mesmo em meio a variações rápidas e ruídos de fundo. O sinal de referência pode ser sincronizado com a frequência das variações de luz, permitindo que o amplificador síncrono amplifique apenas o componente relevante do sinal.

Capítulo 5

Testes instrumentais

1) A principal função dos conversores D/A em sistemas eletrônicos é a conversão de sinais digitais em sinais analógicos, permitindo que dispositivos digitais controlem com precisão dispositivos analógicos, como sinais de áudio, tensões variáveis ou outros componentes que operam em domínio analógico.

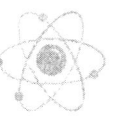

2) Sinais digitais apresentam duas características fundamentais distintas em comparação com sinais analógicos:

Discretização – Sinais digitais são discretos, ou seja, eles assumem valores específicos em pontos discretos no tempo. Esses valores são normalmente representados em formato binário, como 0s e 1s, formando uma sequência de *bits* que codifica a informação.

Robustez contra ruído – Sinais digitais são mais robustos contra interferências e ruídos em comparação com sinais analógicos. Isso ocorre porque, mesmo que haja alguma variação nos valores, enquanto o sinal estiver dentro de uma faixa específica, ele será interpretado corretamente. Essa propriedade torna os sistemas digitais menos suscetíveis a distorções de sinal.

3) d
4) d
5) d

Ampliando o raciocínio

1) A indutância elétrica está intrinsecamente ligada ao funcionamento dos sensores indutivos, os quais são dispositivos utilizados para detectar a presença ou a proximidade de objetos metálicos. Esses sensores operam com base no princípio da variação da indutância em um circuito quando um objeto metálico é detectado. Quando um objeto metálico se aproxima do sensor indutivo, ele perturba o campo magnético

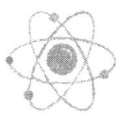

gerado pela bobina do sensor, resultando em uma mudança na indutância elétrica do circuito. Essa alteração na indutância é detectada pelo circuito eletrônico associado ao sensor, que então produz um sinal de saída indicando a detecção do objeto. Portanto, a relação entre a indutância elétrica e os sensores indutivos reside na capacidade desses dispositivos de utilizar variações na indutância para detectar a presença de objetos metálicos em sua proximidade, tornando-os amplamente utilizados em aplicações de automação industrial, controle de processo e segurança.

2) O efeito piezoelétrico e o efeito piroelétrico são fenômenos físicos observados em materiais cristalinos que envolvem a geração de uma carga elétrica em resposta a estímulos externos. O efeito piezoelétrico ocorre quando um material cristalino sofre deformação mecânica, como compressão ou expansão, resultando na geração de uma carga elétrica em suas faces. Esse fenômeno é amplamente utilizado em dispositivos como transdutores ultrassônicos, sensores de pressão e atuadores. Por outro lado, o efeito piroelétrico acontece quando um material cristalino experimenta uma mudança na temperatura, levando à geração de uma carga elétrica em suas faces. Esse efeito é explorado em dispositivos como sensores de infravermelho, detectores de calor e sistemas de alarme de segurança. Ambos os fenômenos, embora distintos, demonstram a capacidade dos materiais cristalinos de

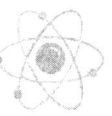

converter energia mecânica (no caso do efeito piezoelétrico) ou energia térmica (no caso do efeito piroelétrico) em energia elétrica, proporcionando uma ampla gama de aplicações em diversas áreas da tecnologia e da engenharia.

Capítulo 6

Testes instrumentais

1) Em sistemas de comunicação e medição, a presença de ruídos é uma preocupação constante em razão de seu impacto adverso na qualidade das informações transmitidas e nas medições realizadas. Existem diversos tipos de ruídos, cada um com características únicas e origens distintas, apresentando desafios específicos para a mitigação eficaz.

Os tipos de ruídos incluem o ruído térmico, gerado pela agitação térmica dos elétrons em componentes eletrônicos e mais notável em baixas frequências; o ruído de intermodulação, decorrente da não linearidade dos componentes, causando mistura de sinais e geração de frequências indesejadas; o ruído de discrepância de ganho, originado por variações nos ganhos de componentes, levando a distorções e interferências; e o ruído de fundo, proveniente de fontes externas como fontes de alimentação defeituosas e interferências eletromagnéticas.

Para mitigar o ruído térmico, técnicas de resfriamento são empregadas para reduzir a temperatura dos dispositivos, embora isso possa ser complexo e custoso. A minimização do ruído de intermodulação exige a seleção criteriosa de componentes lineares e técnicas de linearização, como o uso de amplificadores de alta linearidade e modulação adequada. A atenuação do ruído de discrepância de ganho requer balanceamento dos ganhos dos componentes, que pode ser alcançado por meio de circuitos diferenciadores e realimentação para controle de ganho.

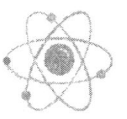

Para o ruído de fundo, a blindagem de equipamentos eletrônicos e o afastamento de fontes de interferência são estratégias eficazes. Além disso, a aplicação de técnicas de filtragem, tanto analógica quanto digital, contribui para reduzir a influência dessas interferências.

2) As principais alternativas para reduzir interferência em sistemas eletrônicos e de comunicação incluem: a blindagem para bloquear campos eletromagnéticos indesejados; o aterramento adequado para dissipar correntes indesejadas; filtros analógicos e digitais para atenuar frequências indesejadas; o isolamento de sinais para separar circuitos e evitar a propagação de interferências; técnicas de modulação avançadas para melhorar a imunidade a interferências; e o cancelamento ativo de ruído para anular interferências acústicas. A escolha entre essas alternativas depende das características específicas do sistema, como fontes de interferência, ambiente e requisitos de

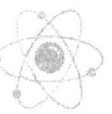

desempenho. Ambientes industriais podem exigir blindagem e aterramento, e sistemas sem fio podem se beneficiar de técnicas de modulação e antenas direcionais. A decisão também é influenciada por fatores como custo e complexidade e, em sistemas críticos, várias estratégias podem ser combinadas para garantir uma redução de interferência eficaz.

3) d
4) d
5) b

Ampliando o raciocínio

1) O acoplamento capacitivo e o acoplamento indutivo são dois métodos distintos de transferência de sinal entre circuitos eletrônicos. No acoplamento capacitivo, a comunicação entre os circuitos ocorre através de um capacitor, que permite a passagem de corrente alternada (AC) enquanto bloqueia a corrente contínua (DC). Isso é alcançado por meio da criação de um campo elétrico entre as placas do capacitor, permitindo a transferência de sinais AC. Por outro lado, no acoplamento indutivo, a comunicação entre os circuitos é realizada através de um transformador ou uma bobina, em que a variação do campo magnético induz corrente no enrolamento secundário. Essa diferença fundamental influencia o desempenho e a aplicabilidade desses tipos de acoplamento em diferentes contextos. O acoplamento capacitivo é mais adequado para sinais de alta frequência e para a transmissão

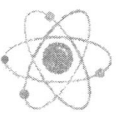

de sinais de pequena amplitude, ao passo que o acoplamento indutivo é mais eficaz para a transmissão de sinais de baixa frequência e para a transferência de energia em sistemas de potência. Além disso, o acoplamento capacitivo é menos suscetível a interferências eletromagnéticas externas, e o acoplamento indutivo é mais robusto em ambientes ruidosos ou com interferências magnéticas. Portanto, a escolha entre acoplamento capacitivo e acoplamento indutivo depende das características do sinal, do ambiente de operação e dos requisitos específicos de cada aplicação.

2) A filtragem analógica e a filtragem discreta são dois métodos distintos de processamento de sinais em sistemas eletrônicos. Na filtragem analógica, os sinais são filtrados utilizando componentes eletrônicos passivos, como resistores, capacitores e indutores, que atuam em conjunto para atenuar ou eliminar certas frequências do sinal de entrada. Por outro lado, na filtragem discreta, os sinais são amostrados em intervalos discretos de tempo e processados digitalmente por meio de algoritmos de filtragem implementados em um microcontrolador ou processador digital de sinais. Essas diferenças fundamentais influenciam as características e o desempenho de cada tipo de filtragem em diferentes aplicações e cenários de engenharia. A filtragem analógica é geralmente mais eficaz na atenuação de frequências indesejadas e na preservação

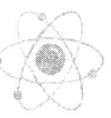

da qualidade do sinal de entrada, mas pode ser limitada em termos de flexibilidade e adaptabilidade a diferentes condições de operação. Por sua vez, a filtragem discreta oferece maior flexibilidade e precisão no projeto do filtro, permitindo a implementação de filtros complexos com características ajustáveis. No entanto, a filtragem discreta pode introduzir artefatos indesejados, como atrasos de grupo e quantização de amostras, que podem afetar a qualidade do sinal filtrado. Portanto, a escolha entre filtragem analógica e filtragem discreta depende das especificações do sistema, das características do sinal e dos requisitos de desempenho de cada aplicação específica.

Capítulo 7

Testes instrumentais

1) As interfaces de entrada e saída digital (I/O Digital) desempenham papéis críticos em sistemas de aquisição de dados e instrumentação eletrônica. Suas funções essenciais incluem as seguintes:

- Entrada de dados digitais – Permitem a captura de informações digitais vindas de sensores, dispositivos ou outros sistemas eletrônicos. Isso é fundamental para converter informações do mundo real em formato digital para processamento.
- Saída de dados digitais – Possibilitam a transmissão de dados digitais para dispositivos externos, como

atuadores, *displays* ou outros sistemas de controle. Isso é vital para traduzir dados processados em ações no mundo físico.

- Controle de eventos – Permitem a geração de sinais digitais para controlar eventos, processos ou dispositivos. Isso inclui funções como acionamento de alarmes, ativação de dispositivos de segurança etc.

2) Os sistemas de aquisição de dados por *wireless* oferecem diversas vantagens significativas na instrumentação eletrônica:

- Mobilidade para monitoramento remoto – Esses sistemas permitem a implantação de sensores em locais de difícil acesso, tornando-os ideais para monitoramento remoto em ambientes inacessíveis ou perigosos.
- Flexibilidade para reconfiguração – Podem ser facilmente reconfigurados para diferentes aplicações, o que os torna versáteis e econômicos. Isso é especialmente útil em cenários em que as necessidades de medição podem mudar no decorrer do tempo.
- Economia de tempo na instalação – A eliminação de fios e cabos simplifica a instalação e a manutenção dos sistemas, economizando tempo e recursos.
- Coleta em tempo real para decisões imediatas – Os dados podem ser coletados em tempo real, permitindo a tomada de decisões imediatas com base nas informações obtidas.

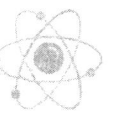

- Escalabilidade sem reestruturação complexa – É possível adicionar ou remover sensores sem a necessidade de reestruturação complexa do sistema, tornando a expansão mais simples.

3) b
4) c
5) c

Ampliando o raciocínio

1) A afirmação é falsa. A modulação FSK exige uma largura de banda ligeiramente maior do que as modulações ASK e PSK para a mesma taxa de *bits* em razão da variação na frequência da portadora.

2) Os protocolos de comunicação desempenham um papel fundamental em sistemas de aquisição de dados e instrumentação eletrônica, pois eles estabelecem regras e padrões para a troca de informações entre dispositivos, garantindo a integridade, confiabilidade e interoperabilidade. Alguns exemplos de protocolos de comunicação incluem HTTPs, DNS, TCP, DHCP, SMTP e UDP. HTTPs é amplamente utilizado para transferência segura de dados pela internet, permitindo a comunicação segura entre sistemas de aquisição de dados e servidores. TCP é responsável por garantir que os dados sejam transmitidos sem perdas e na ordem correta, o que é essencial para a integridade dos dados de medição. UDP oferece uma comunicação mais rápida, adequada para dados em

tempo real, como transmissão de vídeo ou áudio em sistemas de aquisição de dados.

3) Uma placa de aquisição de dados geralmente é composta por entradas analógicas, conversores A/D, conversores D/A, saídas analógicas, entradas e saídas digitais, cabos de ligação, contadores e temporizadores para realizar a aquisição de dados de modo abrangente.

Sobre o autor

Armando Heilmann tem pós-doutorado (2012-2013) pelo Sistema Meteorológico do Paraná (Simepar), na área de campo elétrico quase-estático atmosférico local; pós-doutorado (2013-2014), também pelo Simepar, na área de eletricidade atmosférica; e pós-doutorado (2022) em Ciências Atmosféricas pelo Instituto de Astronomia, Geofísica e Ciências Atmosféricas (IAG) da Universidade de São Paulo (USP), na área de eletricidade atmosférica. É doutor em Ciências Geodésicas pela Universidade Federal do Paraná (UFPR); mestre em Ciências Atmosféricas pela USP/IAG; e bacharel e licenciado em Física Teórica pela UFPR. Como pesquisador, é membro da Electrostatics Society of America e do CRT Wilson Institute for Atmospheric Electricity, dois grupos destinados ao estudo de campos eletromagnéticos aplicados à atmosfera e aos fenômenos das descargas atmosféricas, o que evidencia seu comprometimento com a pesquisa e o intercâmbio de conhecimento em eletricidade atmosférica em escala global. No âmbito acadêmico, dedica-se ao processo de ensino e aprendizado, em busca de metodologias ativas de ensino, conferindo-lhe a posição de docente e pesquisador do curso de Engenharia Elétrica da UFPR. Como membro do Centro de Inovação em Engenharia Elétrica (CIEL) da UFPR, atua no fomento e na prospecção de projetos de pesquisa, sendo representante do convênio internacional UFPR/INESC TEC – Instituto de Engenharia de Sistemas e Computadores, Tecnologia e Ciência (Portugal). É vice--líder do grupo de pesquisa em Sistemas de Propagação de Sinais do Departamento de Engenharia Elétrica da UFPR (DELT/UFPR) e coordenador do grupo de Fenômenos da Eletricidade Atmosférica (FEA) na UFPR. Tem experiência em projetos de pesquisa e desenvolvimento, especialmente no setor elétrico de potência, e em indicadores de gestão e difusão para Ciência, Tecnologia e Inovação (CT&I). Suas principais linhas de pesquisa são: eletricidade atmosférica, mapeamento e processo de eletrificação de descargas atmosféricas, teoria da propagação e sistemas de monitoramento de ondas eletromagnéticas em baixas frequências para detecção de relâmpagos em *low frequencies* (baixa frequência) e *short-range* (curta distância), efeitos locais de tempestades com raios, perturbação eletromagnética na dinâmica orbital de satélites e coordenação de isolamento no sistema elétrico relacionado com descargas atmosféricas.

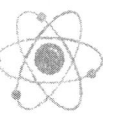

Impressão: